机械生产实习教程与范例

何 庆 主 编

池龙珠 谈 衡 王 泽 副主编

电子工业出版社

Publishing House of Electronics Industry

北京·BEIJING

内 容 简 介

该书面向机械设计制造业，围绕着如何在实习过程中培养学生的工程实践能力而展开编写。相对于传统的生产实习模式和内容，该书更着重强调现代生产实习的系统性，更侧重于对实际生产现场机械制造工艺和安全知识的讲述、指导，在很大程度上弥补和丰富了机械类师生的实践知识和经验，对生产实习过程具有较大的帮助和指导意义。

该书包含机械设计制造企业生产产品的主要信息，产品生产工艺的整个流程（从加工工艺到装配工艺），生产过程中所涉及的机床、夹具的结构和工作原理，以及生产现场的布局和管理方面的知识等；同时，以国内知名的大型机械制造企业生产现场为依托，预设一些知识点和习题，让学生带着问题在实习企业现场进行学习和观察来寻找答案，做到有的放矢，从而可有效地提高机械类专业学生生产实习效果。

为了配合实习的指导，在本书中增加了典型实习企业简介和选择、对生产实习指导老师的要求和实习安全工程等新内容。

本书可作为机械类专业（包括机械制造、模具、机电方向和工业工程等）大学生生产实习（或毕业实习）的教材，也可供企业人员学习和参考。

图书在版编目（CIP）数据

机械生产实习教程与范例/何庆主编．—北京：电子工业出版社，2011.3

（普通高等教育"十二五"机电类规划教材）

ISBN 978-7-121-12933-9

Ⅰ．①机… Ⅱ．①何… Ⅲ．①机械设计－实习－高等学校－教材　②机械制造－实习－高等学校－教材

Ⅳ．①TH-45

中国版本图书馆 CIP 数据核字（2011）第 022291 号

策划编辑：李　洁

责任编辑：刘真平

印　　刷：北京虎彩文化传播有限公司

装　　订：北京虎彩文化传播有限公司

出版发行：电子工业出版社

　　　　　北京市海淀区万寿路 173 信箱　邮编　100036

开　　本：787×1092　1/16　印张：14　字数：358 千字

版　　次：2011 年 3 月第 1 版

印　　次：2022 年 1 月第 10 次印刷

定　　价：39.00 元

凡所购买电子工业出版社图书有缺损问题，请向购买书店调换。若书店售缺，请与本社发行部联系，联系及邮购电话：（010）88254888，88258888。

质量投诉请发邮件至 zlts@phei.com.cn，盗版侵权举报请发邮件至 dbqq@phei.com.cn。

本书咨询联系方式：lijie@phei.com.cn。

前　　言

生产实习是高等工科院校实践性教学中的一个重要环节。但从机械类专业生产实习实际情况来看，生产实习环节仍是高等院校机械类专业教学中的一个薄弱环节，面临着众多的问题需要解决。目前，大多数高校一般都采用自编讲义，虽能与所实习企业的生产实际相接近，但其局限性也非常突出，而当前带有一定普遍性的专业教材不多，急需建设。

根据教育部"机械设计制造及其自动化专业教学指导委员会"会议关于"加强和改进实践教学环节"的精神，围绕如何在实习过程中培养学生的工程实践能力与素质而展开编写，本书力求反映机械类专业生产实习知识的系统性、综合性和自主学习性，同时又兼有一定的创新性、实用性和启发性。

以机械类大学生生产实习所去较多的洛阳市大型机械制造企业为背景，以机械设计制造的系统观念为指导，以启发引导学生参观学习为目标，根据现场生产模式，在各章节中，详细介绍各实习单位的生产组织方式，主要产品，主要设备的结构及工作原理，典型零件的加工工艺过程、装配工艺规程等。

以机械制造工艺为主线，突出生产线、组合机床、数控机床和专用夹具等知识点；同时又兼顾到模具方面的知识（主要是冲压模具及设备），依照本书与生产现场的对照，理论联系实际，培养学生分析工程问题的实践能力，提高生产实习的效果。

通过大量的实例讲解，能加深学生对所学理论知识的理解；并将实习安全工程单独成章，以引起读者的注意和防范实习安全事故。

为更好地培养学生工程实践能力和创新能力，提高学生的工程素质，本书根据生产单位现场情况，设置现场问题，便于学生边学边看，自主寻找答案，学习实践知识，从而凸显其实践性和创新性。

书中所举知识点和实例代表性较强，既兼顾到传统的机械知识，又与目前制造业新兴的现代技术紧密结合（如模具制造、数控加工等），其深度与知识点适合于应用型本科生学习和使用。此外，本书实现专业术语英语化、部分插图三维化和实习安全知识化。

本书由何庆教授任主编。第1、3、5章由何庆编写，第2、7章由谈衡编写，第4、8章由王泽编写，第6章由池龙珠编写。

在编写过程中，得到了许多专家和工程技术人员的大力支持和帮助，参考了技术工艺规程和企业资料，在此，谨向他们表示衷心的感谢。

由于编者水平有限，书中难免有错误和不妥之处，恳请读者批评指正。

编　　者

2011年1月

目　　录

第 1 章

实习规划与管理

根据机械设计制造及自动化专业教学计划的要求,安排学生到校外机械厂生产实习两周,作为一个独立的项目列入专业教学计划中。这是在工业培训（或金工实习）的基础上,进一步联系实践的重要教学环节,将为后续的专业课程学习及今后学生从事机械设计与制造、模具设计与制造、机电传动控制等专业技术工作打下良好的基础。

1.1 工科实习分类

根据高校机械专业现有的实习内容来看,大致可分为认识实习、金工实习、生产实习、毕业实习,以及就业实习、就业实践等环节。

就业实习主要是指用人单位有计划、有目的地为即将毕业的学生,以及那些不具备专业背景或行业,但有明确的实践目标,即去某个行业、职位就业,有强烈工作愿望和热情的大学毕业生,提供"实习工作"、"尝试工作"的机会。它是建立在就业实践基础上,针对性极强的一项实习活动。

1.1.1 认识实习

认识实习（Recognizing Practice）是工科类等专业学生的重要实践性环节,通常安排在《机械制图》课程之后,在第二学年前完成,时间为 1 周。通过学生参观、教师讲解和多媒体演示等认识的过程,使学生了解工业系统的组成、常规机械设计、机械加工方式和生产过程、先进的数字化制造技术、自动控制技术及企业管理等相关知识,并对专业有初步认识和理解,提高对专业知识学习的兴趣，为以后的学习打下良好的基础。

1．认识实习教学的基本要求

（1）了解机械工业的构成和发展历史。

（2）了解机械设计和机械加工的一般方法。

（3）了解工业生产中常用的机构、刀具、量具、夹具和模具等基本知识。

（4）了解液压、气动传动技术的应用。

（5）了解先进的数字化制造技术的概念和相关设备的功能。

（6）初步了解工业自动控制技术的应用和发展以及相关知识。

（7）了解企业管理的基本知识。

2．认识实习的教学内容

1）教育及讲座

（1）认识实习的目的与教学要求。

（2）认识实习的主要规章制度及安全教育。

（3）认识实习教学安排。

（4）机器、机械系统与机械制造基本知识。

2）机械系统认识

（1）参观典型机构、通用零部件及常用液压气动元件陈列柜。

（2）参观创新认知平台教学模型陈列柜。

（3）参观如下加工设备：

① 各类普通机床；

② 数控设备：加工中心、数控机床；

③ 特种加工设备：电火花、线切割等；

④ 快速成形设备：注塑机、FDM、SLS、MCP 等；

⑤ 控制技术与设备：MPS、PCS（过程控制）等；

⑥ 逆向工程和数字化测量设备：Freeform 扫描、三坐标测量机等；

⑦ 各类机械：食品机械、制冷机械、包装机械、工程机械等。

（4）观看相关教学录像。

3）学时分配

认识实习时间安排表见表 1-1。

表 1-1　认识实习时间安排表

序　号	实习内容	实习时间/天	备　注
1	入场教育及专题讲座	0.5	
2	机械系统认识	1	
3	机械加工认识——陈列柜参观	1	
4	机械加工认识——加工设备参观	1.5	
5	工业发展史和工业技术认识	0.5	
6	实习报告整理、实习总结	0.5	

1.1.2　金工实习

金工实习（Metalworking Practice）是机械类专业（机械制造及自动化、模具制造等）主要的实践性教学环节，是一门技术性很强的技术基础课，是《金属工艺学》等课程的实际应用，并且是《机械工程材料及成形工艺》、《机械制造基础》等课程教学的必要条件。通过实习，使学生学习机械制造工艺知识，了解机械制造生产的一般过程，熟悉机械零件常用加工方法及所使用的主要设备和工具，初步掌握实习机床和其他实习设备的操作技能并具有一定操作技巧，了解新工艺、新技术、新材料在机械制造中的应用。同时培养学生"严谨、求真、务实、创新"的工程技术思想，增强实践工作能力，激发学生学习专业知识的热情。

1．金工实习的目的与任务

金工实习以学生独立操作为主，在满足教学基本要求的前提下，尽可能结合工程培训中心的生产进行。通过实习，学生应该掌握和了解的内容如下：

（1）掌握机械零件的各种常用加工方法，所用设备，工、夹、量具正确使用方法以及安全操作技术规程。对加工工艺过程有一般的了解。

（2）对简单的零件初步具有选择加工方法和进行工艺分析的能力，在主要工种上具有操作实习设备并完成作业件加工制造的实践能力。

（3）了解新工艺、新技术、新材料在机械制造中的应用。

（4）较深入了解实习所用现代制造技术设备的基本操作知识，并进行基本操作训练和应用。

（5）培养劳动观念，遵守劳动组织纪律，爱护国家财产，建立产品质量和经济观念。在理论联系实际和科学作风等工程技术人员应具有的基本素质方面受到培养和锻炼。

2．金工实习的基本内容

1）铸造实习

学习和了解：砂型铸造，分清零件、模样、铸件的主要区别；型砂（型芯砂）性能及组成；主要造型方法的工艺过程及其特点，分型面的选择和浇注系统的设置；砂型铸造对铸件结构的要求；其他特种铸造方法。

2）锻造实习

学习和了解：常用锻造材料，坯料的加热和锻件的冷却方式，自由锻造的基本工序，所用设备和工具，自由锻造对锻件结构的要求；其他锻造加工方法。

3）焊接实习

学习和了解：手工电弧焊焊机的结构、特点及其使用；电焊条的组成、作用，手工电弧焊的焊条直径、焊接电流和焊接速度对焊缝质量的影响；常见焊接接头形式及坡口形式，各种空间焊法的特点；气焊设备和安全操作规程；气焊火焰种类、调节方法和应用；割炬结构，氧气切割原理及切割过程；其他焊接方法。

4）机械切削加工实习

按零件的加工要求，正确使用刀具、夹具、量具，在车床、铣床、刨床上独立完成作业零件的制作，并在磨床上进行磨削工作。

5）钳工实习

学会划线、錾、锯、锉、钻孔、扩孔、铰孔、攻丝和套丝、刮研等加工方法的特点和应用；独立完成各种作业零件的制作，进行机器（或部件）的简单装配。

6）数控及特种加工实习

学习和了解：数控机床的组成及工作原理，数控编程技术；数控车床、数控铣床、数控线切割的简单编程及操作。

3. 实习时间分配

金工实习时间安排见表1-2。

表 1-2　金工实习时间安排表

序　号	实 习 内 容	实习时间/天	备　注
1	入场教育及专题讲座	0.5	
2	铸造	1.5	
3	锻压	1.5	
4	焊接	1.5	
5	车削加工	4	
6	铣削加工或刨削加工	1.5	
7	磨削加工	1.5	
8	钳工	4	
9	数控、特种加工	4	（包含上机）
10	拓展性实习		选修
11	实习报告整理、实习总结	0.5	

4. 考核办法

考题内容和操作实习成绩分配等信息，见表1-3。

表 1-3　金工实习各环节考核成绩比例表

序　号	考 题 内 容	占考试成绩比/%	序　号	考 题 内 容	占考试成绩比/%
1	车　工	20	6	铸　工	8
2	钳　工	20	7	焊　工	7
3	铣　工	7	8	锻　工	5
4	刨　工	6	9	数　控	20
5	磨　工	7			

实习总成绩=（$A \times 20\% + B \times 50\% + C \times 20\% + D \times 10\%$）$\times 85\% + E \times 15\%$

式中　A——学生操作考试成绩；

　　　B——学生操作及实习纪律与表现成绩；

　　　C——整个实习的应知考试成绩；

　　　D——学生完成实习报告成绩；

　　　E——综合实训成绩。

1.1.3　生产实习

生产实习（Produce Practice）是一个重要的实践性教学环节。它是在学生完成专业基础课程学习以后进行的，是课堂教学的必要补充和继续，是贯彻理论联系实际原则使认识进一步深化的过程；同时也是学生在校学习期间接触和了解社会，了解企业的重要环节，是学生向工人学习，向实际学习的最好机会。

1．生产实习的目的和任务

通过生产实习应达到如下目的：

（1）通过下厂生产实习，深入生产第一线进行观察和调查研究，获取必需的感性知识和使学生全面地了解机械制造厂的生产组织及生产过程，了解和掌握本专业基础的生产实践知识，为课程设计和毕业设计打下基础。巩固和加深已学过的理论知识，并为后续专业课的教学打下基础。

（2）在实习期间，通过对典型零件机械加工工艺的分析，以及对零件加工过程中所用的机床、夹具、量具等工艺装备的了解，把理论知识和实践相结合起来，考察学生分析和解决问题的工作能力。

（3）通过实习，广泛接触工人和听工厂技术人员的专题报告，学习他们的技术经验、革新和科研成果，学习他们在经济建设中的奉献精神。

（4）通过参观有关工厂，掌握一台机器或装置从毛坯到产品的整个生产过程、组织管理、设备选择和车间布置等方面的知识，扩大知识面。

（5）通过记录实习日记，写实习报告，锻炼与培养学生观察、分析问题及收集和整理技术资料等方面的能力。

2．实习的基本内容

1）机械零件的加工

根据实习工厂的产品，选定几种典型零件作为实习对象，通过对典型零件机械加工工艺的学习，掌握各类机器零件加工工艺的特点，了解实习工厂中所用的机床、刀具、夹具的工作原理和机构，在此基础上指定其中几个典型零件进行重点的分析研究。要求如下：

（1）阅读典型零件的工作图，了解该零件在机器中的功用及工作条件、零件的结构特点及要求，分析零件的结构工艺。

（2）大致了解毛坯的制造工艺过程，找出铸、锻件的分型（模）面。

（3）深入了解零件的制造工艺过程，找出现场加工工艺。

（4）对主要零件加工工序做进一步的分析。

2）装配工艺

（1）了解机械的装配组织形式和装配工艺方法。

（2）了解装配方法的优缺点及使用类型。

（3）了解典型装配工具的工作原理、结构特点和使用方法。

1.1.4 毕业实习

毕业实习（Graduation Practice）是本科教学计划中非常重要的一个教学环节，是学生在校学习期间理论联系实际，增长实践知识，培养自身各方面能力的重要手段和方法。通过实习，了解机械企业生产流程、机械加工工艺流程、企业管理和有关机械设备等相关知识。毕业实习是大学本科专业学习中不可缺少的重要部分，通过这段时间的现场实习后，使学生能够融会贯通大学所学的知识和技能，为以后的毕业设计收集资料和数据，打下可靠的基础。

1. 毕业实习的目的与任务

要达到以下的实习目的：

1）为毕业设计收集资料，进行前期铺垫

通过毕业实习过程，在这个基础上把所学的专业理论知识与实践紧密结合，结合毕业设计或论文选题深入工厂企业实地参观与调查，收集素材和数据。

2）贴近工厂，感受知识的应用

到这个时候，大学四年的生活进入了倒计时。然而一些学生对本专业的认识还是不够的，为了开阔视野，了解相关设备及技术资料，熟悉典型零件的加工工艺，加深对机械、机电在工业各领域应用的感性认识，一般高校都会安排一到三周的时间，让学生去几个拥有较多类型的制造设备，生产技术较先进的工厂进行参观毕业实习。

了解这些工厂的生产情况，与本专业有关的各种知识，各厂工人的工作情况等。亲身感受一下所学知识与实际的应用，控制技术在机械制造工业的应用，先进制造技术在机器制造的应用等理论与实际的结合。

3）了解本专业发展前沿

2. 毕业实习的内容

1）合理选择实习企业

针对毕业设计内容，合理选择实习企业，如果是设计类的题目，可选择去研究所或设计院实习；如果是机械制造类题目，可选择去机械厂实习。

2）了解企业的主要产品，参观机加工车间

3）综合分析机加工知识

了解相关设备及技术资料，熟悉典型零件的加工工艺；使学生更加明了机械加工整个流程：毛料—划线—铣（刨）—粗车—热处理（如调质等）—车床半精加工—磨—齿轮加工—齿面淬火—磨面。

例如，齿轮零件加工工艺为：粗车—热处理—精车—磨内孔—磨心轴端面—磨另一端面—滚齿—钳齿—剃齿—铡键槽—钳工—检验。

4）参观装配车间

任何机器都是由一个又一个零件装配而成的，在装配车间，有许多人进行零件的整理、组装及包装，再发送至储货场。在装配车间，工人师傅首先将各加工车间运送来的零件进行分类，以便于进行组装，确定装配方法、装配顺序、所需工具；再进行零件清洗，去除油污、锈蚀，涂油，确保机器组装以后，表面整洁美观。在产品装配完成以后，还要对零件各方面进行调试，检查运动件的灵活性、密封性等性能，再装箱发货。

5）了解产品检验和销售工作

最后到质检部门，主要是对所生产出来的产品进行随机性的抽查，记录其数据，并返回到加工车间，对部分有缺陷可修复产品进行修正，更好地生产出合格产品。至于销售部分，可了解企业采取哪些生产和销售策略，如订单式生产等。

1.2 生产实习的目的

本教学环节为机械设计制造及其自动化专业重要的实践性教学活动。通过本实习过程，使学生了解和体会本专业课堂教学所学习的基础理论知识、专业知识是如何与生产实际相结合的；并通过对生产现场先进制造技术和设备的认知，了解本专业科技与生产现状及发展趋势。

本教学环节要求学生通过实习，能把课堂教学所学理论和专业知识与生产现场加工制造、装配所采用的工艺、设备、工装夹具等方面的基本生产实际知识很好地结合起来，学会理论联系实际，解决生产实际问题。同时开阔眼界，了解我国机械制造企业的生产和技术现状，增强专业信心。具体表现可细分如下：

（1）使学生了解和掌握本专业基本的生产实际知识，验证和巩固已学过的专业基础课与部分专业课中的某些理论知识，并为后续专业课、课程设计和毕业设计打下良好的基础。机械类的大学生要有机械方面的基础理论，还要将理论与实践相结合，在实践中提高能力。通过生产实习，可以进一步巩固和深化所学的理论知识，弥补理论教学的不足，以提高教学质量。

（2）通过生产实习，使学生了解以典型产品为代表的机械装置，加深对专业知识在工业领域应用的感性认识，开阔视野，了解相关设备及技术资料。熟悉主要典型零件（减速机箱体、传动轴、柴油机机座、机体、曲轴、凸轮轴、齿轮等）的机械加工工艺过程，了解拟定机械加工工艺过程的一般原则及进行工艺分析的方法；认识各种冲压模具及其设备的现场使用；了解机床电气控制及机电产品的装配实践知识。

（3）培养学生在生产实习实践中调查研究、观察问题的能力，并且能够理论联系实际，运用所学知识去分析和解决生产现场的问题。

（4）开阔学生专业视野，拓宽专业知识面。现代化生产现场是学生了解本专业科技现状，参观工厂的先进设备及特种加工，把握前进发展脉搏的主要课堂，可以学习很多书本之外的知识。

（5）通过生产实习接触认识社会，提高社会交往能力，学习工程技术人员和工人师傅的优秀品质和敬业精神，培养学生的专业素质，明确自己的社会责任。

1.3 生产实习的内容

1.3.1 毛坯知识

零件一般是由毛坯加工而成的，所以生产实习首先从零件的原始毛坯制造车间开始，在老师的指导下，学生可以了解毛坯方面的知识，毛坯主要有铸件、锻件和冲压件等几个种类。

铸件是把熔化的金属液浇注到预先制作的铸型腔中，待其冷却凝固后获得的零件毛坯。在一般机械中，铸件的重量大都占整机重量的 50% 以上，它是零件毛坯的最主要来源。铸件的突出优点是它可以做成各种形状复杂的零件毛坯，特别是具有复杂内腔的零件毛坯，此外，铸件成本低廉。据指导实习的师傅说，一般机械厂主要就是靠这种方式制作毛坯，但其缺点是在生产过程中，工序多，铸件质量难以控制，铸件机械性能较差。

而锻件是利用冲击力或压力使加热后的金属坯料产生塑性变形，从而获得的零件毛坯。锻件的结构复杂程度往往不及铸件，但是，锻件具有良好的内部组织，从而具有良好的机械性能，所以用于做承受重载和冲击载荷的重要机器零件及工具的毛坯。

冲压件是利用冲床和专用模具，使金属板料产生塑性变形或分离，从而获得的制件。冲压通常是在常温下进行的，冲压件具有重量轻，刚性好，尺寸精度高等优点，在很多情况下冲压件可直接作为零件使用。

1.3.2　齿轮与刀具知识

1．齿轮知识点

对各种类型的齿轮进行分析，了解其精度要求、材料性能、热处理方式，重点思考和观看制齿工艺和所用的机床，记录机床牌号和工艺。

观察齿轮数控加工、机电控制等。

2．工具知识点

了解各种刀具、夹具、模具的设计与制造。

重点分析拉刀的制造工艺，要求写出其工艺规程，观察容屑槽的磨削。

画出麻花钻螺旋槽加工的状态图。

1.3.3　机加工知识

（1）了解组合机床及机电设备的结构、组成及工作原理。

（2）熟悉典型零件的加工过程与工艺要求。

（3）了解装配件结构、装配工艺、装配顺序与序列、装配工具与路径。

（4）结合图纸、资料等熟悉典型设备的结构，找出其特点。

（5）深入分析典型零件的工艺过程，做好记录，为撰写实习报告收集资料。

1.3.4　模具知识

根据生产情况：

（1）了解冲压件的毛坯尺寸、排样，分析其模具结构类型及模具总体结构，绘出其工作部分的动作原理。

（2）分析模具的定位、卸料、推件、导向及安装、固定部分等零件的形式和作用。

（3）了解冲压设备和型号，计算冲裁力，并和设备吨位进行比较，比较模具总体尺寸和设备相关尺寸。

（4）了解冲压模具的结构及类型、冲压模具工艺、机床结构、装置形式等。

1.3.5　机电控制知识

（1）了解机电设备的一般组成，控制系统在机电设备的作用及控制方式；机电控制系统框图、接口、驱动电路。

（2）了解电动机的基本结构和用途。了解电动机的使用材料及初步判断故障的方法，具有初步使用、维护电动机的能力；了解电动机标牌的含义。

（3）了解机电设备上常用的传感器及其功能与作用。

（4）了解数控系统的工作过程，以及实际工作中应该注意的事项。

下面以全国大学生实习去得较多的机械类实习地点——洛阳市为例进行说明。

1．洛阳第一拖拉机股份有限公司

（1）锻造厂。了解大型零件的锻压加工工艺。

（2）装配一厂。了解拖拉机装配工艺，拖拉机主要零配件的生产工艺及工艺装备。要求：学生记录典型零件的工艺过程，并进行整理，作为实习报告的主要内容之一。

（3）发动机厂。了解发动机制造的工艺全过程，重点了解曲轴、箱体、连杆等典型机械零件的加工工艺和制造过程及工艺装备。

（4）模具厂。了解冲压模具的结构及类型、冲压模具工艺、机床结构、装置形式等，了解大型模具的生产过程和工艺特点，重点了解数控设备的特点和工作原理以及在模具制造中的应用。

（5）工装厂。了解机械加工主要刀具的加工方法和工艺过程（如各种车刀、孔加工刀具、铣刀、齿轮加工刀具、拉刀和螺纹加工刀具的结构和特点），以及刀具加工设备，了解机械加工过程中专用量具的制造过程及标定方法。

（6）齿轮厂。了解齿轮加工的方法和工艺特点，重点了解圆柱齿轮、锥齿轮的加工方法和工艺流程，了解齿轮加工设备的原理和实现途径。

（7）油泵厂。了解油泵的生产过程和工艺，了解自动机床的工作原理和特种加工设备（如电火花加工等）的原理和工艺特点。

（8）三装厂。了解现代化工厂的生产组织特点，了解生产线的组成情况，重点了解大型拖拉机的装配工艺过程和装配生产线的特点。

2．中信重工机械股份有限公司

在中信重工机械股份有限公司（原洛阳矿山机器厂）实习可以了解大型机械零件的加工工艺过程，认识大型机械加工设备，如大型立式车床、龙门铣床、龙门刨床、大型齿轮加工机床等，以及大型的热处理设备。

3．中铝洛阳铜业有限公司

了解铜材的加工工艺，如管材、板材的生产设备及成形过程。

总之，机械加工和设备（组合机床、自动生产线、加工中心）、冲压模具是机械制造生产实习的重点。

1.4 实习计划

按照生产实习教学大纲（见附录 A），制订生产实习计划（见附录 B）。机械制造生产实习一般都集中进行，时间为二、三周。下面列出几所院校的生产实习计划，仅供参考。

1.4.1 "A 大学"机械专业生产实习计划

该校大机械专业方向有 12 个班级，统一进行生产实习，轮流接触"机械制造"、"机械设计"、"机电一体化"三个专业方向所涉及的不同类型的生产企业，使学生在有限的时间段内尽可能多地接触不同行业的机械制造厂家，以满足大机械专业所包括的不同专业方向人才培养的要求，其生产实习计划表见表 1-4。

表 1-4 "A 大学"生产实习计划表

实 习 日 期		实 习 单 位							
		重 工 厂	煤 矿	配 件 厂	矿 山 机 厂	电 厂	选 煤 厂	印 刷 机械厂	机 床 厂
第一星期	周一	生产实习动员，学生借阅相关书籍，准备实习安全用品							
	周二	1、2、9、10	5、6	11、12	7、8				3、4
	周三	1、2、9、10	7、8	11、12	5、6		3、4		
	周四	1、2、11、12	7、8	3、4			9、10	5、6	
	周五	1、2、11、12	7、8	3、4		9、10			5、6
第二星期	周一	3、4	9、10	5、6		7、8	11、12	1、2	
	周二	3、4、7、8	9、10	5、6	1、2			11、12	
	周三	3、4、7、8	9、10	1、2，		11、12	5、6		
	周四	3、4	11、12	1、2	9、10	5、6			7、8
	周五	5、6	11、12	7、8	3、4			9、10	1、2
第三星期	周一	5、6	11、12	7、8			1、2	3、4	9、10
	周二	5、6	3、4	9、10	11、12	1、2		7、8	
	周三	5、6	1、2	9、10		3、4	7、8		11、12
	周四	做实习作业，写实习报告							
	周五	生产实习考核							

注：1~12 分别表示实习的班级。

实习作业如下。

1．重工厂实习作业

（1）工件安装方法有哪几种？各举一现场加工实例说明。

（2）常用机床夹具有哪几类？举一现场中使用的专用夹具，画图说明其组成和作用。

（3）齿轮齿形加工方法有哪两类？现场看到圆柱齿轮和圆锥齿轮的齿形加工方法有哪些？分别属于哪一类？画图表示某圆柱齿轮滚齿加工时工件和滚刀的安装方法（滚刀和齿轮的旋向，加工时转动方向）。

（4）加工中心加工保证平行孔系的孔距精度和同轴孔系（间距较大）同轴度的方法与普通镗床相比有何不同？所用刀具有何区别？

2．煤矿实习作业

（1）你看到哪些断面掘进机？举一例说明断面掘进机的结构组成。（矿综机工区）

（2）说明滚筒式采煤机的组成及其工作原理。（矿综机工区）

（3）说明矿井提升机的工作原理及其结构特点。（矿绞车房）

（4）说明矿井通风设备、排水设备及压气设备的工作原理及结构特点。（矿压风机房、通风机房）

3．配件厂实习作业

（1）说明单体支柱的工作原理和结构特点，单体支柱上的三用阀有哪三个用途？（配件厂单体支柱车间）

（2）说明刮板输送机的结构及其工作原理。（配件厂、矿山机厂）

4．矿山机厂实习作业

（1）说明液压支架的工作原理和分类。（矿山机厂、矿综机工区）

（2）画出你看到过的液压支架的液压系统图，它有多少个承载缸，多少个千斤顶，多少个操纵阀，多少个控制阀？（矿山机厂、矿综机工区）

（3）说明三柱塞乳化液泵站的工作原理，并画出其液压系统图。（矿山机厂、矿综机工区）

5．电厂实习作业

（1）了解电厂主要发电生产流程。

（2）了解发电主要设备的作用及工作原理（汽轮机、锅炉、输送机、泵站、风机等）。

6．选煤厂实习作业

（1）说明选煤的工艺流程。

（2）说明选煤的关键设备（振动筛、离心脱水、水浮分离等）的工作原理。

7．印刷机械厂实习作业

（1）了解印刷机械工作原理及特点。

（2）了解连杆、凸轮、带和链传动等主要传动机构的工作原理及特点。

（3）画出一种装订机械的传动系统原理图。

1.4.2 "B大学"机械设计制造及其自动化专业生产实习计划

该校生产实习计划表见表1-5。

表1-5 "B大学"生产实习计划表

日 期	内 容	备 注
第1天	实习动员，布置实习任务、要求等有关事项。领实习劳保服等，分实习小组，预习实习大纲，做好实习准备	
第2~3天	第2天乘车去实习企业，安排学生食宿事宜；进行入厂教育。 第3天由工厂有关领导介绍工厂生产与技术情况，进行工厂安全教育，参观铸造车间、锻压车间、热处理车间等	
第4~9天	按实习小组，分别在中小件车间、箱体车间、齿轮车间、电修车间和装配车间实习相关内容，各车间均有工厂技术人员负责介绍相关情况和实习内容。另外，安排半天时间，聘请工程师做专题讲座	
第10天	乘车从实习企业返回学校	
第11~12天	写实习小结，补充现场调研或查阅工艺文件，在此基础上写出实习报告，进行实习总结，考评打分	

1.4.3 "C大学"机械设计制造及其自动化专业生产实习计划

该校学生在洛阳市大型机械生产企业实习两个星期，其计划表见表1-6。

表1-6 "C大学"生产实习计划表

时 间		内 容	时 间		内 容
第一星期	周一上午	实习动员	第二星期	周一上午	洛拖入厂教育
	下午	外出前准备		下午	热加工车间参观
	周二上午	乘火车去实习基地——		周二上午	洛拖发动机分厂
	下午	洛阳市		下午	
	周三上午	参观河南柴油机厂		周三上午	洛拖冲压分厂
	下午	参观中信重机		下午	
	周四上午	参观洛阳玻璃		周四上午	洛拖装配分厂
	下午	参观洛阳铜业		下午	
	周五上午	参观大阳摩托		周五上午	工具分厂
	下午			下午	齿轮分厂
	周末	正常休息 完成作业		周末	结束实习 乘火车返回学校

1.5　实习形式

在下厂之前，安排一到两天的实习讲课，必要时可以在教室里通过多媒体进行教学，除进行实习动员和入厂教育外，还应结合实习的内容，详细介绍与现场有关的理论知识，着重介绍在实习单位可以看到和实习的相关知识，让学生对本专业的生产实习先有大概的了解，并提出一些思考题，让学生先通过看书、查资料对相关知识进行学习，这样一方面让学生对此做好准备，另一方面可以充分利用实习时间，使学生在工厂中的实习收到事半功倍的效果。在学生实习过程中，有意识提出问题，引导学生思考，这样有助于巩固以前学过的知识，同时指导老师对设备工艺等知识进行详细的讲解，提高学生实习的积极性。在保证安全和质量的前提下，与实习单位协商，多为学生提供实践的机会，培养学生综合运用所学知识，提高实践能力和创新意识。

1．听取报告

（1）实习厂概况介绍及安全教育。

（2）技术报告。

2．车间实习

（1）生产实习是在工厂进行的实践性教学环节，实习的主要方式是车间实习。要求学生根据大纲的要求及计划安排，通过在生产现场进行认真的观察、分析、思考，向工人和技术人员请教等方式来完成规定的实习任务。

（2）学生分组按实习计划实习，教师制订实习计划和提纲，着重在实习方法上指导学生。

3．参观实习

在主要车间实习任务完成后，组织学生参观其他企业，以了解不同类型厂的生产特点。

4．查阅资料

（1）应结合实习要求认真学习工厂有关的技术资料，如图纸、工艺规程、说明书、技术总结等，以便使实习逐步深入。

（2）应结合实习中的问题参阅有关书籍和资料。

5．实习中应记录笔记

学生应认真做好实习笔记，不断积累感性知识。对实习笔记的要求是：

实习过程中，每天认真记录实习的内容、心得体会和发现的问题，包括加工设备、工艺过程、检测方法、质量保证、机电控制等。

记录工程技术人员讲课的内容；现场向师傅的提问和解答情况；记录对生产的组织、管理、生产过程的个人认识等。实习笔记中应有必要的零件草图、工艺流程等。

6. 完成实习报告

实习结束后，参照实习笔记，学生撰写实习报告，实习报告中应包括以下内容：

（1）实习单位的基本情况、工厂概况、车间概况、主要产品、人员组成等。

（2）典型零件（可以由指导教师指定，也可由学生自定）的加工工艺过程，画出草图，标明主要尺寸、工序、加工设备、检测方法等；对于冲压设备，说明其使用方法及模具构成。

（3）重点记录和分析典型零件加工工艺，并完成实习思考题。

（4）本人在实习中的收获、体会，以及对工厂（车间）的合理化建议。

生产实习报告的具体格式可参考附录C。

1.6　实习要求和纪律

1. 要求

（1）自觉遵守学校、实习单位的有关规章制度，服从指导教师的领导，培养良好的工作作风。

（2）学生要明确实习任务，提高对实习的认识，做好思想准备。认真完成实习内容，按规定记实习笔记，撰写实习报告，收集相关资料。

（3）虚心向工人和技术人员学习，尊重知识，敬重他人。及时整理实习笔记、报告等；不断提高分析问题、解决问题的能力。

（4）实习结束后，应在规定时间内上交实习笔记、实习报告等。

2. 实习纪律

（1）实习期间，学生应服从指导教师的安排和指导，遵守集体活动时间。学生集中乘车来回，集中住宿，不允许私自行动及外出单独住宿。

（2）实习期间，一般不得提出各种事假，有特殊情况必须向指导教师请假，允许后方可生效；有病应向指导教师请假。

（3）必须遵守厂规厂纪，尊重厂内工作人员，举止文明礼貌。

（4）严格遵守实习期间的作息时间，按实习规定时间准时到指定地点集合，不得迟到或早退，迟到半小时以上者按旷课处理；晚上为自习时间，用于完成当天的实习作业。

（5）厂内实习中，学生应积极主动地按大纲要求进行实习，虚心学习，多看勤问，认真观察记录，勤思考，将全部精力用于实习。

（6）进厂后必须遵守厂规厂纪，并特别提出几点注意事项：

① 严禁拿走和拿乱车间内的工艺文件。

② 出入工厂车间应排好队，行进中不许打闹。

③ 进入工厂车间内不许抽烟。

④ 不许与工人闲谈打闹，以免影响生产，忽略安全。

⑤ 不许在厂区车间内游荡。

（7）严格遵守安全方面的各种制度、纪律和注意事项，对安全要保持高度警惕，以防各种事故发生。特提出以下几点需要引起注意和遵守：

① 不许随便开动机床或其他设备。

② 不许乱按乱扳开关、按钮、手柄等，如从可涨心轴上拿下工件易将心轴涨裂。

③ 不许随便拆卸、装上工件或其他零部件，以防产生废品和损坏工件或工装。

④ 离切屑缠绕和横飞的机床应远些，并注意切屑抛出的方向。

⑤ 不许把手伸入冲压设备工作区内，注意机床各运动部件的运动方向。

⑥ 注意厂区和车间内运输车的动向。

⑦ 高空作业下方不许站人。在车间应注意头顶上行车的动向。

⑧ 进入实习车间不准穿凉鞋，男生不准敞怀，不准穿背心、短裤，不准穿拖鞋和凉鞋；女生要戴帽子，不许穿裙子和吊带衫、拖鞋、凉鞋和高跟鞋。进厂后衣服不准敞开，外套不准乱挂在身上。

⑨ 厂区及车间内不许抽烟。

⑩ 严禁在厂内开拖拉机和各种机动车辆。

（8）应遵守住宿处的规章制度和保持卫生，尊重服务员的劳动。

（9）其他。

① 安全第一，服从带队老师及厂方现场人员的安全管理。

② 未经许可学生一律不准触摸实习现场的任何物品和设备。

③ 实习参观全过程需整队进行（老师允许的除外）。

④ 实习参观时间不准擅自走出车间大门和在车间内打闹等。

以上规定要求全体同学遵照执行。对违纪者，视情节轻重可给予批评、实习成绩不及格、停止实习并做检查等处理。

对遵守纪律，维护集体荣誉，促进实习顺利进行及促进厂校良好联系者将予以表扬。

1.7　实习成绩评定方法

实习结束后，由指导教师根据学生的实习笔记、实习报告，以及学生实习过程中的表现给出初评成绩，实习成绩由实习老师最后集体决定。

1.7.1　建立合理的生产实习考核内容评价体系

建立合理的生产实习考核内容评价体系对指导学生的实习有着重要的意义，如：

（1）可以调动学生实习的积极性。

（2）可以比较真实地反映学生的实习成绩，改变以前只通过撰写实习报告的方式，采用多种方式来评定学生的实习成绩。

学生生产实习的考核内容有：

实习出勤率、实习笔记、实习报告、实习考试等四项主要评定内容，平时注意及时抽检。有条件的学校可邀请学生辅导员一同参与实习工作，做好学生的思想工作，辅导员了解学生实习情况，杜绝了盲目请假、逃避实习的情况。

在实习过程中，在每个车间实习完后，让学生分组进行汇报，对学生的实习效果进行考核，同时实习指导教师对汇报进行点评，指出其优点与不足。最后指导老师要对整个实习进行总结，对表现优秀的个人与小组进行奖励，对违纪和实习态度不端正的个人进行批评与教育。

对上述的评价指标既可以进行定性的分析，也可以进行定量的计算。例如，在这些指标中每一项又有许多子项评定内容，如实习报告包括工厂生产实习各子项评定内容，这些主要评定内容、子项评定内容、子子项评定内容的组合就构成了生产实习考核内容的评价体系。而各个评定内容、子项评定内容、子子项评定内容之间的比例可用加权系数进行分配，即根据各项具体内容的重要性给一个加权系数，而保证各个加权系数之和等于1，即

$$\sum_{i=1}^{n} R_i = 1 \tag{1-1}$$

$$\sum_{i=1}^{n}\sum_{j=1}^{m} R_{ij} = 1 \tag{1-2}$$

$$\sum_{i=1}^{n}\sum_{j=1}^{m}\sum_{k=1}^{l} R_{ijk} = 1 \tag{1-3}$$

式中　R_i——各主要项评定内容的加权系数；

　　　R_{ij}——各子项评定内容的加权系数；

　　　R_{ijk}——各子子项评定内容的加权系数。

从以上主要的评定内容出发，沿着复杂性较小的分项目标进行分解，最后给出各个分项的绝对加权系数，就可以建立整个生产实习考核评定体系，并且可以知道各个分项指标对整个评定体系的影响。

1.7.2　五级分制

生产实习因时间不长，其成绩评定一般是采用五级分制。按优、良、中、及格、不及格五级评定成绩。成绩不及格者要重修实习。

没有特殊原因未参加生产实习者，未提交反映实习成果的文字材料者，抄袭造假者均按不及格处理。

不参加实习或累计缺席三分之一时间的学生，不予评定成绩，凡不及格者不能取得实习学分。对实习中严重违反纪律的学生，视情节降低其成绩。

1.8　校外实习基地建设

校外实习基地是指具有一定实习规模并相对稳定的校外和社会实践活动的场所。校外实习基地建设直接关系到实践教学质量，对培养学生的实践动手能力和创新意识起着十分重要的作用。为了进一步加强和规范校外实习基地的建设和管理，需制定校外实习基地建设与管理规定。

1. 校外实习基地应具备的基本条件

（1）能满足完成实习教学任务的要求。

（2）基地建设本着双方自愿、互惠互利、义务分担的原则。

（3）原则上选择就近就地、相对稳定的实习地点。

（4）能满足实习学生食宿、学习和卫生安全等方面的条件。

2．建立校外实习基地的途径

（1）校外实习基地由学校与相关单位协商共同建立。

（2）根据不同专业和学科性质特点，有目的、有计划、有步骤地选择能满足实习教学条件的单位，共同建设好校外实习基地。

3．校外实习基地的类型

（1）校外教育实习基地。

（2）校外专业实习与其他实习基地。

4．学校与校外实习基地共建义务

（1）学校在人才培训、委托培养、课程进修、咨询服务、信息交流等方面对校外实习基地单位优先提供服务。

（2）在国家政策许可范围内，校外实习基地共建单位在需求毕业生方面同等条件下有优先挑选权。

（3）校外实习基地共建单位对实习学生的有关收费给予优惠。

（4）学校与校外实习基地共建单位应对实习指导教师进行上岗培训，并对实习指导教师的工作进行质量监控。

（5）学校与校外实习基地共建单位应优先考虑实习场所的实习条件，保证实习学生、指导教师及生产人员的人身安全，并对相关人员（尤其是实习学生）进行安全教育或安全考试。

（6）学校与校外实习基地共建单位应共同考虑实习基地的长远建设，并指定负责人负责相关事务。

5．校外实习基地协议书的签订

（1）校外实习基地共建双方有合作意向，在符合建立校外实习基地条件的基础上，经协商后可由学校与基地所在单位签订校外实习基地协议书（一式三份），由教务处、校外实习基地、二级学院各执一份。

（2）校外实习基地协议合作年限根据双方需要确定，一般不少于三年。

（3）协议书应包括以下内容：①双方合作目的；②基地建设目标与受益范围；③双方权利和义务；④协议合作年限；⑤其他。

6．校外实习基地的管理

（1）为促进校外实习基地建设和规范管理，由主管实践教学的领导负责基地的建设、实习教学内容安排及日常管理工作。

（2）主管实践教学的领导要不定期到校外实习基地检查、评估校外实习基地教学情况，每年做出校外实习基地建设、使用情况评估报告。

（3）做好实习基地的联谊、走访、交流与合作等工作。

（4）对协议到期的校外实习基地，根据双方合作意向与成效，可办理协议续签手续。

7．校外实习基地的建设规划

（1）根据学校的发展规划，及时建立新的实习实训基地。每年根据专业实际需求及新专业的专业课程计划，适当增加新的实习基地。

（2）加大实习基地的建设投入，包括精力投入、人力投入、资金投入，逐年提高实习基地的教学质量与水平，真正使各学院本科生达到应用型人才的标准。

（3）加强与实习基地的合作，使实践教学实习基地成为实用人才的培养基地，形成一个高水平的实践教学基地示范点。

（4）逐渐建立专业化强、方向明确的专业化实习基地，使学生就业与实习结合起来。同时要加强实习基地专业类型的建设，以增加专业实习种类，扩大学生就业渠道。

（5）培养一批"双师型"实践教学指导教师，包括学校本身的教师和基地的兼职实习指导教师等，以加强实践能力。

1.9 思考题

1．机械专业大学生的实习类课程有哪些？各有什么特点？

2．根据实习企业的不同，谈谈你校生产实习的特色。

3．你准备采取哪种实习形式来获取现场的实践性知识？

4．针对实习企业的规章制度，女大学生在衣帽穿戴方面，有哪些特殊要求？

第2章
实 习 企 业

实习企业的选择对大专院校组织校外生产实习起着至关重要的作用。一个合格的实习基地不仅应具备与其专业有关的实习内容，即拥有全套的生产设备和完整的生产流程，以促进学生工程综合素质的培养，而且还应具有一定的接待保障能力，从而确保学生在实习期间的生活起居与人身安全。

2.1 各类高校实习企业的选择

我国高校经过多年的发展，已形成了相当大的规模，据统计，2006年我国在校生人数已达2 100万，标志着我国已进入了大众化高等教育阶段。目前，我国不仅有高水平的、世界知名的大学，如北大、清华、复旦等，而且还有一般应用型大学及高等职业技术学院，并由这些大学共同支撑起了我国的高等教育体系。对于这些不同类型的高等院校来说，由于其人才培养目标和方式不同，其生产实习工厂的选择也各不相同。

2.1.1 研究型大学实习的定位与模式

研究型大学（Research University）通常是指以知识的传播、生产、应用为中心，以高水平的科研成果和培养高层次精英人才为目标，在社会发展、经济建设和科教兴国战略中起重要作用的大学。这类以探索型人才为培养目标的大学，在其发展壮大的过程中，有着以下几个显著的特点：

1. 以研究生教育为主

许多此类大学的学生入学情况往往是：研究生入学人数和本科生入学人数的比例接近 1:1（有的甚至超过 1:1），为社会的前进提供了大量探求事物的本质和规律的高层次人才，然而，这些高层次人才与具体的社会实践关系却呈现出一种间接而非直接的联系，因此，在人才培养方式上应主要以理论教学为主，实践教学为辅。

2. 注重科学研究

研究型大学是人才集中的中心，有着许多享誉国内外的学者、院士及科研小组，这些人才既是学校的骄傲，又是学校成为世界一流研究型大学的关键；同时，此类院校拥有先进的实验设备、充足的科研经费、众多的研究课题，是国家重大成果的形成中心，更是社会发展进步的原动力。据统计，迄今为止，全球足以影响人类生活方式的重大科研成果有 70%诞生于世界一流的研究型大学。

3. 科技与实业相结合的中心

现代社会知识和科技转化为生产力的周期是越来越短，而科技发展和经济发展是一种双向推动的关系，即科技的进步直接推动经济的发展，市场的需求又拉动科技本身的发展。从某种程度上说，实现学术抱负和追求经济效益可在一定条件下高度统一起来，成为高校与企业共同奋斗的目标，也为学生的实习提供了某些便利的条件。

研究型大学不仅是培养研究型人才和发展科学文化的基地，而且应该成为知识型企业的哺育场所、高科技产业的孵化器、高新技术改造传统产业的辐射源，甚至还应是知识经济的策源地。高校能否把科学技术与生产实践结合起来，能否把提高学术水平与创造经济效益结合起来，是衡量一所大学办得如何的重要标志之一。北大方正集团正是科技与产业相结合的典型例子。

正因为研究型大学有以上这些特点，其工科类学生生产实习的场所常选择在科研实力较强，仪器设备齐全，拥有大量研究课题，具有众多知识产权的国有大型企业及研究所。同时，由于其学生的综合素质较好，学习态度端正，积极性高，自制能力强，因此，可采用分散自主式实习方式，即由学生根据自己及企业的情况结合毕业就业方向灵活地选择实习地点，自行联系生产厂家进行实习。如某著名大学机械类生产实习就采用此种实习方式，这样既锻炼了学生的综合能力，又明确了学生今后学习和就业的方向，为今后的发展打下坚实的基础。

2.1.2 应用型大学实习的定位和模式

一般来说，应用型大学（Applied University）的本科教育是基于产业发展的需求，以培养高素质应用型人才为目标，从而构建适应企业要求的人才培养模式和学科教育体系，解决地方经济在发展中所遇到的实际问题。因此，此类学校在培养应用型人才的过程中，有以下几个特点：

1. 教学为主，科研为辅

由于应用型高校师资队伍的科研工作相对较为薄弱，且学生教育主要以本科生教育为主，主要教导学生如何运用学校所学的知识生产出企业所需的产品。

2．校企合作，设定专业

此类大学（学院）的设立并不是为了探求事物的本质和规律，而是利用已发现的科学原理服务于社会实践，直接从事与具体的社会生产劳动和生活息息相关的工作，能为社会创造直接的经济利益和物质财富。为此，应根据市场对人才的需求状况和对人才培养质量的要求，协调专业设置，实施教学改革，修订教学计划，安排教学进度，调整实训安排，以培养符合社会要求，能从事现场工程师的学生为目标。

3．突出实践，强化应用

21 世纪的大学生，尤其是应用型大学的学生，应具有扎实的基本功、过硬的综合能力，包括分析解决问题的能力、实际动手能力、自学能力、新技术应用能力等。这些实践能力的培养对学生今后的成长和发展起着极其重要的作用，也应是应用型大学的教育特色。

所以说，应用型大学应培养学生的"能力本位"意识，并且应该围绕应用型人才的素质、能力、知识的需要，加强学生实践能力和应用能力的培养。因而，此类院校的人才培养目标应定位在培养技术运用型人才，即学生能够运用所学知识和原理将设计好的计划转换成产品，而非简单的技术操作，且在人才培养模式上应既有别于传统意义上的研究型大学教学模式——学术型理论教学模式，更应有别于三年制高职高专的办学方式——"2+1"方式，应根据社会需求，通过与中小型企业的联系，调整课程教学，安排实习环节（例如，对于机制专业方向的学生应特别加强机械制造工艺方面的知识），从而使学校通过生产实习，真正能做到教育主管部门提出的"厚基础、宽口径、高素质、强能力"的人才培养目标。

通常这类学校生产实习的场所选在生产规模较大，生产门类繁多，生产技术过硬的大、中型国有企业，或当地的龙头企业及股份公司（如江苏技术师范学院所在地为江苏省常州市，其机制专业学生就前往常州林业机械股份公司（简称林机厂）、常州柴油机股份有限公司（简称常柴厂）、南车集团戚墅堰机车车辆厂（简称戚机厂）等），使学生在实习过程中既能强化书本知识，增强其感性认识，从而将课堂上所学的知识系统化、条理化，又能培养学生吃苦耐劳的精神，增强其劳动观念、工程观念，为今后从事技术工作打下坚实的基础。

一般此类院校的实习方式是集中参观学习，即在专业老师的带队下，有计划、有组织地去事先联系好的企业进行为期两周的生产实习。

2.1.3 高职院校实习的定位和模式

高职院校（Vocational College）是我国改革开放时代的产物，大多始建于 20 世纪 80 年代末 90 年代初、中期，办学历史短，积淀少，主要为地方经济建设和有关行业发展培养一批急需的技术操作型人才。

"面向社会、着眼未来、服务经济"是高职教育的办学宗旨。经十余年办学的探索，高职院校一般都能根据社会发展需要及时调整专业设置，并把调整专业结构作为一项战略选择来抓，集中力量在短时间内开设经济建设急需的专业。然而，由于教育产业又具有长周期性，且需要有一定的预见性，因此，在专业设置方面以及人才培养模式上，如何把市场的短周期性和教育及人才培养的长远性有效地结合起来，如何加强地方政府宏观预测的指导性，使校企间的合作培养不仅满足企业当前的需要，还要满足企业长远发展的需要，成为高职院校长期以来的研究课题。

为了更好地解决这一难题，提高学生的动手能力，高职院校生产实习的模式一般采用顶岗培训的模式。也就是说，学生在其实习期间，应把自己当做岗位一线的"准员工"或"预备员工"，把今天的工作实践当做自己未来的职业生活，这样，才能使自己更加珍视和认真对待顶岗实践实习机会，才能真正全身心地进入工作状态，才能认同和接受企业文化及职业氛围的影响，才能理性地认识知识对操作技能的指导作用，培养出爱岗敬业的态度和思想，达到教育学习和提高操作技能水平的目的。

表 2-1 所示为上述这三种类型大学生产实习的培养方式和组织形式。

表 2-1　三种类型大学生产实习的培养方式和组织形式

比 较 项 目	研究型大学	应用型大学	高 职 高 专
培养目标	研究型人才	技术运用型人才	技能操作型人才
培养方式	理论教学为主，实践教学为辅	强化实践教学，强调能力本位	"2+1"的培养模式
实习方式	分散自主式实习方式	集中参观学习	顶岗实习
实习地点	国有大型企业、研究所	生产方式多样的国有企业	地方企业

2.1.4　应用型大学生产实习企业的选择原则

生产实习是培养学生综合素质和能力的重要实践教学形式。在实习过程中，学生能否巩固课本所学知识，拓展自身眼界，很大程度上取决于实习基地的选择，所以说，实习基地甄选结果的好坏直接影响到学校生产实习的成败。通常，生产实习基地的选择应遵循以下几点原则：

（1）根据专业性质和实习性质，选择满足生产实习大纲要求，且具备完整生产体系的企业作为学生生产实习的场地。教育改革以后，机械制造除了涵盖过去的热加工、冷加工等诸专业外，还包含了生产组织、经营管理等知识。在生产实习过程中，学生除了要了解企业产品的生产工艺流程、设备布置、工夹具的配置等外，还要通过生产实习了解企业的生产组织、经营管理、技术改造、技术革新、产品销售、售后服务，以及如何参与制造业的全球化，开展国际合作与竞争。

（2）生产企业应相对集中，便于组织参观和管理。在为期两周的生产实习过程中，为拓宽学生的知识面，了解更多的新技术、新工艺，带队老师应组织学生对不同企业进行为期 1～2 天的参观实习，让学生更好地了解机械行业的现状及发展趋势，为学生今后的发展明确方向。因此，这些企业应相对集中，从而减少在时间上不必要的浪费，提高学生生产实习的效率。

（3）企业应设置有专门的接待机构，配备有了解企业生产状况，能指导生产实习的专业工作人员。现场讲解和专题讲座是生产实习现场教学的两种主要方式，学生可以通过听取专题讲座和向现场工人、指导老师请教的方法，按照指导书上规定的内容，反复深入现场，仔细观察，认真分析，阅读材料、图样，并在弄懂搞透的基础上做好总结，从而提升生产实习的效果。

（4）生产企业应能提供食宿及其他服务项目，且收费不应过高。到校外实习涉及吃、住、行诸方面的问题，其中交通费这一项就占了整个实习经费的 40%以上。然而实习经费来源有限，从而形成了入不敷出的局面。实习经费的不足，制约了高校学生生产实习的正常开展。同时，由于经费不足，实习次数及时间相对压缩，而为节约开支，指导教师也相应减少，从而增加了带队老师的工作量，影响了实习质量。因此，应选择一个实习环境较好且收费较低的地区，作为学生长期实习的基地。

2.2 典型实习基地企业简介

2.2.1 河南省洛阳市实习基地

位于我国中部的洛阳市，不但是我国的历史文化名城、国际文化旅游城市，而且还是我国重要的工业城市、先进制造业基地，具有多家国有大型企业（如第一拖拉机股份有限公司、中信重工机械股份有限公司、中铝洛阳铜业有限公司等），这些企业厂址相对比较集中（基本上都位于洛阳的涧西区），便于组织参观实习；同时，住宿和参观费用又较为低廉，适合各类型高校机械专业的学生进行生产实习。

1. 第一拖拉机股份有限公司简介

第一拖拉机股份有限公司的前身是第一拖拉机制造厂，始建于 1955 年，是我国"一五"期间兴建的 156 个国家重点项目之一，是中国农机行业唯一的特大型企业；1990 年被国务院企业管理委员会评为"国家一级企业"；1997 年，中国一拖集团将与拖拉机相关的业务、资产、负债人员重组后进行股份制改造，依法设立了第一拖拉机股份有限公司（简称一拖公司）。公司拥有员工 1.6 万余人，专业管理及工程技术人员 1 200 余人，其主导产品为"东方红"系列履带拖拉机、轮式拖拉机和收获机械、工程机械等，共计 100 余个品种，并具有年产履带拖拉机 2.8 万台、小型轮式拖拉机 20 万台、大中型轮式拖拉机 1.5 万台、收获机械 1 万台和工程机械 1 万台的生产能力。建厂 50 多年来，公司从单一产品向多元化产品发展，成为集生产、科研、销售于一体的综合性企业，目前公司已累计为社会提供各种拖拉机 160 多万台，"东方红"产品畅销全国。图 2-1 所示为一拖公司主要产品。

| (a) | (b) | (c) | (d) | (e) |

图 2-1 一拖公司主要产品

公司占地 49 万平方米，总资产 36 亿元，固定资产 22 亿元，拥有强大的铸锻、加工、装配和测试的全套生产能力，流水生产线近百条，下设 10 个职能部门和 17 个子/分公司、专业厂，如中国一拖集团零部件事业部包括锻造厂、齿轮厂、热处理厂、一拖（洛阳）开创装备科技有限公司、一拖（洛阳）车桥有限公司、一拖（洛阳）福莱格车身有限公司、中国一拖集团有限公司能源分公司、一拖（洛阳）汇德工装有限公司、一拖（洛阳）模具厂、一拖（洛阳）标准零件有限公司等单位，能满足机械类各专业方向学生的生产实习要求。图 2-2 所示为一拖公司主要实习车间布局图。

图2-2 一拖公司主要实习车间布局图

在这些分厂中，第一装配厂作为我国农机行业最大的农业履带拖拉机制造基地，始建于1956 年，是第一拖拉机股份有限公司前身——第一拖拉机制造厂的骨干专业分厂。自 1958 年7 月 20 日装配出我国第一台 54 马力履带拖拉机至今，形成年生产能力 2.5 万台履带拖拉机的生产能力。经过 50 多年的发展，东方红牌拖拉机遍布中国各省、自治区并远销至欧洲、北美、南美、非洲、东亚、中东等 50 多个国家和地区，深受用户欢迎。

工程机械厂建于 20 世纪 70 年代，生产规模宏大，技术力量雄厚。1993 年成立合资公司以来，凭军工技术的科研能力，不断开发出符合国情和市场需求的高性价比的工程机械产品。先后推向市场的有：轮式装载机、工业推土机、液压挖掘机三大系列数十个型号产品。作为驰名中外的"东方红"工程机械产品，行销国内 30 个省市自治区，并出口到欧洲、亚洲、非洲、拉美和澳大利亚等国家和地区。

齿轮厂始建于 1973 年，主要从事齿轮、壳体加工及齿轮箱生产，产品覆盖农业机械、工程机械、汽车和机床等，主要产品有直齿圆柱齿轮、斜齿圆柱齿轮、直齿锥齿轮、弧齿锥齿轮、花键轴等零件产品和工程机械变速箱、汽车差减总成、机床主轴箱等，是国内农机行业最大的齿轮供应商；同时，也是汽车、工程机械、机床行业可信赖的战略合作伙伴。

福莱格车身有限公司（冲压厂）始建于 1956 年，2006 年改制为有限责任公司，并承继了原冲压厂的主要业务，致力于汽车、农业机械（履拖、大中小轮拖、收获机等）和工程机械的覆盖件、结构件、驾驶室等产品的制造、销售以及通用机械产品的冲压、焊接、涂装和机械加工。其产品广泛应用于农机、汽车、工程机械、轻工机械等行业。

一拖柴油机有限公司（第一发动机厂）是中国一拖集团有限公司控股的子公司。公司专业生产的东方红系列柴油机，是与世界著名的英国里卡多工程师咨询公司以及美国西南研究院合作研发的具有当代先进水平的系列柴油机。依凭一拖集团的国家级技术中心雄厚的技术实力及一拖集团 50 余年柴油机制造的丰富经验，瞄准国内外市场需求，不断地利用当代世界一流技术对全系列柴油机进行技术升级，使东方红柴油机获得了巨大的成长动力。

图 2-3～图 2-12 所示是一拖公司各专业分厂的一些重要生产设备，可供实习学生参考。

2. 中信重工机械股份有限公司

中信重工机械股份有限公司的前身是洛阳矿山机器厂，是我国"一五"期间 156 项重点工程之一，于 1954 年动工兴建，并于 1958 年建成投产，50 多年来经过多次扩建改造，目前已发展成我国最大的矿山机械制造厂，是我国低速重载齿轮加工基地，中南地区大型铸锻、热处理中心，是国家级理化检验认可单位和国家一级计量企业。

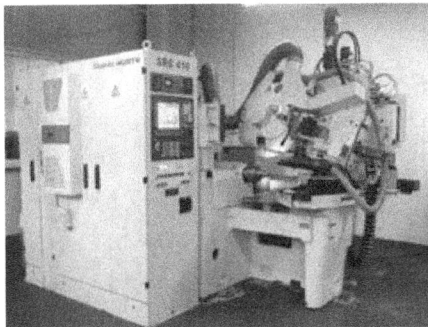

图 2-3　数控剃齿刀磨床

图 2-4　加工中心

图 2-5　瑞士 GROB 冷打花键机床

图 2-6　数控滚齿生产线

图 2-7　数控磨齿加工线

图 2-8　数控插齿生产线

图 2-9　闭式四点机械压力机群

图 2-10　拖拉机驾驶室焊装线

图 2-11　超音频立式通用数控淬火机床

图 2-12　数控连续式渗碳淬火线

目前公司的主要产品有：采掘机械、提升机械、破碎粉磨机械、选煤机械、冶金机械、轧钢机械、轻工环保机械、发电设备、大功率减速器、大型铸锻件等，可为矿山、建材、冶金、电力、有色、化工、环保、军工等工业领域国内外客户提供成套技术装备和技术服务。

作为我国机械行业中南地区规模最大的热处理基地，公司拥有 ϕ5m×2.5m、ϕ3m×2m、ϕ1.7m×7m 渗碳炉；2.3m×9.5m 井式炉；8.5m×13m、5m×15m、6m×14.5m、4.5m×18m 等自动控制台车式热处理炉群。可生产 45t 以下的调质件，20t 以下的渗碳淬火齿轮、齿轴。图 2-13 所示为世界大型渗碳炉（ϕ5m×2.5m）。

图 2-13　渗碳炉

作为我国中南地区的锻造中心，公司于 2009 年投产的 18 500t 自由锻油压机将使公司锻造能力位居世界前列，可为能源、化工、冶金、航空航天等领域提供最大单件质量达到 350～400t 的自由锻件；同时可轧制黑色、有色材质的各种截面环形件，最大直径达 ϕ5m，单件质量为 10t。图 2-14 所示的 10 400t 新油压机即将投入使用，图 2-15 所示为公司现有的 8 400t 水压机。

图 2-14　10 400t 油压机模型图

图 2-15　8 400t 水压机

此外，公司还拥有德国科堡公司 6.5m×18m 数控移动龙门镗铣床，意大利因塞公司 ϕ260m 数控落地镗铣床、ϕ16m 数控重型双柱立车，德国希斯公司 ϕ12m 立式车床，意大利皮特·卡那奇公司 ϕ6.2m 立式数控加工中心，意大利因塞公司 6m×18m 重型卧车和 16m 数控滚齿机、磨齿机等各种精、大、稀机械加工设备，可加工回转类单件质量 300t，直径 16m；筒体类单件质量 200t，直径 6m，长度 18m；轴类单件质量 100t，直径 3.2m，长度 12m；长方体类 6.5m×5m×18m，单件质量 250t 等大型零部件。图 2-16～图 2-21 所示为公司现有的部分大型生产设备。

图 2-16 滚齿机

图 2-17 数控立车

图 2-18 重型立车

图 2-19 数控龙门铣

图 2-20 卧车

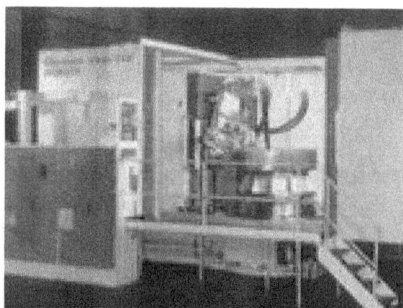

图 2-21 磨齿机

此外，公司还拥有首批国家级企业技术中心，工程技术人员达 1 200 多人，享受政府津贴专家 38 人。公司所属研究院（洛阳矿山机械工程设计研究院）是国内最大的矿山机械综合性技术开发研究机构，具有甲级机械工程设计资格。

3．中铝洛阳铜业有限公司

中铝洛阳铜业有限公司（简称中铝洛铜）位于第一拖拉机股份有限公司的东侧，是由中国铝业公司和洛阳市国资委共同出资组建的公司。中铝洛铜继承了洛阳铜加工集团有限责任公司主体经营资产，是我国"一五"期间兴建的 156 项重点工程之一。1954 年开始建设，1965 年投产。经过 50 多年的发展，公司拥有铜精炼、铜及铜合金材加工、铝镁材加工、有色加工设备制造等生产系统，具备年产有色金属加工材 12 万吨、电解铜 5 万吨的生产能力，是我国目前最具影响力的综合性有色金属加工企业。

中铝洛铜主要产品有铜及铜合金板、带、箔、管、棒、型、铝镁板带材和电解铜及冶炼副产品等，广泛应用于航空、航天、舰船、军工、冶金、电子、电力、机械、交通、建筑、化工等国民经济各领域。

中铝洛铜拥有我国铜加工行业唯一一家国家级企业技术中心。多年来，中铝洛铜以强大的技术创新能力引领行业技术发展方向，先后承担了"863 计划"项目、重大科技攻关项目等国家级项目，取得了近百项工艺技术、产品开发的科研创新成果，研制出一大批涉及电子、通信、现代交通、环保能源、生物工程等高新技术领域和朝阳产业用高性能铜合金产品。如欧元造币材料、变压器铜带、引线框架材料带、射频电缆带、高炉用铜冷却壁板、含银无氧铜板、汽车同步器齿环管、大口径白铜管等，为中国经济发展做出了突出的贡献。

中铝洛铜以市场为导向，先后三次进行大规模技术装备改造。2006 年以来，为了满足国内外市场对高端铜板带产品的需求，又投资 22 亿元新建 10 万吨高精度电子铜板带生产线。项目达产后，公司产销规模将达到 20 万吨以上，综合能力达到国际一流水平。图 2-22～图 2-25 所示为公司部分生产设备。

图 2-22　无氧铜炉组

图 2-23　1500 热轧机

图 2-24　LGC100 冷轧管机

图 2-25　倒立式圆盘拉伸机

2.2.2　江苏省常州市实习基地

江苏省常州市地处长三角经济发达地区，处在上海、南京两大都市中间，与苏州、无锡联袂成片，构成了中国经济最具活力、发展最快的"苏、锡、常"都市板块。装备制造业作为常州的传统产业和优势产业，有着产业基础好，产品种类全，配套能力强，发展潜力大等特点。经过 50 多年的努力，特别是改革开放 20 多年的发展，常州现已形成了具有一定技术水平和特色的装备制造体系：以输变电设备、工程机械与车辆、农用机械、轨道交通车辆等制造业产业为基础的多个产业集群；数字视听设备、准高速内燃机车、电子元器件等制造业产品的主要生产基地，并拥有南车集团戚墅堰机车车辆厂、常州柴油机股份有限公司、常州林业机械股份公司、江苏新科电子集团有限公司等众多全国知名企业，但由于各企业间相距较远，适合各高校采用分散自主式的实习方式进行实习。

1. 南车集团戚墅堰机车车辆厂

南车集团戚墅堰机车车辆厂（简称戚机厂）最早创建于 1905 年，是我国铁路客货运输主型内燃机车研发制造基地，隶属于国资委下属的中国南车股份有限公司。

长期以来，公司紧紧瞄准铁路市场"客运高速、货运重载"需求，依托在大功率柴油机方面的核心技术优势，先后开发成功了"280 系列"柴油机和东风 8 型内燃机车、东风 9 型内燃机车、东风 11 型内燃机车、东风 8B 型内燃机车、东风 8CJ 型内燃机车、"新曙光"号 NZJ1 型准高速内燃动车组、东风 11Z 型专用机车和适合青藏线上的"雪域神舟"号高原机车。并在此基础上，又开发生产了东风 11G 型双机重联准高速客运内燃机车和"和谐长城"号 NDJ3 型奥运旅游观光内燃动车组等产品。其中，东风 11 型、东风 8B 型、东风 11G 型内燃机车担纲了中国铁路六次大提速主型机车牵引任务。

公司在做强国铁市场的同时，不断加大对地方铁路、工矿企业市场的拓展。自 1999 年先后开发生产 GKD2 型电传动调车内燃机车和 GK2C 型液力传动调车内燃机车；根据中国南车总体发展规划要求对内燃机车业务整合，于 2007 年将四方机车有限公司内燃机车东风 7G、东风 5 等机车的技术图纸、工装、客户资源和售后服务进行整合，业务整体转移至中国南车戚墅堰公司，进一步拓展了中国南车戚墅堰公司的产品范围。

为进一步拓展国际市场，实现整机出口满足用户需要，公司又先后开发生产出口越南客货两用 JMD1360 型内燃机车，出口柬埔寨 CKD6D 型米轨内燃机车，出口委内瑞拉铁路干线 CKD4C 型内燃机车和出口伊朗的 DF8BI 型内燃机车。

面对新时期轨道交通运输业的机遇和挑战，力图创新的南车戚墅堰机车有限公司积极适应中国铁路运输和经济全球化的发展要求，将资源配置、市场开拓、技术创新、用户服务从中国向世界延伸。以产品、设计和制造三大技术平台为依托，以一流的技术，生产一流的产品，引领中国铁路内燃机车的发展潮流，为打造"亚洲第一、世界一流"的内燃机车研发制造和维修服务基地而努力奋进。

公司目前配备设备 4 500 台套，大型设备 230 台，数控设备 157 台。其中，机械加工设备 807 台，大型设备 139 台，数控设备 96 台。拥有齐全的理化试验、计量检测手段和相当规模的铸造及机加工制备能力，已形成新造内燃机车 150 台，修理内燃机车 350 台的年综合生产能力。图 2-26～图 2-38 所示为戚机厂的部分生产设备。

图 2-26　卧式加工中心　　　　　　　　　　图 2-27　凸轮轴磨床

图 2-28 数控珩磨机

图 2-29 焊接机器人

图 2-30 激光切割机

图 2-31 科堡龙门加工中心

图 2-32 曲轴五坐标复合车铣加工中心

图 2-33 日本马扎克卧式加工中心

图 2-34 三菱龙门加工中心

图 2-35 数控定梁龙门镗铣床

图 2-36 三坐标测量仪图

图 2-37 柴油机车间柴油机组装台位

图 2-38 柴油机实验站

2．常州柴油机股份有限公司

常州柴油机股份有限公司（简称常柴厂）是全国农机行业及常州市第一家上市公司。公司拥有三家控股子公司、四家主要参股子公司，具有年产 120 万台柴油机的生产能力。常柴厂至今已累计生产柴油机 2 300 多万台，国内市场占有率居行业第一，并曾先后出口到 78 个国家和地区。

常柴厂目前拥有的单缸柴油机主要有 S、ZS、R、F、L、D、SQD、H、T、重载等十大系列产品，多缸柴油机主要有 75－80、85－90、4L、102 四大系列产品，功率范围 1.7~80kW，共有 1 000 多个品种。常柴产品广泛应用于皮卡、轻卡、低速载货汽车、拖拉机、联合收割机、发电机组、工程机械、船舶等领域。

"常柴"牌商标在国内生产资料类产品中最早被认定为中国驰名商标。1983 年、1988 年常柴两次荣获国家质量管理奖，1993 年在全国同行业中率先通过了 ISO 9000 质量体系认证，2005年荣获首批单缸柴油机"中国名牌产品"称号，2007 年单缸机产品获得"国家免检产品"称号，2009 年通过 ISO 14001 环境管理体系认证，2010 年通过了汽车产品质量管理体系 ISO/TS 16949认证。常柴品牌连续多年入选"中国 500 最具价值品牌"排行榜和内燃机类十大"中国最具影响力品牌"排行榜。2009 年，常柴以 20.63 亿元的品牌价值名列 2009"中国 500 最具价值品牌"排行榜第 345 位。

常柴企业拥有国内先进的内燃机制造设备和技术，先后从美国、德国、瑞士、日本、奥地利等国引进了先进的铸造、加工及内燃机检测试验设备，拥有国家级企业技术中心和博士后科研工作站，目前企业技术中心共拥有包括博士在内的各类专业技术人员 500 多名，科研、技术力量雄厚。到目前为止，常柴企业共获得国家专利授权数十项，取得科研成果及四新项目 500 余个，多款多缸柴油机通过了国 II、国III排放标准，并有 50PS 以下共 52 种机型获美国 EPATier4 认证，17 种机型获欧盟 ECIIIA 排放认证，取得了进军欧美市场的通行证。与此同时，常柴企业已经和东风汽车、金杯车辆、北汽福田等多家汽车行业产品批量配套。图 2-39 所示为常柴厂新研制的多缸柴油机。

从 20 世纪 90 年代起，常柴厂开始了大规模的技术改造，瞄准当时世界内燃机制造的先进技术，前后投资近亿元从瑞士、美国引进了整套铸造生产设备和高压气冲造型线、15 吨中频感应电炉、冷芯盒制芯机等一批先进设备，为提高铸造工艺技术装备提供了条件。股份制改制以后，常柴厂又先后投资数亿元从德国、中国台湾引进了由 40 多台加工中心组成的柔性生产线，投资 6 800 万元建成了行业内一流的企业技术中心。近几年，常柴厂每年技改投入都在 1 亿元以上，先后从美国、日本、德国等国引进了先进的铸造、加工生产制造装备，建设完成了国内同行业一流的 30 万台欧 III 柴油机生产基地、加工试制车间、铸造制芯中心等。图 2-40～图 2-44 所示为常柴厂部分生产设备及生产线。

图 2-39　新研制的多缸柴油机

图 2-40　加工中心

图 2-41　柔性生产线

图 2-42　S195 装配线

图 2-43　发动机装配线

图 2-44　检测设备

　　在企业发展过程中，常柴厂坚持运用先进的国际标准对质量工作进行全面科学的管理，加强质量保证机构建设，建立健全质保体系，切实加强产品质量控制，并先后投资数亿元从奥地利 AVL 公司引进了柴油机整套检测设备，促使常柴质量管理水平跃上了新的台阶。近几年，常柴厂严格按照汽车产品质量管理体系 ISO/TS 16949 要求开展各项质量管理工作，对内加强考核，推进年度质量排查、攻关及质量示范岗活动，对外强化供应商 PPM 值管理，不断提高产品质量、降低成本，通过内外并举，稳定并提高了整机和零部件质量及管理水平，经每年行业产品质量抽查各型柴油机，合格率达 100%。

2.3 思考题

1．简述研究型大学和应用型大学之间的差异及各自生产实习的组织形式。

2．试分析应用型大学和高职院校为什么在人才培养的模式上存在着差异。

3．试比较洛阳实习基地和常州实习基地之间的差异。

4．根据各校的人才培养计划和教学情况，结合各实习基地的产业特点，从本校实际情况出发，确定适合本校学生实习的实习基地，并确定其实习方式及指导方法。

5．根据各实习企业的生产情况，结合各自专业方向的教学大纲，如何安排生产实习日程和实习内容？

第 3 章

生产实习指导老师

生产实习指导老师是生产实习教学系统工程的关键元素，学生在生产实习中是否有所收获，收获的大小，在很大程度上取决于指导老师主导作用的发挥。生产实习指导老师主要由学校指派专业教师进行实习指导，或与实习基地的工程技术人员两方面共同完成，指导老师对实习大学生的专业学习、生活安排、安全教育，直至生产实习的圆满完成负有全面的责任。因此，指导老师必须具有高度的事业心和责任感、较强的独立工作能力、丰富的教学经验和深厚的专业知识，尤其是专业工程实践知识。此外，因为生产现场是多门类、多学科知识的有机组合和综合运用的场所，指导老师必须对实习基地的工艺流程、设备配置，对主要设备的机、电、液和控制部分都应有清晰的了解；甚至连车间现场的行走路线、通道都要非常熟悉（如欲看某台加工设备，应走何参观路线，应选择何站位和最佳观看操作视角等）。否则，指导老师就不能很好地完成指导专业生产实习的教学任务。

生产实习指导老师不应是纯粹的教师，更不应该是纯粹的实验员，而是应该具有一定的理论基础、一定的科学研究能力、一定操作能力的团体。

3.1 指导老师的任务

生产实习指导老师的工作职责如下。

（1）认真做好实习学生的思想政治教育工作，培养学生良好的职业道德，敬业爱岗，遵纪守法。

（2）切实加强安全保障工作，与实习单位共同制定安全保护措施，防止危及学生人身安全事故的发生。

（3）遵守法律法规及有关规定，切实维护学生的合法权益，不得安排学生到不宜涉足的场所，劳动强度过高和有危险性的岗位去实习。

（4）敦促实习单位履行实习协议，按照实习大纲，认真指导，合理教学。

（5）对违反实习规定和实习协议条款的学生，视情节给予适当处理，对实习中出现的重大问题及时向校方报告。

根据生产实习指导老师的工作职责，要完成生产实习的教学，指导老师的任务可概括为以下几点：

1. 组织和领导作用

在生产实习教学过程中，生产实习指导老师既是知识和技能的传授者，也是实习教学的组织者和领导者，在生产实习教学中起着主导作用。生产实习指导老师的教学任务是繁重的。如实习班次的安排与轮换；安全操作的教育与检查；实习纪律的教育与检查；实习成绩的考核与评定；学生往还组织与住宿分配等，都要由生产实习指导老师来组织和安排。

2. 负责前期准备工作

按照生产实习教学计划、大纲的要求，编写生产实习授课计划、教案或讲义，做好生产实习教学的一切准备工作。生产实习指导老师应于上学期末或开学前，编写出下学期的生产实习计划、方案等。在正式实习前的过渡阶段要做好以下工作：

（1）办理入厂手续，安排学生食宿和组织好入厂教育。

（2）按照实习大纲的要求和实习计划的安排，组织和指导学生进行现场实习和场外其他学习活动。实习中要注意贯彻执行有关企业的规章制度。

（3）注意调动学生的主动性和积极性，注意培养学生观察问题、分析和解决实际问题的能力及实际动手能力。

（4）组织好现场教学和技术报告，使其与实习环节有机地结合好。

3. 实习期间的指导工作

（1）学生实习期间，实习指导老师根据安排定时到各实习点巡视、指导，了解情况，发现问题及时采取措施。

（2）指导学生写实习日记和实习报告，及时检查和评阅，并与实习单位共同研讨解决实习过程中出现的各种问题，及时处理偶发事件。

（3）指导老师要言传身教，以身作则，要随时了解学生在实习中的思想表现，严格要求，科学管理。

（4）实习指导老师应准时参加有关例会，研讨实习巡视中发现的各种问题，积极研究、探索提高实习质量的新方法，不断提高实习教学质量。

（5）依靠厂、矿等企业领导，搞好厂、校协作，密切厂、校关系。

4. 实习阶段的安全教育

实习过程中，要把对学生的安全教育工作当做头等大事来抓，把安全工作贯彻始终。

在生产实习现场教学上，指导老师不局限于只教授工艺技术，也要育人。结合实际情况，适时向学生进行热爱劳动、遵守职业道德和劳动纪律等方面的教育。

此外，做好离开校去实习企业，以及实习完成返校的各项有关实习事宜。

5. 实习后的工作

（1）实习完成后，实习指导老师认真做好与企业指派师傅的协调工作，并督促带队的师傅从实习生思想品德、劳动纪律、业务技能等方面进行考核，写好实习鉴定，学生返校后，要求上交实习小结，结合在企业实习期间的综合表现（如思想表现、实习态度、团结互助、劳动观点以及遵守纪律等），回校后认真组织好学生的实习成绩评定和实习总结，及时登录学生实习成绩。

（2）认真填写好"实习鉴定表"，按时上交，并以此作为考核实习指导老师教学工作量的依据。

（3）学生实习后，由学校与实习单位及时进行信息反馈，签订下次实习协议书，明确管理职责、权利和义务。实习指导老师对实习协议做充分了解并在实际工作中认真依照协议来推进整个指导工作。

因此，生产实习指导老师的任务是艰巨而光荣的。

3.2 对生产实习指导老师素质的基本要求

由于生产实习指导老师在生产实习教学中所起的重大作用，而且是走出校门进行教学，就决定了对指导老师要求的条件比较高。不但要有广博的基础理论，更要有丰富的实践教学经历，还要有教师这一神圣职业特有的心理品质，可将其概括为"爱、博、实、研、心、总"六个方面。对生产实习指导老师的基本要求是：

1. 思想进步，作风纯朴

教师热爱学生是教师必须具备的优良品质，也是人民教师的职业道德，同时也是教育的一种手段，没有教师对学生的热爱，就不存在对学生的教育。教师热爱学生，必须对学生的思想政治、学习、健康和生活全面关怀，既要热情爱护，又要严格要求。

生产实习指导老师应注意对学生的影响，以起到潜移默化的教育作用。为此，生产实习指导老师必须十分注意自己的思想、品德和情操的修养，时时处处做到为人师表。主要表现在：严以律己，谦虚谨慎，言行一致，表里如一，仪表庄重，品行端正，亲切和气，勤劳朴素，整洁卫生和文明礼貌等。

2. 具有较丰富的专业知识，熟悉生产现场

生产实习指导老师应了解或掌握本专业（或工种）的主要工具、设备的结构原理及文明生产、安全操作规程，对本专业（或工种）的实际操作技能达到中级技工的水平。

指导老师要善于学习，如果生产实习指导老师对本学科知识了解肤浅，对与本学科有密切联系的其他学科一无所知，或掌握本工种的操作技能较差，则是无法承担实习教学任务的。本、专科生产实习课指导教师有责任回答学生可能提出的有关机械制图、机械基础、金属材料、制造工艺等技术基础课，以及专业课等方面的问题，激发学生的学习兴趣。另外，科学技术的飞速发展，新技术、新工艺不断涌现，这都要求生产实习指导老师必须努力学习。因此，生产实

习指导老师既要通晓本学科或相邻学科的专业理论知识，又要熟练地掌握本专业技能、工艺技巧。生产实习指导老师对专业知识既要精益求精，又要刻苦钻研，不断地用先进的科学技术更换陈旧过时的知识，做到教学相长。

3. 要有较强的组织能力和语言表达能力

组织能力是一个教师取得教育和教学成功的保证。缺乏组织能力和指导能力的教师，无论其知识多么广博，都难以完成教育和教学任务。生产实习教学有其独特的特点，从组织教学入门指导到结束指导，从理论到实践，从教学到生产，从书本到设备整个过程是比较复杂而又细致的工作，它既有严密的计划性，又有较强的实践性。作为一名生产实习指导老师，应具备较强的组织领导能力和懂得企业生产管理知识，既要做好计划，又要组织领导教学和生产，组织领导能力差的生产实习指导老师是挑不起这副担子的。

语言表达是一切教育工作者必备的主要能力。由于实习现场生产的综合性，很多工艺学生一时可能看不明白，就需要教师来口头解释，把丰富的知识通过语言传授给学生，这就要求教师的语言准确清晰，具有学科性；简明练达，具有逻辑性；生动活泼，具有形象性；抑扬顿挫，具有和谐性。

4. 敬业爱岗，热爱实习工作

搞好生产实习教学工作是对生产实习指导老师的最主要、最根本的要求。搞好生产实习教学，就是按照生产实习教学计划、教学大纲和教材，结合生产实习教学自身的特点和规律，完成生产实习教学任务。

生产实习指导老师应该认真备课、精心讲课，深入指导和科学评定学生成绩等。生产实习指导老师还必须做好生产实习教学的准备工作，检查实习场所的安全设施；熟悉生产实习设备，选择并准备好生产实习场所和学生所需停留的位置；对于需要在现场讲课和操作的，老师在讲课时向学生演示的操作方法，备课时指导老师自己必须预先经过练习，要练习到完全胜任无误为止。

5. 具备必要的教育学、心理学等知识

生产实习教学工作是一项复杂的系统工程，要做好这一工作就要求生产实习指导老师要自觉、认真地学习教育学、心理学、管理学和生产实习教学法等教育理论，树立正确的教育观点，把握学生的心理特征，适时地调动学生学习的积极性和创造性，科学地开展教学工作。实践证明，生产实习指导老师是否懂得教育学和心理学，能否掌握教学方法，讲究指导艺术，其教学效果是大不一样的。所以，生产实习指导老师不仅应该具备较丰富的专业技术知识和熟练的操作技能，还必须掌握一定的现场教育理论，这就要求生产实习指导老师仔细研究学生的实际需要和学习状态，并采用各种可行的手段，最大限度地调动学生的学习积极性，激发他们的学习热情，发展学生的创新能力，培养学生创新的品质，做到"既教技术又教人"。

6. 善于总结，提高教学质量

生产实习指导老师还要善于不断地总结和积累自己的教学经验，改进教学方法，提高教学质量。生产实习教学有很强的实践性，而这个实践又是以理论为指导的。它要求学生将在技术理论课上学到的基本知识，应用到实习学习中去，用理论去指导实践，在实践中加深理解，巩

固理论课堂上学到的专业知识和基础理论，最终达到理论和实践的统一。生产实习指导老师就是完成这个知识转化过程，达到理论和实践统一的指导者。不熟知实习教学的特点和规律，不熟悉实习教学的过程，没有分析问题和解决问题的能力，没有丰富的教学实践经验，是不会收到好的教学效果而完成生产实习教学任务的。因此，生产实习指导老师要经常注意总结、累积自己的教学经验并广泛地吸取其他教师的经验，不断提高自己的教学水平。

此外，学校的领导和上级主管部门，应重视对生产实习指导老师的培养提高工作。帮助教师从思想上进步，从技术、理论和业务上提高。根据"缺什么，补什么"的原则，制订长远的培养规划，给教师创造条件，参加进修学习，以建立一支实力雄厚的师资队伍，保证教学质量。比如：有些学校采取了生产实习指导老师和专业理论老师一体化的办法。就是生产实习课和专门工艺学科由一名教师担任。这样，使两者的教学内容、进度、重点、难点等达到统一，避免了理论与实习脱节的现象，以提高教学效果。这就需要应用型高校有计划地培养技术和理论比较全面的"双师型"师资。

<h1>3.3　实习教学的前期准备</h1>

实习教学的前期准备包括实习指导老师挑选、教学工作准备和物质准备。

实习带队教师一般安排最少一名具有丰富工程经验的教授带几名副教授、讲师共同承担，有利于培养年轻教师的实际工程经验和做好"传、帮、带"工作。另外，为便于学生的外出管理，有些学校也把实习班级的辅导员作为带队教师之一。

实习指导老师一般以机制专业课程的教师为主来承担，考虑到机械设计、加工和热处理等生产环节，越来越多触及到数控加工和先进制造技术、企业管理、环境工程等领域，扩充带队教师的专业覆盖面将成为提高生产实习教学质量和扩大学生就业率的趋势之一。

在实习前一般让带队教师对实习工厂有比较详细的了解，包括厂方的组织形式、办事方式和程序。对于没有带过实习的教师，必须事先与领队教师到实习厂方进行必要的学习和参观，熟悉环境和有关人员，了解生产工艺和相关的设备。

实习教学工作的准备涉及以下方面：

（1）准备实习文档、教材、图纸等。实习文件包括：实习大纲、实习计划、实习指导书、实习思考题、实习参考书、实习纪律及保密表、实习工作评估指标体系等，甚至包括学生实习就地购买火车半票的证明等。这些文件各校可根据情况选择准备，必须在实习前发放到学生手中。

（2）指导老师在实习开始前要与实习企业联系，向接收实习单位提交实习计划。提前了解企业的生产情况，收集资料，商定现场实习指导人员和专题技术讲座，联系入厂教育和安全报告，并会同现场实习指导人员，按照实习大纲的要求和结合现场情况，制订具体的实习计划。其内容应包括：

① 主要实习车间和岗位；

② 实习内容和要求；

③ 实习程序和时间分配；

④ 技术报告内容及时间安排；

⑤ 相关车间参观的内容和要求；

⑥ 学生实习期间生活安排等。

（3）在实习前要认真组织学生学习实习大纲，明确实习目的和要求，向学生讲明日程安排和步骤，布置写实习笔记和报告，介绍要去实习的厂、矿企业简况及实习注意事项，宣布实习纪律。

（4）加强对学生的安全教育和监管。

3.3.1　实习计划制订

生产实习教学工作是严格按计划进行的，生产实习指导老师要研究教学计划和教学大纲的内容要求，结合本校本工种的设备条件、产品情况、学生情况等制订各种切实可行的计划和措施。

实习计划的具体要求是：

（1）根据教学计划的规定，由教务部门会同有关专业课教师、实习单位的有关同志共同磋商制订实习计划，并报学校领导和实习单位领导审查批准。

（2）实习计划应包括实习的任务、内容及标准、实习的地点及时间安排、实习的纪律要求、成绩考核及鉴定。还应包括实习的领导、指导老师及学生分队、组的具体名单。

（3）实习计划应在实习前一周印发实习单位、学校有关部门、班级，并组织学生、带队老师讨论和学习。

（4）有实习任务指导书的课程，实习内容应按书本的要求进行安排。若实习条件不能满足要求，在计划中应安排补救措施。

（5）如因特殊情况需调整变更实习计划，应经实习领导小组讨论批准。

在制订生产实习计划过程中，对于实习教学大纲中所规定的项目教学，均属于某一工种的或某种工序的工作方法的课题，在讲授内容、演示内容、练习内容等方面，只是扼要地指出了重点和范围。要对这些内容进行教学需要很长时间，生产实习指导老师有时很难进行全课题的教学准备工作，因此生产实习指导老师在研究分析课题情况时，应结合企业的主要产品、学生实习具体情况，把它分解成若干小的课题——分题进行，并确定每个分题的教学任务。

此外，生产实习指导老师还应考虑学习某分题需要让学生掌握哪些基本技能和方法，应该学会用什么工具和量具。为了按质完成任务，生产实习指导老师还应预见到实习教学过程中所容易出现的问题，应对学生讲清哪些安全知识和进行哪些技能教育等。如"在圆柱形工件上钻孔"的教学，指导教师要考虑：必须让学生掌握选择和固定圆柱形工件的方法和定心工具的使用技能，以及学会以下操作技术：

（1）准备定心工具和 V 形块；

（2）将工件固定在 V 形块上，找正钻床主轴中心线与工件中心线；

（3）根据定心工具安置和找正 V 形块；

（4）检查钻床的精度；

（5）检查孔的加工精度等。

最后，实习指导老师还要考虑不同实习班组的轮换组织安排，如怎样划分小组，如何轮换车间，工种位置，使用哪些设备和工具等。

3.3.2　生产实习的备课

备课是教师的职责。生产实习课教学效果的好坏，固然与老师的责任心、技术熟练程度、教学经验以及组织领导能力等有关，但是在很大程度上与生产实习指导老师的备课是否充分有着更为直接的关系，要求认真写出备课教案。教案包括的内容有：指导专业的名称、学生人数、时间、主要工艺流程图、技术特点及内容。实习结束后，要对生产实习全过程进行全面总结，组织指导老师和学生进行交流，并形成书面材料向学院汇报。

1. 编写周实习计划

周实习计划是生产实习指导老师根据学期授课计划和课题授课计划结合实习实际情况编写的。它的作用是比较详细、具体地安排一周的生产实习教学的内容和对学生的要求，使课题计划进一步得到落实。根据课题内容结合学生的具体情况，配合学生的实习岗位，科学地分配学生实习位置，确定练习内容和实习位置的轮换。这是教师组织教学，确保学生完成实习任务的重要手段。

2. 编写车间每日实习计划

生产实习指导老师在学期备课和周计划安排的基础上，结合现场要编好每日指导计划，使学生在每个生产车间每天都有收获，要做好以下几方面的工作：

（1）了解分析每个学生在前一车间的具体情况，考虑在新的车间和工种下的教学重点；

（2）如需顶岗实习的，做好实习工件、图纸、工艺、夹具、量具和直观教具的准备；

（3）选择教学方法和指导步骤，即考虑如何调动学生的学习积极性，使他们更快、更好地掌握有关工艺知识和操作技能；

（4）结合课题内容对学生进行专业思想教育；

（5）做好作业抽查和批改；

（6）检查好实习场所和设备的安全情况，加强安全教育。

3.3.3　物质技术的准备

（1）生产实习指导老师除了做好实习前各项宣传准备工作外，重要的是还必须详细地向学生交代好实习所要了解的典型零件机械加工工艺路线及其主要生产设备的功能结构，如条件允许，提供相关的技术资料、图纸和工艺文件等。

（2）指导顶岗生产实习的，指导老师在备课中要亲自加工出样件，供学生参照比较；调整好生产实习设备的运转和精度。如将车床开动一下，检查是否有松动，是否有损坏等。

（3）到校外工厂去实习的，学校领导和生产实习指导老师要提前到工厂检查准备情况，当学生进厂实习以后，生产实习指导老师要及时检查实习进行情况，克服忙闲不均或窝工现象。一个车间或工种有时只安排 1～2 天，而且一环紧扣一环，具有十分紧密的系统性，如果安排不好，就会既造成人力的浪费，又影响实习效果。因此，要有严密的组织工作和高度的责任感来对待实习教学的物质准备工作。

（4）提前准备好劳保和安全用品，如安全帽、工作服、实习记录本等，生产实习期间要求三件齐全："安全帽"、"工作服"、"进出证件"。

3.4　实习教学组织

生产实习教学方式可采取以下几种组织形式：

1．单独设立实习工段

企业给学生单独设立实习工段，或在企业车间、工段给学生单独组成实习小组，由工人师傅进行指导，或由工人师傅和生产实习指导老师担任生产指导，这是比较好的组织形式。对担任培训任务的生产工人，有条件的高校可给予一定的报酬，以调动工人为教学服务的积极性。

2．跟班实习

把学生分别组织到车间班组内进行跟班实习培训，指定工人师傅负责指导，使得学生了解本车间的关键工艺与核心设备。实习时，将学生分为 5～8 人一组，实行组长负责制，在不影响工人师傅生产的前提下，尽量多提问题，将所学知识用于生产实践。在生产实习前由具有丰富科研经验的师傅讲解企业的生产流程，并将企业所面临的问题说给学生听，让大家进行思考，带着问题去实习。

3．分阶段实习

由于工厂的生产任务紧张，学生进厂实习时间有限，往往在短时间内难以把所有的生产知识和技术都看懂吃透，为了解决这个矛盾，在有条件的大城市里的高校，因其周围有许多的机械大企业，可采用分阶段实习方式，即专业课程（如《机械制造技术》、《机械制造装备》等）上一部分后（如"刀具"部分内容讲完），进厂把这部分知识（各种刀具的使用）对应消化掉；过段时间，如"机床"部分内容讲完，再进厂看机床设备；最后"机制工艺"讲完，再去看这部分内容。

学校按照实习教学大纲，根据工厂每阶段的生产计划、产品的工艺流程和生产周期，提出相应的生产实习教学的阶段计划。这样，既有长计划（教学大纲），又有短安排（阶段计划），既照顾教学，又结合生产，使实习教学基本上可按生产实习大纲进行。

4．实行小组轮换制

学生进厂实习，不可能完全按教学班级组织，必须根据工厂里的车间、工段和生产班组，把学生分成若干小组，安排到各工段中去。但工厂的生产分工很细，专业化程度很高，学生在一个生产班组实习，只能学到某一方面的操作技能，对本专业的全面技术不可能学到。因此，要有计划地按小组轮换实习岗位。轮换时间、方法，应根据产品的周期以及技术的难易程度，制订具体计划，有步骤有秩序地进行。在每个岗位实习结束之前，要进行考查，检查学生是否真正掌握了该工段的方法、技能和技巧，防止走过场，发现问题，要及时采取补救措施。要按生产实习教学大纲所规定的课题要求，全面完成生产实习计划。

5. 学生"自主实习"

为调动学生的积极性和自主性，可从传统模式逐渐过渡到"分散为主，集中为辅"的新模式。鼓励学生结合自己的兴趣、爱好、特长、职业规划，根据实习教学大纲的要求，逐渐过渡到学生自己（或教师协助）组织完成生产实习教学任务，即学生结合自己将来的就业方向以及个人特长、兴趣爱好，由学生自己或教师协助选择确定合适的生产实习单位，一般 3～6 人为一组。学生根据教学大纲的要求，确定生产实习的内容，制订实习计划，自我组织完成实习教学任务，独立解决实习中遇到的工程技术问题，使生产实习由被动变为主动，更能培养学生的团队协作精神、独立工作能力、社会实践能力、社交适应能力等。

此外，实习还可安排在假期进行，以增强实习时间的灵活性，并大大延长实习的有效时间。这种自主实习的新模式增加了学生参与企业实际生产过程的机会，把教学与生产劳动紧密结合起来，变单一的认知型实习为多层次的综合型实习，是值得探索的生产实习教学组织的新方式。

对于分散实习的学生可以委派研究生或选几名学生作为带队负责人，定期要求负责人向所在的院系反馈实习进度和实习状况。对于难以找到实习单位的学生，将由老师联系实习单位，或者到实习基地，集中进行实习。

6. 网上实习

对实习经费较为紧张的院校，也可采用网上调查的方式，如数控车床电气控制系统，可以在网上调查收集有关的电气控制元器件、控制原理图、电路图等加以理解和吸收；在网络上收集不同类型的机械企业，查看它们的产品图片、技术说明、实际使用经验谈等网络资源，实现对生产实习的有益补充，同时也锻炼学生查阅资料、自主学习的能力。在实习过程中，老师事先拟定实习内容，学生可根据实习题目提出设计方案，充分给予学生创造发明的空间和机会。让学生独立完成方案设计、方案实施、系统调试整个生产过程，从而提高学生的学习热情和创新能力。

7. 利用多媒体技术实习

在某些条件下，老师可组织学生在多媒体实验室里，通过运用具有直观、形象、立体感强、信息量大的多媒体技术，使学生充分了解机械制造生产过程，尤其是在一般实习企业难以看见的柔性生产线或特种加工场景，可提高学生的学习兴趣，加深学生对知识的形象化理解。借助于仿真软件的使用，可改变学生在一般现场实习中只能看不能动的局面，在仿真模拟操作完成的同时，加强了对生产工艺原理、工艺操作、控制系统的理解；也可避免现场实习（或操作）可能会出现的不安全现象，缩短实习时间。

8. 与课程设计相结合的生产实习

在实习准备阶段由课程设计指导老师提出若干简单电气控制、液控系统设计需求和任务书，如多路开关控制电路、直流电动机转速控制电路和液位控制电路等任务。要求学生结合生产实习，完成相应的课程设计，提出完整的电路原理图、关键元器件的参数计算及控制系统初步的结构设计等。这样，该专业有关内容可按知识衔接的先后顺序组合成一个微循环，将理论学习、方法训练和应用实践融为一体。生产实习作为课程设计的调研，课程设计是生产实习的深入，相得益彰。

9. 会展实习

在一些大城市里，每年都要举办多场涉及机械、模具、汽车及工具设备的大型展览会，因其具有技术新、设备全、影响力大等特点，在同一城市里的高校，要不失时机地以参观、听专题报告、试用或观摩等方式进行大学生的专业实习，这是一个新的尝试。浙江大学宁波理工学院机械系，就采用这种实习方式，收到了良好的教学效果。

（1）利用展会开展实习教学的好处如下：

① 学生积极性高。展会让学生直观地感受到新技术、新工艺、新设备的发展方向，结合教师的讲解，具有直观、生动的效果，结合课堂教学内容，效果好。

② 与课程设计、毕业设计等环节有机结合。在展会中重点关注与设计相关的展品，对模具、夹具等课程设计与毕业设计起到促进和启发作用。

③ 促进学生就业。通过展会资源获取的信息、资料，对学生就业也起到了积极的作用。

④ 对教师起到促进知识更新的作用。如更新知识，录制国内外先进的加工过程，收集新资料，如图 3-1 所示。

图 3-1　会展资料

（2）展会实践教学与其他实践环节的比较见表 3-1。

表 3-1　展会实践教学与其他实践环节的比较

实习的方式	各自的特点	教学投入	组织实施的难度
1. 利用校内实习实训环节	属于学校的固定资产投入；全部同学参加	需要投入大量的资金和设备，需要人员维护	时间、教学组织安排方便，无须交通费用
2. 到校外基地实习	同学可以直接看到产品实际加工的现场；全部同学参加	无须大量的资金投入，但需要与企业建立良好的关系	时间、教学组织安排比较方便，需要交通费用
3. 组织同学参加各类设计或制作竞赛	同学自己动手，学以致用；少数同学参与	需要一定的费用用于购买原材料、元件	在课余时间安排，需要交通费用
4. 利用第二课堂等进行实习	少数同学参加	投入少	在课余时间安排，不需要交通费用
5. 利用机床、模具展会进行实习	同学可以直接看到产品实际加工的现场；全部同学参加。展会的技术水平较高，可以让同学了解到本专业的发展趋势和动向	除市内公交费和门票外，基本上没有投入	组织实施的难度较大，时间因展会而定，需要交通费用

（3）利用展会开展实习教学的步骤。根据获取的展会信息和各展会的展品特点，结合课程教学，确定不同年级同学参观的重点及浏览内容。在课程教学中提前安排学生查阅有关信息，参观完毕，提交参观报告或有关作业，如图3-2所示。

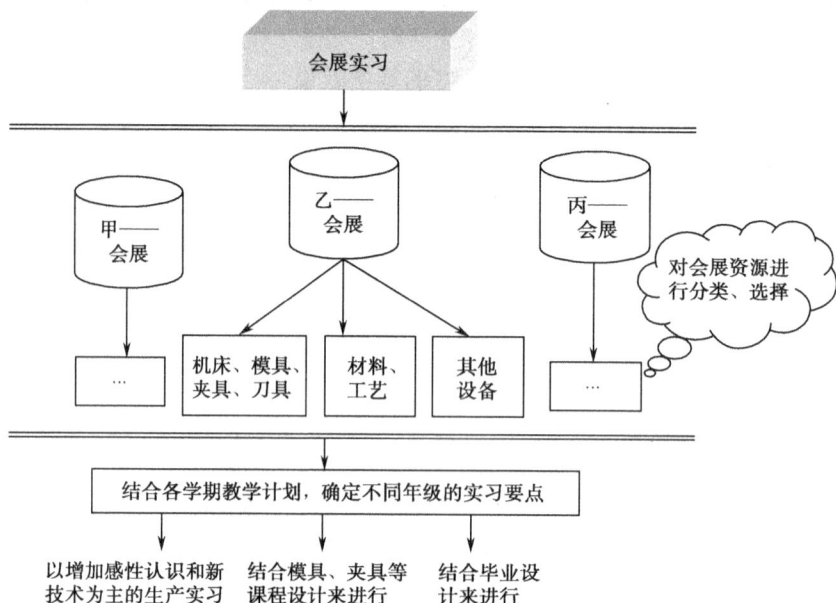

图 3-2 会展实习项目图

（4）会展资源。宁波市制造业发达，宁波正努力打造"国际会展之都"，宁波市作为"模具之都"、"塑机之都"、"文具之都"、"家电之都"，每年固定有"中国模具之都博览会"、"机床设备展览"等展会，这些均与机制、机电等专业方向密切相关，为利用展会资源开展像生产实习这样的实践性教学提供了便利的条件。

3.5 实习指导方法

3.5.1 指导方式

由于机械加工生产具有连续性、设备集中布置的特点，因此，要求生产实习指导老师要按照一定的教学计划，并结合实习企业的具体生产状态，培养学生的观察能力、思考能力和分析能力，使学生逐步养成观察与思维问题的习惯，根据生产流程各个环节，对学生进行分类指导。

1. 入门指导

要在实习学生下到生产岗位之前按实习教学要求进行。要讲明该岗位的机电仪器、加工设备情况，毛坯和物料的进出情况，该岗位的工作特点、工作内容、操作方法及安全事项，本岗位与前后工序岗位的关系等。等学生大致了解和掌握入门知识后，将学生按小组分配到已联系好的工种岗位和区域上去。

2. 巡回指导

巡回指导分个别指导和集中指导，指导的时间与内容，通常与各车间的设备、生产程序等因素有关。生产实习指导老师应根据学生所掌握知识的差异，有计划、有针对性地对其进行个别指导，对普遍或部分学生存在的问题，应利用生产间歇或班前、班后时间进行集中讲解和指导。

3. 安全指导

在上岗前，指导老师进行组织教学工作，做好安全检查和教育，布置实习岗位和实习内容。

4. 轮岗指导

在学生完成一个车间或岗位的实习后，实习老师要总结学生中实习的先进事例，总结工人师傅的操作经验，同时也要指出不足之处。

5. 作业指导

写实习日记也是生产实习教学的一项重要内容。生产实习指导老师要像课堂教学中批改学生作业一样，批改学生实习日记。结束指导时要表扬实习日记写得好的学生，批评不认真写实习日记的学生，指出对下一岗位写实习日记的要求。

在实习的教学过程中，要落实好"三检查"项目：

（1）在生产实习期间检查学生实习情况及实习表现（实习现场检查和电话汇报抽查相结合），对学生实习中遇到的工程技术难题及时加以解决；

（2）检查学生的生产实习日记和收集整理资料情况；

（3）检查学生的实习报告（论文）和实习单位给学生做出的评语鉴定，组织交流生产实习心得体会。

3.5.2　生产实习的教学指导程序

生产实习期间，带队老师是要传道、授业、解惑的，在此谈谈现场生产实习的教学方法。

在校外企业进行生产实习课教学，也必须由生产实习指导老师来负责进行。生产实习指导老师完成教学任务，并且对学生生产实习质量负有责任，生产实习指导老师应在校外企业进行生产实习教学中起主导作用。企业的工人师傅在生产实习教学中只能起到辅助作用和生产技术指导作用。为此，生产实习指导老师必须做到：

1. 认真学习生产实习教学大纲、教材

要根据生产实习教学大纲的要求，与工人师傅共同讨论、研究、制订生产实习教学课题计划安排方案及生产实习教案。在共同备课的基础上做好生产实习教学的物质、技术、设备方面的准备。研究授课方式方法，以及教学过程的具体分配，协作安排。如一般的组织教学环节、课题讲解和课题总结由生产实习老师负责，车间检查指导主要由工人师傅负责。生产实习老师也要巡回指导，整个生产实习过程应由生产实习老师全面负责。

2. 抓好各个教学环节

在校外企业进行生产实习课教学的教学环节，可参考在校办生产实习工厂的各个教学环节。

（1）组织教学环节。是指在下厂实习时，生产实习指导老师要加强教学的组织工作。这主要表现在如下几点：一是要集中大学生进行讲解；二是在生产实习参观或练习期间，因学生分散在各车间工段，教师更应当加强教学的组织工作；三是总结时加强组织教学工作。

（2）课题讲授与示范环节。结合产品，应由生产实习指导老师讲解并做示范演示，也可以由工人师傅做示范演示和讲解。具体有：

① 说明生产实习课题的任务、性质及完成任务的措施。

② 与学生共同分析研究生产图纸、计划、指示图表和技术要求。

③ 与学生共同研究，根据工艺过程，明确生产任务和进行生产的方法，并确定工艺过程方案。

④ 根据课题内容和生产的技术要求，教师或工人师傅做操作示范表演。

（3）生产实习检查与指导。这个环节是学生根据计划安排在固定岗位上进行生产练习，工人师傅和教师都要认真观察分析学生在生产操作中的情况，随时进行指导。学生分散在各岗位上进行生产练习，根据个别问题和共性问题可以进行个别指导和集体指导。个别指导随时进行，集体指导对有些工种可在班前、班后进行。有的工种在当前空余时间或单独利用时间进行。工人师傅要时刻注意学生操作情况，进行指导。生产实习指导老师要按时进行巡回指导。这有利于了解学生实习情况，分析产品质量和产生废品的原因及防止的方法，以及工时定额完成等情况，便于总结和考核。

（4）结束指导。是在课题结束时或在一个生产流程结束时进行总结，在实习指导结束时，要把分散的学生集中起来进行小结，可以全班集中，也可以小组为单位集中进行总结。总结时要肯定成绩，指出缺点和应注意的问题，总结好的工作经验和方法，表扬好人好事。另外，要求学生写好生产实习日记。

3. 对学生生产实习成绩的考核工作

生产实习指导老师应主动和工厂企业车间、工人师傅及学校领导共同研究决定考核方式、方法，决定考题和评分标准等，并组织考核工作。

第4章

锻压模具实习

4.1 概　　述

4.1.1　模具及其作用

1. 模具的概念

在工业生产中，利用各种压力机与装在压力机上的专用工具，对金属或非金属材料施加压力将其制成所需形状的零件或制品，这种专用的工具统称模具（Die&Mould）。

2. 模具的作用

模具生产有高效、节材、成本低、保证质量等优点，是当代工业生产的重要手段和工艺发展方向。如汽车、拖拉机、电器、电动机、仪器仪表等行业，有 60%～90%的零部件需用模具加工。因此，模具是发展和实现切削技术不可缺少的工具。模具技术发展状况及水平的高低，直接影响到工业产品的发展，也是衡量一个国家工业水平高低的重要标志之一。

4.1.2 模具的分类及其制造技术

1．模具的分类

模具按照材料在模具内形成的特点，可分为冲压模具（Stamping Die）与型腔模具（Cavity Mould）两大类，如图 4-1 所示。冲压模具主要包括冲裁模、弯曲模、拉伸模、成形模、冷挤压模。型腔模具主要包括锻模、压铸模、塑料模、粉末冶金模、陶瓷模、橡胶模。

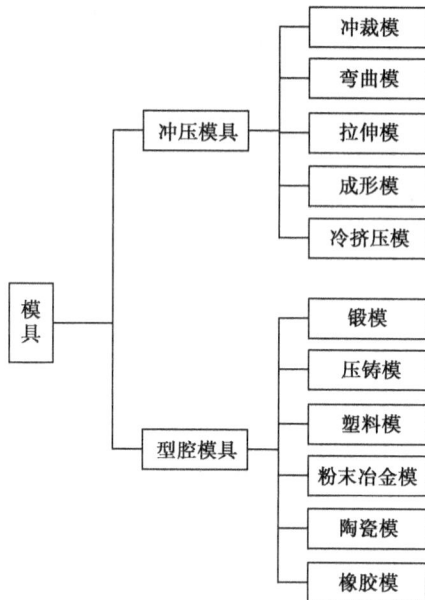

图 4-1　模具分类

2．模具制造技术

模具制造是指在相应的制造装备和制造工艺的条件下，直接对模具构件所用的材料（一般为金属材料）进行加工，以改变其形状、尺寸、相对位置和性质，使之成为符合要求的构件，再将这些构件经配合、定位、连接并固定装配成为模具的过程。这一过程，是按照各种专业工艺和工艺过程管理、工艺顺序进行加工、装配来实现的。

模具制造技术就是运用各类生产工艺装备和加工技术，生产出各种特定形状和加工作用的模具，并使其应用于实际生产中的一系列工程应用技术。它包括产品零件的分析技术，模具的设计、制造技术，模具的质量检测技术，模具的装配、调试技术和模具的使用、维护技术等。

4.2　冲压模具

以下结合某实习企业的生产情况，着重介绍冲压模具中冲裁模、弯曲模、拉伸模与型腔模中锻模的实践知识。冲压模具实习主要内容包括了解该冲压厂布局，识别冲压厂使用的加工设备类型，了解冲压厂的冲压基本工序，分析冲裁件的质量及排样方法，绘制冲压厂典型模具的结构，分析零部件的连接关系，观察并记录冲压模具的安装调试过程。

4.2.1　冲压厂布局

某实习企业的冲压厂布局，可分为五个区域：

1．备料区

冲压最常用的材料是金属板料，有时也用非金属板料。板料常见规格有 710mm×1 420mm 和 1 000mm×2 000mm 等。大量生产可采用专门规格的带料（卷料）。特殊情况下可采用块料，它适用于单件小批量生产和价值昂贵的有色金属的冲压。备料区下料使用的设备主要是剪板机。

2．冲压加工区

某冲压加工区拥有 16T～2000T 各种型号机械压力机 100 余台，七条生产线，最大工作台面 4 000 mm×2 200 mm，分别生产大型薄板拉伸件、中厚板冲裁件及其他各类压弯成形件。

3．焊接区

焊接区拥有多条焊装生产线，分别生产中重型汽车车身、各种机型拖拉机驾驶室、收获机驾驶室及各类油箱。

4．油漆区

油漆区拥有代表国内农机行业工艺水平最高的涂装加工线，可进行高质量农机覆盖件、驾驶室和各种汽车零部件的涂装加工，其中包括一条阴极电泳线，具有包括锌系磷化、阴极电泳在内的先进完善的前处理、底面漆、烘干工艺和检测检验设备，可进行氨基、丙烯酸、聚酯等各漆种的涂装、烘干加工，制件输送采用单片机控制的自行葫芦，提高了涂装质量和作业能力；一条年产 15 万台油箱的国内一流的油箱底面漆涂装线，采用自动化悬链系统，前处理采用了自动化喷淋系统。

5．模具存放区

模具存放区存放的模具主要分为小型冲压模具和大型冲压模具两类。小型冲压模具主要通过模柄和压力机连接，而大型冲压模具没有模柄，主要通过压块、螺栓与压力机连接。

4.2.2　冲压设备及其选用

冲压设备主要是指压力机（Press）。压力机的种类繁多，常按驱动滑块力的种类分为电磁压力机、机械压力机、液动压力机和气动压力机几大类；按照驱动滑块机构的种类又可分为曲柄式、肘杆式、摩擦式。在冲压生产中，应用最广的是机械压力机和液动压力机。某车身有限公司冲压车间主要设备有曲柄压力机和摩擦压力机两种，其中曲柄压力机最为多见。

1．曲柄压力机

通用压力机按机身形式可分为开式压力机与闭式压力机两种。开式压力机如图 4-2 所示，床身的前面、左面和右面三个方向都是敞开的，操作和安装模具都很方便，也便于自动送料。但是由于床身呈 C 形，刚度较差。当冲压力大时，床身易变形，影响模具寿命和制件精度。因此只适用于中、小型压力机，冲压力一般在 1 000kN 以下。闭式压力机如图 4-3 所示，床身两侧封闭，只能前后送料，操作不如开式压力机方便，但是床身刚度大，能承受较大的压力，适用于精度较高的轻型压力机和一般要求的大、中型压力机。曲柄压力机按其传动系统可分为单点、双点和四点压力机，单点、双点和四点压力机分别有一个、两个或四个连杆同步驱动滑块。按滑块数目可分为单动压力机、双动压力机和三动压力机等三种。

图 4-2　开式压力机

图 4-3　闭式压力机

2．摩擦压力机

摩擦压力机是利用摩擦盘与飞轮之间相互接触传递动力，并根据螺杆与螺母相对运动，使滑块产生上下往复运动的锻压机械，其传动系统如图 4-4 所示。摩擦压力机工作原理如下：电动机 1 启动后，带动传动轴 4 和摩擦盘 3、5 空转，按下操纵手柄 13，通过杠杆系统将传动轴承平向右拖动，这时左摩擦盘侧面与飞轮外缘接触而产生一摩擦力矩，使螺杆 9 顺时针转动，带动滑块 12 往下运动，拉起操纵杆时，则滑块便向上运动。

3．冲压设备的选用

冲压设备的选用主要包括选择压力机的类型和确定压力机规格两个方面。

（1）压力机类型的选择。冲压设备的类型较多，其刚度、强度、用途各不相同，应根据冲压工艺的性质、生产批量、模具大小、制件精度等正确选用。

开式压力机主要特点是操作方便，容易安装机械化附后装置机。但刚性差，床身受到冲压力时易变形，会破坏冲裁模的间隙分布，降低模具的寿命或冲裁件的表面质量。对于中小型的冲裁件、弯曲件或拉伸件的生产，主要应采用开式机械压力机。

液压机主要特点是行程不固定，不会随板料厚度变化而超载，但是，液压机的速度慢，生产效率低，而且零件的尺寸精度有时因受到操作因素的影响而不十分稳定。只有在小批量生产中，尤其是大型厚板冲压件的生产中采用液压机。对于大中型冲裁件的生产，多采用闭式机械压力机，在大型拉伸件的生产中，应尽量选用双动拉伸压力机，因其可使所用模具结构简单，调整方便。

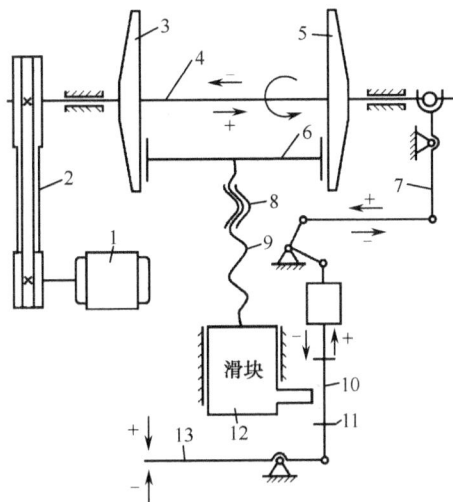

1—电动机；2—传送带；3、5—摩擦盘；4—传动轴；6—飞轮；7、10—连杆；8—螺母；9—螺杆；11—挡块；12—滑块；13—操纵手柄

图 4-4 摩擦压力机传动系统

摩擦压力机具有结构简单，造价低廉，不易发生超负荷损坏等特点，所以在小批量生产中常用来完成弯曲、成形等冲压工作。但是，摩擦压力机的行程次数较少，生产率低，而且操作也不太方便。在大批量生产或形状复杂的大量生产中，应尽量选用高速压力机或多工位自动压力机。

（2）压力机规格选用。确定压力机的规格时应遵循如下的原则：

① 压力机滑块行程应满足制件在高度上能获得所需尺寸，并在冲压工序完成后能顺利地从模具上取出来。对于拉伸件，行程应大于制件高度两倍以上。

② 压力机的公称压力必须大于冲压工序所需要压力，当冲压行程较长时，还应注意在全部工作行程上，压力机许可压力曲线高于冲压变形力曲线。

③ 压力机的行程次数应符合生产率和材料变形速度的要求。

④ 压力机的闭合高度、工作台面、滑块尺寸、模柄孔尺寸等都应能满足模具的正确安装要求。冲模的闭合高度应介于压力机的最大闭合高度与最小闭合高度之间。

工作台尺寸一般应大于模具下模座 50～70mm 以便于安装；垫板上孔径应大于制件或废料的投影尺寸以便于漏料；模柄尺寸应与模柄孔尺寸相符。

4.2.3 冲压基本工序

冲压加工的工序概括起来分为两大类，即分离工序和成形工序。分离工序，即在冲压过程中使冲压件与板料沿一定的轮廓线相互分离，同时，冲压件分离断面的质量也要满足一定的要求。成形工序，即在冲压毛坯过程中，在不破坏毛坯的条件下发生塑性变形，成为所要求的成品形状，同时也达到尺寸精度方面的要求。常见的冲压基本工序见表 4-1。

表 4-1 冲压基本工序

冲压类别	序号	工序名称	工序简图	定义
分离工序	1	切断		将材料沿敞开的轮廓分离，被分离的材料成为零件或工序件
	2	落料		将材料沿封闭的轮廓分离，封闭轮廓线以内的材料成为零件或工序件
	3	冲孔		将材料沿封闭的轮廓分离，封闭廓线以外的材料成为零件或工序件
	4	切边		切去成形制件不整齐的边缘材料的工序
	5	切舌		将材料沿敞开轮廓局部而不是完全分离的一种冲压工序
	6	剖切		将成形工序件一分为几的工序
	7	整修		沿外形或内形轮廓切去少量材料，从而降低边缘粗糙度和垂直度的一种冲压工序，一般也能同时提高尺寸精度

冲压类别	序号	工序名称	工 序 简 图	定 义
分离工序	8	精冲		利用有带齿压料板的精冲模使冲件整个断面全部或基本全部光洁
成形工序	9	弯曲		利用压力使材料产生塑性变形，从而获得一定曲率、一定角度的形状的制件
	10	卷边		将工序件边缘卷成接近封闭圆形的工序
	11	拉弯		在拉力与弯矩共同作用下实现弯曲变形，使整个横断面全部受拉伸应力的工序
	12	扭弯		将平直或局部平直工序件的一部分相对另一部分扭转一定角度的冲压工序
	13	拉伸		将平板毛坯或工序件变为空心件，或者把空心件进一步改变形状和尺寸的一种冲压工序
	14	变薄拉伸		将空心件进一步拉伸，使壁部变薄、高度增加的冲压工序
	15	翻孔		沿内孔周围将材料翻成侧立凸缘的冲压工序
	16	翻边		沿曲线将材料翻成侧立短边的工序

冲压类别	序号	工序名称	工序简图	定　义
成形工序	17	卷缘	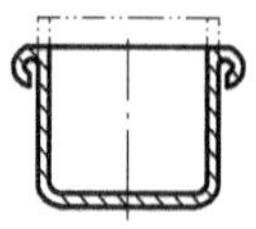	将空心件上口边缘卷成接近封闭圆形的一种冲压工序
	18	胀形	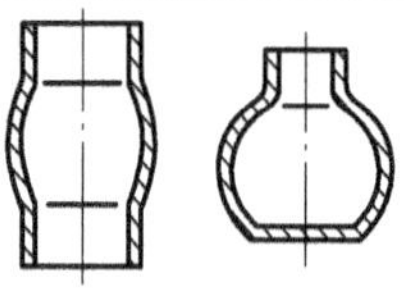	将空心件或管状件沿径向向外扩张的工序
	19	起伏	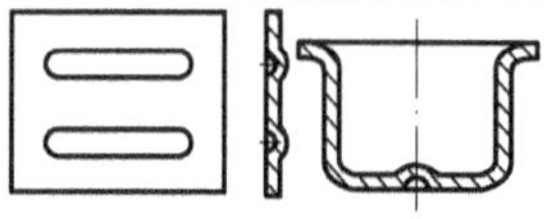	依靠材料的延伸使工序件形成局部凹陷或凸起
	20	扩口	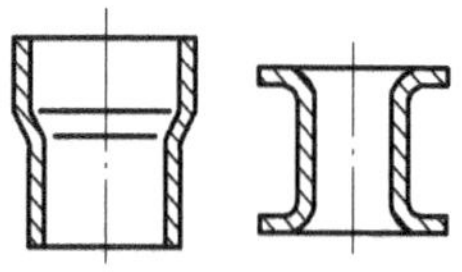	将空心件敞开处向外扩张的工序
	21	缩口	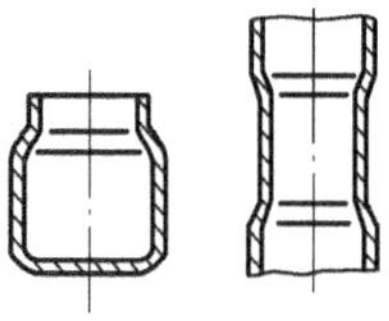	将空心件敞口处加压使其缩小的工序
	22	校平、整形	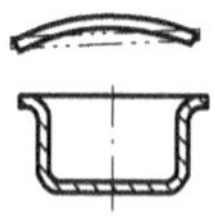	校平是提高局部或整体平面型零件平直度的工序，整形是依靠材料流动，少量改变工序件形状和尺寸，以保证工件精度的工序

4.2.4　裁件质量分析

一般来说，冲裁断面可划分为四个区域：塌角、光面、毛面、毛刺，如图 4-5 所示。下面以普通冲裁时的落料件为例说明各区的分布情况。

（1）塌角。因为凸凹模之间存在间隙，冲压时，材料进入凹模时产生弯曲力矩，制件上便产生弯曲圆角区。

（2）光面。因为冲裁时存在塑性变形，凸模挤压切入材料，在制件断面形成光面。光面是制件质量最好的部分，是制件测量的基准。

（3）毛面。因为裂纹不断扩展使材料撕裂产生分离，从而形成表面粗糙并带有一定锥度的断裂区。

（4）毛刺。在凸模与凹模刃口处首先产生的微裂纹随着凸模的下降而形成毛刺，凸模继续下降，毛刺拉长，最后残留在制件上。一般毛刺的高度应控制在料厚的 10% 以下为合适，精度要求高的制件应控制在 5% 以下。落料时各区域的位置与冲孔正好相反。

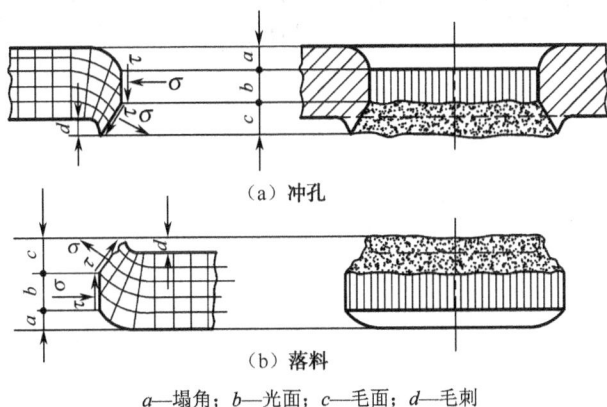

（a）冲孔

（b）落料

a—塌角；*b*—光面；*c*—毛面；*d*—毛刺

图 4-5　冲裁断面状况

4.2.5　排样

1．冲裁排样

排样（Blank Layout）即制件在条料、板料上的布置方法。合理的排样可以提高材料的利用率，如图 4-6 所示，为相同形状的坯件在落料时的四种排样方法。以一根 1m 长的条料为例，其材料利用率如图 4-6（a）～（d）所示分别为 43.8%、68.3%、71.0%、82.2%，可以看出，由于排样方法不同，材料的利用率有明显的差别。

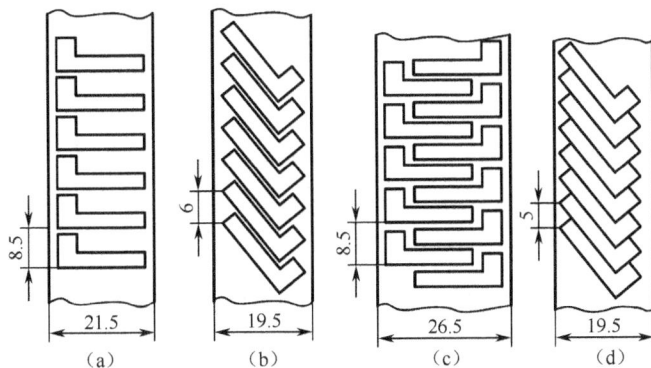

图 4-6　排样图

2．排样方法

（1）按有无废料来分可分为：有废料排样、少废料排样、无废料排样，如图 4-7 所示。从图 4-7 中可以看出，无废料排样方法虽然材料利用率高，但塌角与毛刺不在同一个面上，即在相邻的剪切断面上，塌角和毛刺出现在完全相反的方向上。另外，因受条料下料质量和定位误差的影响，其冲件尺寸不准确。因此，实际生产中，这种排样方法应用较少。

|（a）有废料排样 | （b）少废料排样 | （c）无废料排样 | （d）无废料排样 |

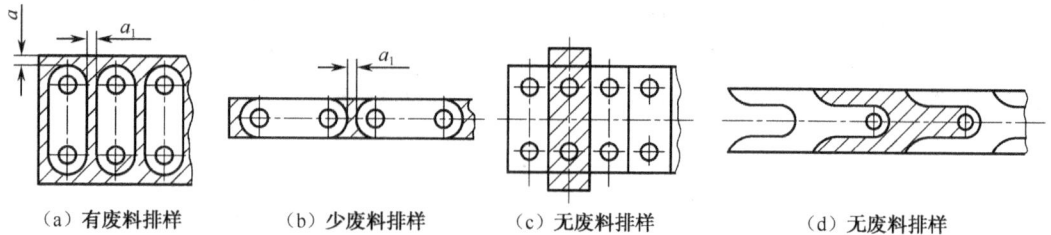

图 4-7　排样方法分类

（2）按制件在条料上的排列方式可分为：直排、斜排、对排、混合排、多排、冲裁搭边几种，其应用及特点见表 4-2。

表 4-2　排样方式应用及其特点

排样方式	有废料排样	少、无废料排样	应用及特点
直排			用于简单的矩形、方形冲件
斜排			用于椭圆形、十字形、T形、L形或 S 形冲件。材料利用率比直排高，但受形状限制，应用范围有限
直对排			用于梯形、三角形、半圆形、山字形冲件，直对排一般需将板料掉头往返冲裁，有时甚至要翻转材料往返冲，工人劳动强度大
斜对排			多用于 T 形冲件，材料利用率比直对排高，但也存在和直对排同样的问题
多排			用于大批量生产中尺寸不大的圆形、正多边形冲件。材料利用率随行数的增加而大大提高。但会使模具结构更复杂。由于模具结构的限制，同时冲相邻两件是不可能的，另外，由于增加行数，使模具在送料方向也要增长。短的板料，每块都会产生残件或不能再冲头等问题，为了克服其缺点，这种排样最好采用卷料

续表

排样方式	有废料排样	少、无废料排样	应用及特点
混合排			材料及厚度都相同的两种或两种以上的制件。混合排样只有采用不同零件同时落料，将不同制件的模具复合在一副模具上，才有价值
冲裁搭边			细而长的制件或将宽度均匀的板料只在制件的长度方向冲成一定形状

4.2.6　冲压模具结构及分析

按工序的组合程度,冲裁模可分为单工序模(Single-Operation Dies)、复合模(Compound Dies)和连续模（Progressive Dies）。单工序模在压力机滑块每次行程中只能完成同一种冲裁工序。复合模在压力机滑块每次行程中，在同一副模具的相同位置，同时完成两道或两道以上的工序。连续模在压力机滑块每次行程中，在同一副模具的不同位置，同时完成两道或两道以上的工序。

1．单工序冲裁模

单工序冲裁模主要包括落料模（Blanking Dies）和冲孔模（Piercing Dies）两类。其中落料模又分为无导向落料模、导板式落料模和导柱式落料模。

1）落料模

（1）无导向落料模，如图 4-8 所示。该模具的冲裁过程是：条料从前往后送至定位板 7 时被挡住，此时，导料板 4 对条料起导向作用，定位板 7 对条料定距，凸模 2 随压力机滑块下行，与凹模 5 共同完成对条料的冲裁，分离后的落料件靠凸模从凹模孔中依次推出。箍在凸模上的废料则由固定卸料板强行刮下。以后依次连续进行。

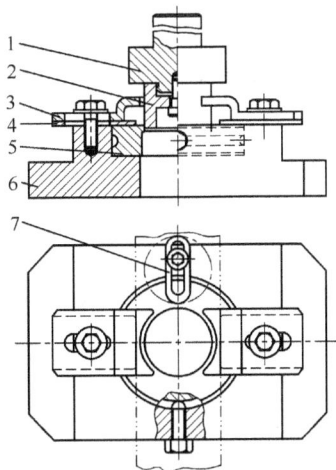

1—上模座；2—凸模；3—卸料板；4—导料板；5—凹模；6—下模座；7—定位板

图 4-8　无导向落料模

（2）导板式落料模，如图4-9所示。它在下模部分有一块起导向作用的导板9。导板孔与凸模间采用H7/h6的配合，因此对凸模与凹模进行导向。同时导板也起到固定卸料板的作用。始用挡料销20的作用是在条料送进时，用手将始用挡料销压入以限制条料的位置，冲首件。以后，放手使始用挡料销在弹簧的作用下复位，不再起挡料作用，以后各次冲裁均由固定挡料销16对条料定距。

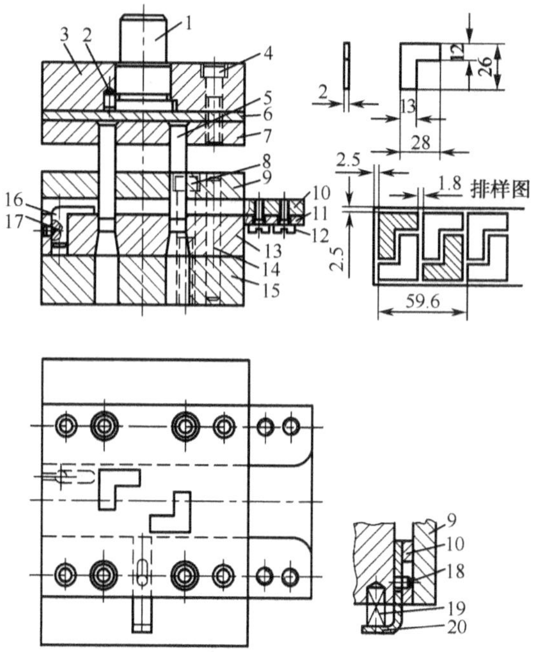

1—模柄；2—止动销；3—上模座；4、8、12—内六角螺钉；5—凸模；6—垫板；7—凸模固定板；9—导板；10—导料板；

11—承料板；13—凹模；14—圆柱销；15—下模座；16—固定挡料销；17—止动销；18—限位销；19—弹簧；20—始用挡料销

图4-9　导板式落料模

（3）导柱式落料模，如图4-10所示。凹模11用螺钉和销钉与下模座紧固并定位，凸模8与凸模固定板6铆接固定，并通过螺钉、销钉与上模座紧固定位。凸模背面加垫板4，以防上模座压塌。旋入式模柄旋入上模座以止动销5止转。导料板10安装在下模座上，既有安全保护作用，又有通过其上的长方孔对条料起导向作用，条料的定距则由挡料销2完成。弹压卸料板9在冲压开始时起压料作用，冲压完后把包在凸模外边的废料卸下。它借助4个弹簧和卸料螺钉7实现卸料。装配后的弹簧应有一定的预压量。

2）冲孔模

（1）菱形件冲孔。图4-11所示的冲孔模，是来在一个菱形毛坯上冲4个小孔。上模部分有4个小凸模，其中件5冲ϕ2mm的小孔，件4冲ϕ4.2mm的孔，压杆6是用来压下卸料板3的。

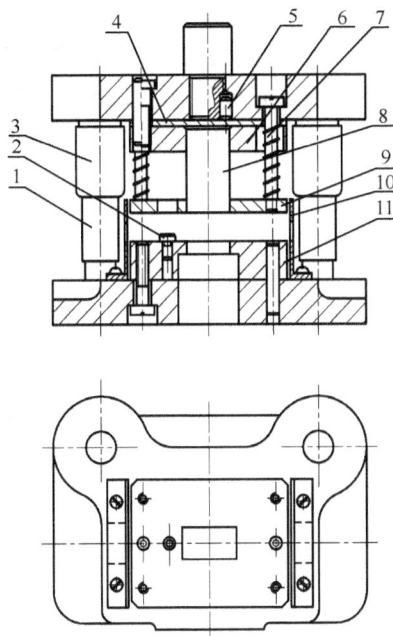

1—导柱；2—挡料销；3—导套；4—垫板；5—止动销；

6—凸模固定板；7—卸料螺钉；8—凸模；9—弹压卸料板；10—导料板；11—凹模

图 4-10　导柱式落料模

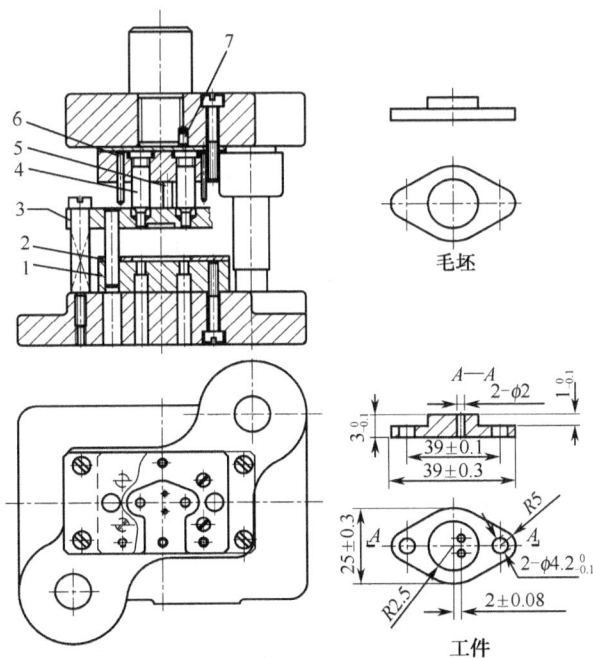

1—凹模；2—定位板；3—卸料板；4—冲 $\phi4.2_{-0.1}^{0}$ 孔的凸模；5—冲 $\phi2$ 孔的凸模；6—压杆；7—止动销

图 4-11　冲孔模

（2）冲侧孔模。图 4-12 所示是斜楔式冲侧孔模。该模具的最大特征是依靠斜楔 1 把压力机滑块的垂直运动变为滑块 4 的水平运动，从而使凸模 5 完成侧面冲孔，斜楔的工作角度 α 以

40°～50°为宜。

（3）冲小孔模。如图4-13所示，该模具为在厚2mm的Q235钢板上冲两个ϕ2mm的小孔。其凸模工作部分采用了活动护套13和扇形块8保护，并且除进入材料内的一段外，其余部分均可得到不间断的导向，从而增加了凸模的刚度，防止了凸模弯曲和折断的可能。活动护套13的一端压入卸料板2中，另一端与扇形固定板10成间隙配合。

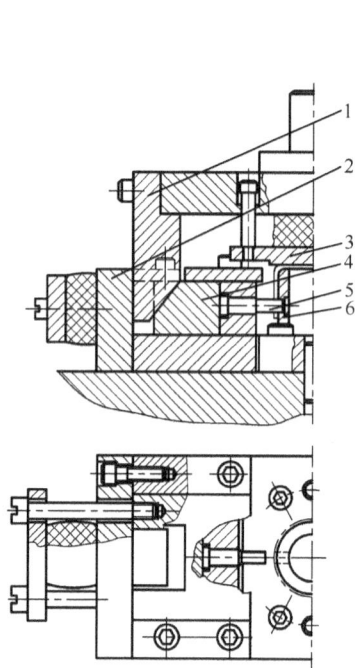

1—斜楔；2—座板；3—弹压板；4—滑块；5—凸模；6—凹

图4-12 斜楔式冲侧孔模

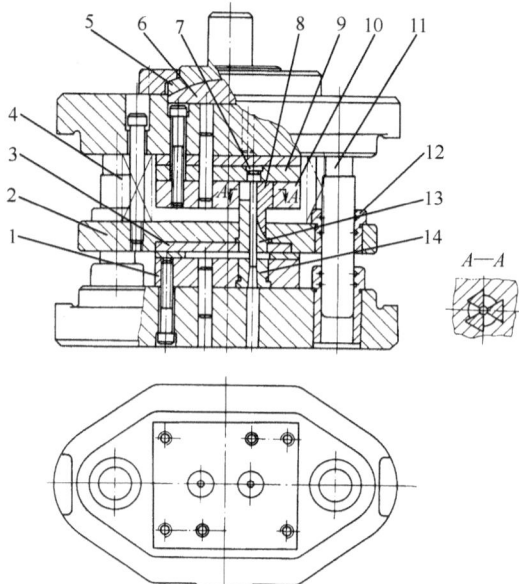

1—固定板；2—弹压卸料板；3—托板；4—弹簧；5、6—浮动模柄；

7—凸模；8—扇形块；9—凸模固定板；10—扇形固定板；

11—导柱；12—导套；13—凸模活动护套；14—带肩圆形凹模

图4-13 冲小孔模

扇形块呈三角形，以60°斜面嵌入扇形固定板和活动护套内，并以三等分分布在凸模7的外围（见图 $A—A$ 剖视）。弹压卸料板2由导柱、导套导向，使凸模的导向更加可靠。卸料板上还装有强力弹簧4，当模具工作时，首先使卸料板压紧坯料，然后冲孔，可使冲孔后的孔壁很光洁。

2．复合模冲裁模

复合模结构上的特征是具有一个既充当凸模又充当凹模的工作零件——凸凹模。按凸凹模的安装位置，分为倒装式复合模和顺装式复合模（正装式）两种类型。

1）倒装式复合模

图4-14所示是倒装式复合模最典型的结构，模具中凸凹模18装在下模，它的外轮廓起落料凸模的作用，而内孔起冲孔凹模的作用。它和固定板19一起装在下模座上，落料凹模17和冲孔凸模14则装在上模部分。

工作时，条料由活动挡料销5和导料销22定位，冲裁完毕后，由于弹性回复使工件卡在凹模17内，为了使冲压生产顺利进行，使用由件12、11、10和9组成的刚性推件装置将工件推下。冲孔废料则从凸凹模孔内漏下，而条料废料则由弹压卸料板4卸下。

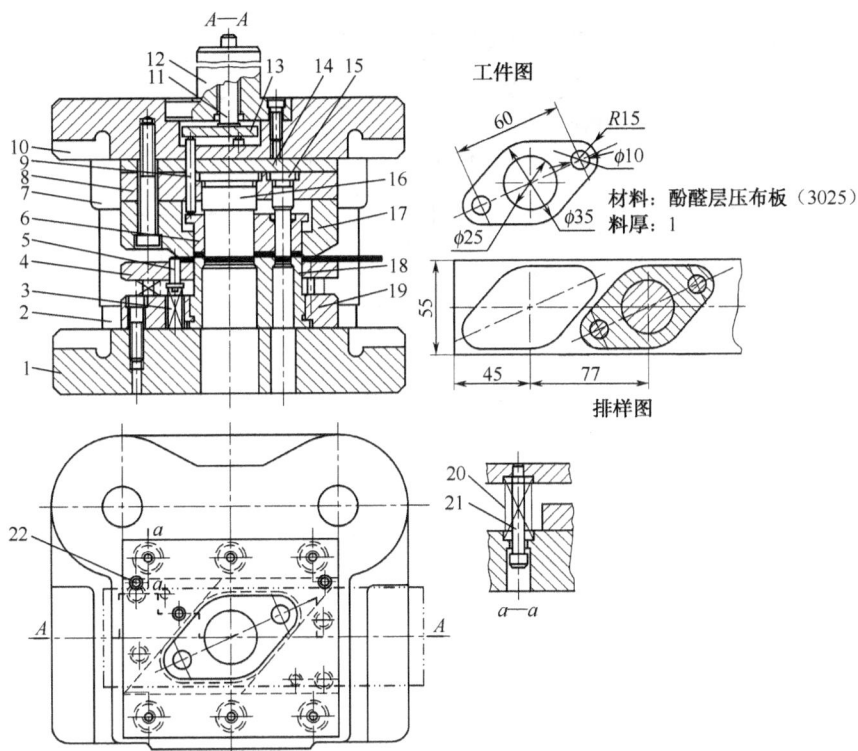

1—下模座；2—导柱；3、20—弹簧；4—卸料板；5—活动挡料销；6—导套；

7—上模座；8—凸模固定板；9—推件块；10—连接推杆；11—推板；12—打杆；13—凸缘模柄；

14、16—冲孔凸模；15—垫板；17—落料凹模；18—凸凹模；19—固定板；21—卸料螺钉；22—导料销

图 4-14　倒装式复合模

2）正装式复合模

如图 4-15 所示凸凹模 11 在上模，其外形为落料的凸模，内孔为冲孔的凹模，形状与工件一致，采用等截面结构，与固定板铆接固定。顶件板 7 在弹顶装置的作用下，把卡在凹模拼块 2、3 内的工件顶出，并起压料的作用，因此，冲出的工件平整。冲孔废料由打料装置通过推杆 12 从凸凹模 11 的孔中推出，冲孔废料应及时用压缩空气吹走，以保证操作安全。凹模拼块 2、3 采用镶拼式，制造容易，修复方便。

3．级进冲裁模

在压力机滑块每次行程中，在同一副模具的不同位置，同时完成两道或两道以上工序的模具就叫级进模，也叫跳步模或连续模。

使用级进模可以把两道或更多的工序合并在一副模具中完成，所以用级进模生产可以减少模具和设备的数量，提高生产率并容易实现自动化。但比制造单工序模复杂，成本也高。

用级进模冲压，必须解决条料的准确定位问题，才有可能保证工件的质量。根据定位零件的特征，常见的典型级进模结构有以下形式。

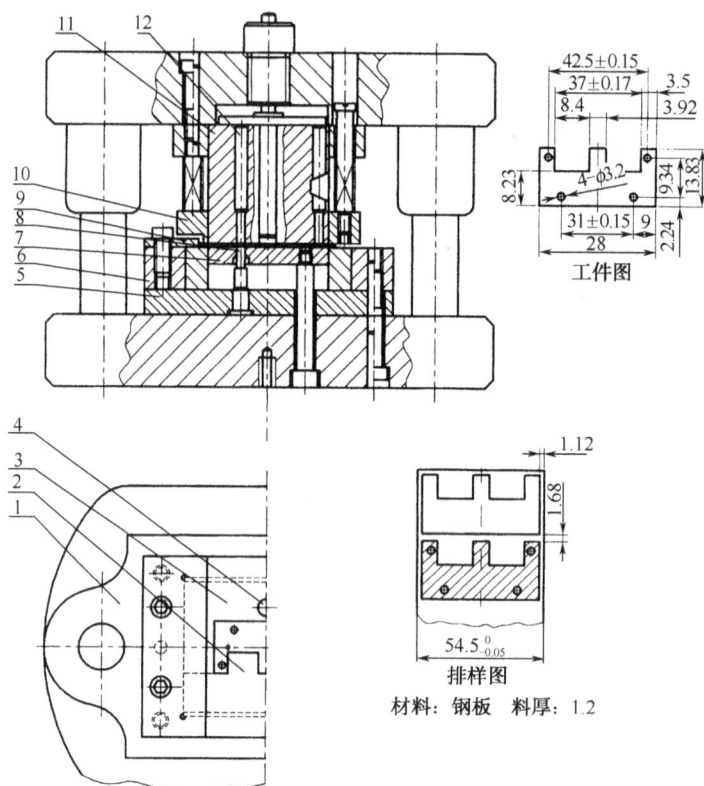

1—下模座；2、3—凹模拼块；4—挡料销；5—凸模固定板；6—凹模框；

7—顶件板；8—凸模；9—导料板；10—弹压卸料板；11—凸凹模；12—推杆

图 4-15　正装式复合模

1）挡料销和导正销定位的级进模

如图 4-16 所示为导正销定距级进模，冲制时，始用挡料销 4 挡首件，上模下压，凸模 1、2 先将三个孔冲出，条料继续送进时，由固定挡料销 5 挡料，进行外形落料。此时，固定挡料销 5 只对步距起一个初步定位的作用。落料时，装在凸模 7 上的导正销 6 先进入已冲好的孔内，使孔与制件外形有较准确的相对位置，由导正销精确定位，控制步距。此模具在落料的同时冲孔工步也在冲孔，即下一个制件的冲孔与前一个制件的落料是同时进行的，这样就使冲床每一个行程均能冲出一个制件。

此模具采用固定卸料板 3 卸料，操作比较安全。卸料板上开有导料槽，即把卸料板与导料板做成一个整体，简化了结构。卸料板左端有一个缺口，便于操作者观察。当零件形状不适合用导正销定位时，可在条料上的废料部分冲出工艺孔，利用装在凸模固定板上的导正销导正。导正销直径应大于 2～5mm，以避免折断。如果料厚小于 0.5mm，孔的边缘可能被导正销压弯而起不到导正的作用。另外，对窄长形凸模，也不宜采用导正销定位。这时，可用侧刃定距。

2）侧刃定距的级进模

图 4-17 所示用侧刃 16 代替了挡料销来控制条料送进的步距（条料每次送进的距离）。侧刃实际上是一个特殊的凸模。侧刃断面的长度等于一个步距 s，在条料送进的方向上，前后导料板间距不同，所以只有等侧刃切去长度等于一个步距的料边后，条料才有可能向前送进一个步距。有侧刃的级进模定位准确，生产率高，操作方便，但料耗和冲裁力增大。

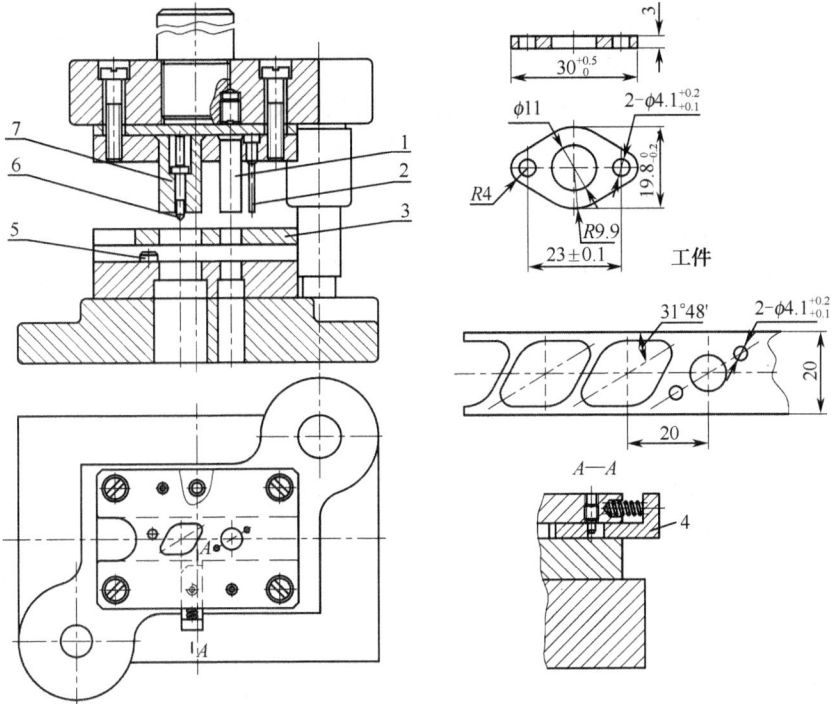

1、2、7—凸模；3—固定卸料板；4—始用挡料销；5—固定挡料销；6—导正销

图 4-16　导正销定距级进模

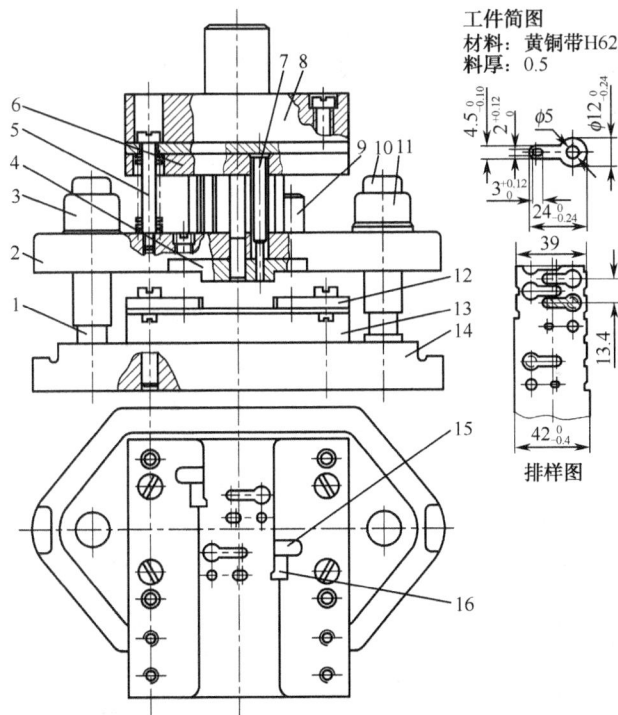

工件简图

材料：黄铜带H62
料厚：0.5

排样图

1、10—导柱；2—弹压导板；3、11—导套；4—导板镶块；5—卸料螺钉；6—凸模固定板；

7—凸模；8—上模座；9—限位柱；12—导料板；13—凹模；14—下模座；15—侧刃挡块；16—侧刃

图 4-17　侧刃定距的弹压导板级进模

该模具采用了弹压导板模架，由于冲孔凸模较小，为保证凸模的强度和刚度，以装在弹压导板 2 中的导板镶块 4 导向，而弹压导板则由导柱 1、10 导向；为保证凸模装配调整和更换更方便，凸模与固定板为间隙配合，这样也可消除压力机导向误差对模具的影响，对延长模具寿命有利；排样采用直对排，凹模型孔之间拉开一段距离，使工位之间不致过近而降低模具的强度。由于料厚较薄，采用弹压卸料的形式，可保证制件平整。

3）条料排样图的设计

确定了冲压件采用级进模结构后，首先要设计条料的排样图，它是设计级进模的重要依据。排样冲压顺序的安排应考虑如下几点：

（1）应尽可能考虑到材料的合理利用，以节约原料，降低冲压成本。显然，图 4-18 所示的排样比图 4-19 所示的排样经济得多。

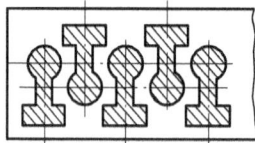

图 4-18　对头排样方法　　　　　图 4-19　单排排样方法

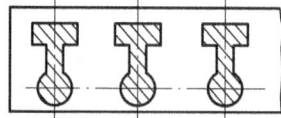

（2）应考虑零件精度的要求。由于送料步距存在误差，有位置精度要求的部分应安排在同一工位冲出，并且尽量减少工位数，以减小工位的累积误差，如图 4-20（b），（c）所示；尺寸精度高的工步，应尽量安排在最后一道工序冲出。在没有适当的孔作为导正定位孔的制品中，为了提高送料步距精度，可以在首次工位中设计定位工艺孔，如图 4-20（a）所示。

（3）应考虑冲模制造的难易程度。一般来说，双排样或多排样尽管节约材料，但模具制造较复杂。因此，在模具设计时，应根据加工技术水平和条件的可能性加以充分考虑。外形复杂的冲件应分步冲出，以简化凸、凹模形状便于加工和装配，如图 4-20（d）所示。

（4）应考虑模具强度及寿命。孔壁距小的冲件，其孔应分步冲出，如图 4-20（a）所示；工位之间凹模壁厚小的应增设空步，如图 4-20（c）所示；前一个侧刃的位置尽可能与被冲工件的中心线重合，以保证受力平衡，如图 4-20（b）所示。

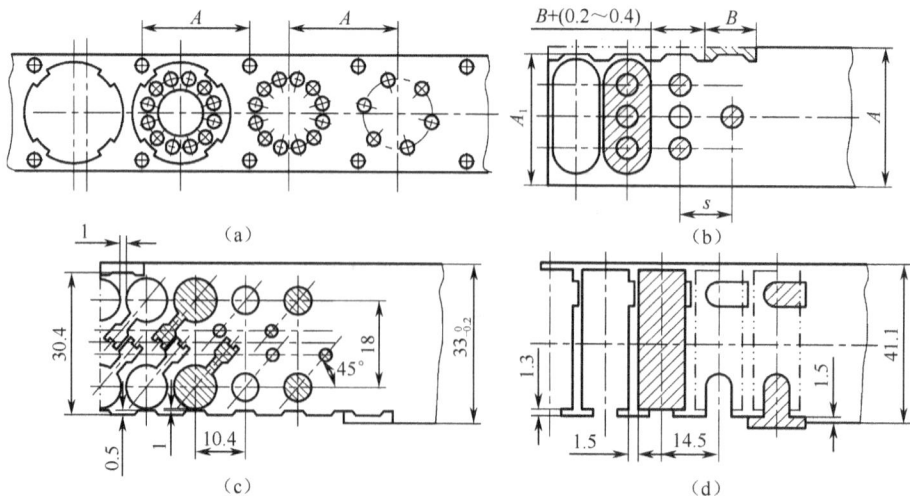

图 4-20　级进模的排样设计

（5）应考虑模具尺寸的大小。零件较大或零件虽小但工位较多时，应尽量减少工位数，可采用连续+复合排样法，以减小模具外形尺寸，如图 4-20（a）所示。

（6）零件成形规律的要求。在多工位的级进模中，如冲孔、切口、切槽、成形、切断等工序的安排次序，一般应把分离工序如冲孔、切口、切槽安排在前面，接着可安排成形工序；零件与条料的完全分离（如切断、落料）安排在最后工序，从而可保证条料的连续送进，如图 4-20（d）所示。

通过对以上各种类型模具典型结构的分析可以看出，单工序模、级进模、复合模各有其优缺点，其对比关系如表 4-3 所示，以供参考。

表 4-3　各种类型模具对比

模具种类　　　　　对比项目	单工序模		级进模	复合模
	无导向的	有导向的		
制件精度	低	一般	可达 IT13～IT8	可达 IT9～IT8
制件形状尺寸	尺寸大	中小型尺寸	复杂及极小制件	受模具结构与强度制约
生产效率	低	较低	最高	一般
模具制造工作量和成本	低	比无导向的略高	冲裁较简单制件时比复合模低	冲制复杂制件时比连续模低
操作的安全性	不安全，需采取安全措施		较安全	不安全，需采取安全措施
自动化的可能性	不能使用		最宜使用	一般不用

4．弯曲模具

弯曲是将板料、型材、管材或棒料等按设计要求弯成一定的角度和一定的曲率，形成所需形状零件的冲压工序，弯曲所使用的模具就是弯曲模具（Bending Dies）。本节介绍单工序简单弯曲模具。

1）V 形件弯曲模

V 形件弯曲模适用于两直边相等的 V 形件的弯曲，如图 4-21 所示。它主要由凸模、凹模、顶杆等零件组成。顶杆在弯曲时起压料作用，可防止毛坯偏移，提高制件精度；弯曲后在弹簧作用下又起顶件作用。该模具的特点是结构简单，在压力机上安装及调整方便，对材料厚度的公差要求不高，制件在弯曲终了时可得到一定程度的校正，因而回弹较小。

2）U 形件弯曲模

图 4-22 所示为上出件 U 形弯曲模，坯料用定位板 4 和定位销 2 定位，凸模 1 下压时将坯料及顶杆 3 同时压下，待坯料在凹模 5 内成形后，凸模回升，弯曲后的零件就在弹顶器的作用下，通过顶杆和顶板顶出，完成弯曲工作。该模具的主要特点是在凹模内设置了顶件装置，弯曲时顶板能始终压紧坯料，因此弯曲件底部平整。同时顶板上还装有定位销 2，可利用坯料上的孔定位，即使 U 形件两直边高度不同，也能保证弯边高度尺寸。因有定位销定位，定位板可不做精确定位。如果要进行弯曲校正，顶板可接触下模座作为凹模底来用。

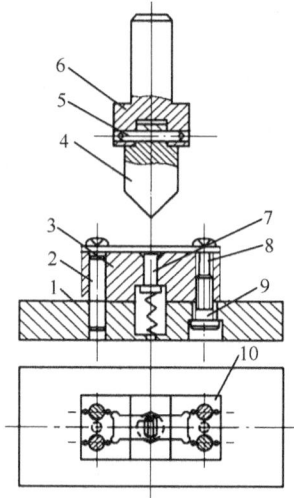

1—下模座；2—定位销；3—凹模；4—凸模；5—圆销；6—模柄

7—顶杆；8—挡料销；9—螺钉；10—定位板

图 4-21　V 形件弯曲模

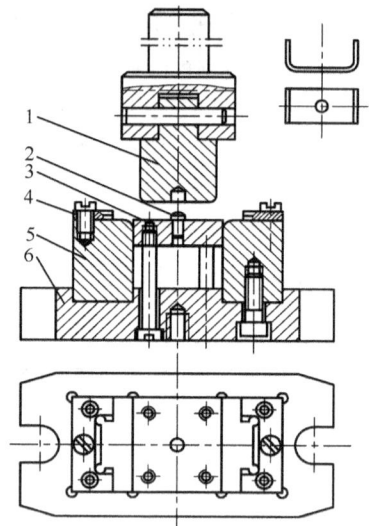

1—凸模；2—定位销；3—顶杆；4—定位板；5—凹模；6—下模座

图 4-22　上出件 U 形弯曲模

3）Z 形件弯曲模

Z 形件一次弯曲即可成形。图 4-23（a）所示的 Z 形件弯曲模结构简单，但由于没有压料装置，弯曲时坯料容易滑动，只适用于精度要求不高的零件。

图 4-23（b）所示的 Z 形件弯曲模设置了顶板 1 和定位销 2，能有效防止坯料的偏移。反侧压块 3 的作用是平衡上、下模之间水平方向的错移力，同时也为顶板导向，防止其窜动。

图 4-23（c）所示的 Z 形件弯曲模，弯曲前活动凸模 10 在橡皮 8 的作用下与凸模 4 端面平齐。弯曲时活动凸模与顶板 1 将坯料压紧，并且由于橡皮的弹力较大，推动顶板下移使坯料左端弯曲。当顶板接触下模座 11 后，橡皮 8 压缩，则凸模 4 相对于活动凸模 10 下移将坯料右端弯曲成形。当压块 7 与上模座 6 相碰时，整个弯曲件得到校正。

4）圆形件弯曲模

一般圆形件尽量采用标准规格的管材切断成形，只有当标准管材的尺寸规格或材质不能满足要求时，才采用板料弯曲成形。用模具弯曲圆形件通常限于中小型件，大直径圆形件可采用滚弯成形。

小圆形件一般先弯成 U 形，再将 U 形弯成圆形。图 4-24（a）所示为用两套简单模弯圆的方法。由于工件小，分两次弯曲操作不便，可将两道工序合并，如图 4-24（b），（c）所示。其中图 4-24（b）所示为有侧楔的一次弯圆模，上模下行时，芯棒 3 先将坯料弯成 U 形，随着上模继续下行，侧楔 7 便推动活动凹模 8 将 U 形弯成圆形；图 4-24（c）所示是另一种一次弯圆模，上模下行时，压板 2 将滑块 6 往下压，滑块带动芯棒 3 先将坯料弯成 U 形，然后凸模 1 再将 U 形弯成圆形。如果工件精度要求高，可旋转工件连冲几次，以获得较好的圆度。弯曲后工件由垂直于图面方向从芯棒上取下。

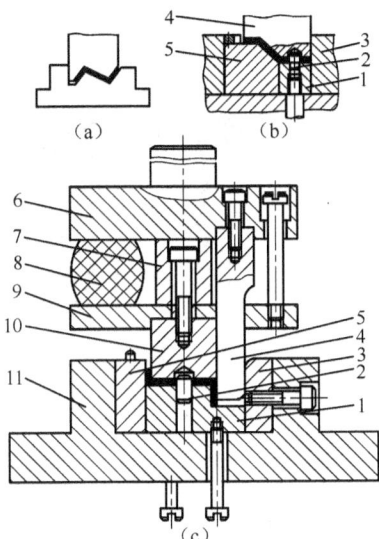

1—顶板；2—定位销；3—反侧压块；4—凸模；5—凹模；

6—上模座；7—压块；8—橡皮；9—凸模托板；10—活动凸模；11—下模座

图 4-23　Z 形件弯曲模

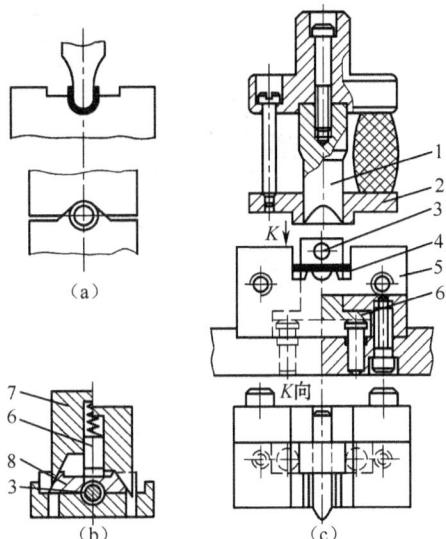

1—凸模；2—压板；3—芯棒；4—坯料；

5—凹模；6—滑块；7—侧楔；8—活动凹模

图 4-24　小圆形件弯曲模

5. 拉伸模具

拉伸又称拉延，是利用拉伸模（Drawing Dies）在压力机的压力作用下，将平板坯料或空心工序件制成开口空心零件的加工方法，它是冲压基本工序之一。它可以加工旋转体零件，还可加工盒形零件及其他形状复杂的薄壁零件。

拉伸工作可在一般的单动压力机上进行，也可在双动、三动压力机及特种设备上进行，常见的有单动压力机拉伸模和双动压力机拉伸模；在单动压力机上工作的拉伸模，可分为首次拉伸模及以后各次拉伸用拉伸模；根据工序复合的程度不同，可分为单工序拉伸模、落料拉伸冲孔模、落料正反拉伸冲孔翻边模等。上述各种拉伸模具又有带压边装置与不带压边装置之分。

1）单动压力机首次拉伸模

单动压力机首次拉伸模具所用的毛坯一般为平面形状，模具结构相对简单。根据拉伸工作情况的不同，可以分为几种不同的类型。

（1）无压边装置的拉伸模。无压边装置的首次拉伸模如图 4-25 所示。这种模具适用于底部平整，拉伸变形程度不大，相对厚度较大和拉伸高度较小的零件。

（2）有压边装置的拉伸模。有弹性压边装置的正装式拉伸模如图 4-26 所示。该模具的凸模和弹性元件装在上模，因此凸模一般比较长，适用于拉伸深度不大的零件。弹性元件一般为弹簧或橡皮，压边圈兼有卸件作用。坯料由定位板定位。

有弹性压边装置的倒装式拉伸模如图 4-27 所示，这是中小型制件采用最多的模具形式。凹模固定在上模座上，并设有刚性打料装置。凸模固定在下模座上，并设有弹性压边装置。

冲压件简图

脱料颈

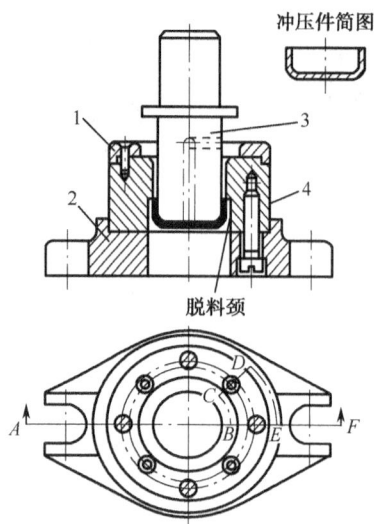

1—定位板；2—下模板；3—拉伸凸模；4—拉伸凹模

图 4-25　无压边装置的首次拉伸模

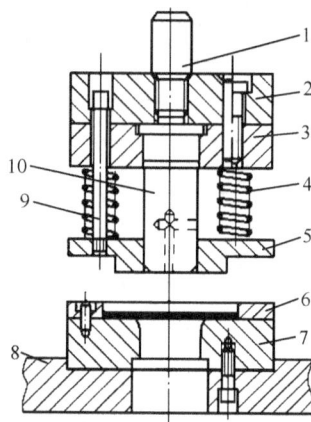

1—模柄；2—上模座；3—凸模固定板；4—弹簧；5—压边圈；
6—定位板；7—凹模；8—下模座；9—卸料螺钉；10—凸模

图 4-26　有弹性压边装置的正装式拉伸模

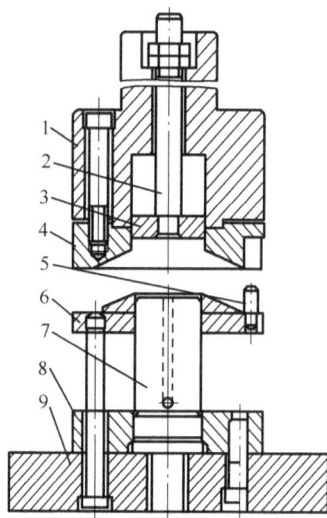

1—上模座；2—推杆；3—推件板；4—锥形凹模；5—限位柱；6—锥形压边圈；7—拉伸凸模；8—固定板；9—下模座

图 4-27　有弹性压边装置的倒装式拉伸模

由于首次拉伸的拉伸系数有限，许多零件经首次拉伸后，其尺寸和高度不能达到要求，还需要经第二次、第三次甚至更多次拉伸。后次拉伸模的定位方式、压边方式、拉伸方法及所用毛坯与首次拉伸模有所不同。

2）单动压力机后次拉伸模

（1）无压边装置的后次拉伸模。无压边装置的后次拉伸模如图 4-28 所示，该模具主要适用于侧壁厚度一致，直径变化量不大，稍加整形即可达到尺寸精度要求的深筒形拉伸件。

（2）有压边装置的后次拉伸模。常用的有弹性压边装置的后次拉伸模如图 4-29 所示，拉伸凸模安装在下模，拉伸凹模安装在上模。

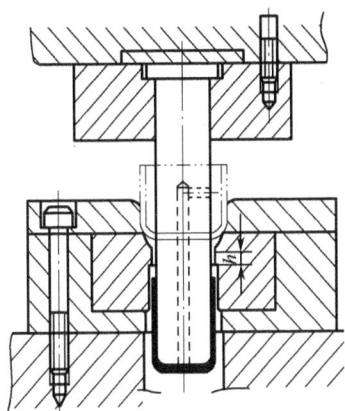

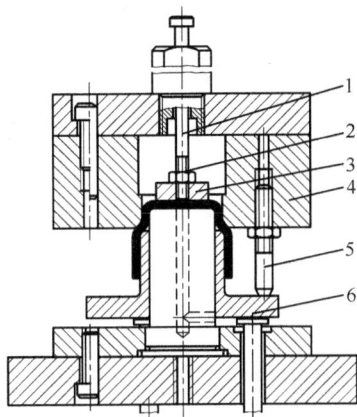

1—打杆；2—螺母；3—推件块；4—凹模；5—可调式限位柱；6—压料圈

图 4-28　无压边装置的后次拉伸模　　　图 4-29　有弹性压边装置的后次拉伸模

3）双动压力机上使用的拉伸模

（1）双动压力机用首次拉伸模。如图 4-30 所示，下模由凹模 2、定位板 3、凹模固定板 8、顶件块 9 和下模座 1 组成，上模的压料圈 5 通过上模座 4 固定在压力机的外滑块上，凸模 7 通过凸模固定杆 6 固定在内滑块上。工作时，坯料由定位板定位，外滑块先行下降带动压料圈将坯料压紧，接着内滑块下降带动凸模完成对坯料的拉伸。回程时，内滑块先带动凸模上升将工件卸下，接着外滑块带动压料圈上升，同时顶件块在弹顶器作用下将工件从凹模内顶出。

（2）双动压力机用落料、拉伸复合模。如图 4-31 所示，该模具可同时完成落料、拉伸及底部的浅成形，主要工作零件采用组合式结构，压料圈 3 固定在压料圈座 2 上，并兼做落料凸模，拉伸凸模 4 固定在凸模座 1 上。这种组合式结构特别适用于大型模具，不仅可以节省模具钢，而且也便于坯料的制备与热处理。

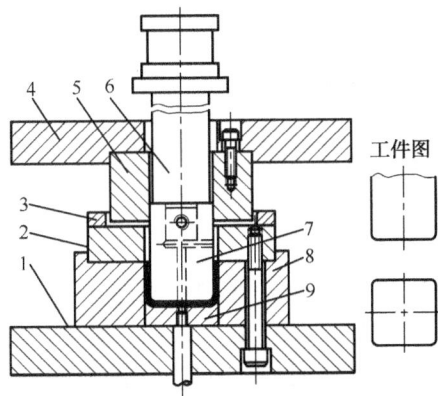

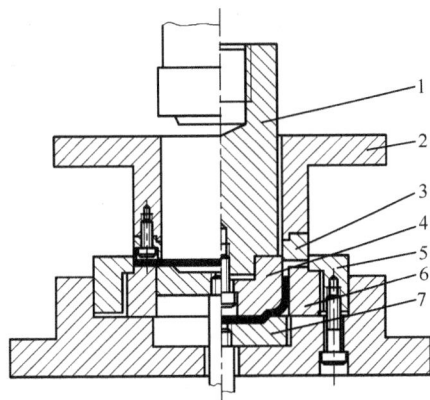

1—下模座；2—凹模；3—定位板；4—上模座；5—压料圈；　　　　1—凸模座；2—压料圈座；3—压料圈（兼落料凸模）；

6—凸模固定杆；7—凸模；8—凹模固定板；9—顶件块　　　　4—拉伸凸模；5—落料凹模；6—拉伸凹模；7—顶件块

图 4-30　双动压力机用首次拉伸模　　　　　　图 4-31　双动压力机用落料、拉伸复合模

工作时，外滑块首先带动压料圈下行，在达到下止点前与落料凹模 5 共同完成落料，接着进行压料（如左半视图所示）。然后内滑块带动拉伸凸模下行，与拉伸凹模 6 一起完成拉伸。顶件块 7 兼做拉伸凹模的底，在内滑块到达下止点时，可完成对工件的浅成形（如右半视图所

示）。回程时，内滑块先上升，然后外滑块上升，最后由顶件块 7 将工件顶出。

6. 大型覆盖件冲压模具

某实习企业的大型冲压模具主要用来生产中重型汽车车身、各种机型拖拉机驾驶室、收获机驾驶室等大型覆盖件（如图 4-32 所示）及各类油箱；覆盖件冲压工序包括落料、拉伸成形、修边、冲孔、翻边等，覆盖件的成形过程如图 4-33 所示。

图 4-32　大型覆盖件

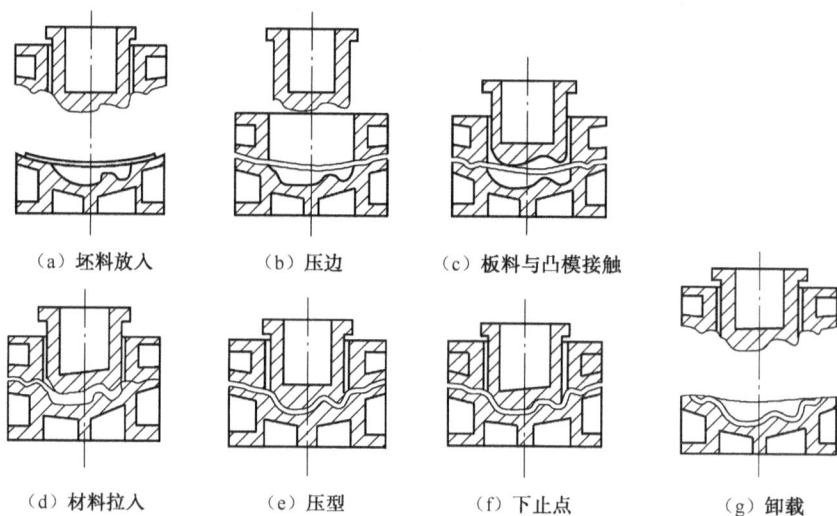

（a）坯料放入　　（b）压边　　（c）板料与凸模接触

（d）材料拉入　　（e）压型　　（f）下止点　　（g）卸载

图 4-33　大型覆盖件成形过程

1）大型覆盖件拉伸模

（1）拉伸筋的设置。为了使坯料四周产生尽可能均匀的变形，使坯料中间部分在各个方向上都产生比较均匀的胀形变形，就应沿凹模周围恰当地设置拉伸筋，以使坯料在整个周边产生较均匀的、足够大的拉应力，从而得到所需要的胀形变形并达到防皱的目的。覆盖件拉伸模常用拉伸筋的种类有圆形嵌入筋、半圆形嵌入筋、矩形嵌入筋。

（2）拉伸模的导向机构。拉伸模导向包括压边圈与凸模之间导向和凹模与压边圈之间导向。

（3）拉伸模材料。覆盖件拉伸模形状复杂，其凸模、凹模、压边圈毛坯经常采用铸造成形。拉伸模材料可选用 HT250、HT300、QT600-3 等。

（4）大型覆盖件拉伸模典型结构。单动拉伸压力机所用大型覆盖件拉伸模如图 4-34 所示，它主要由三大件构成：凸模、凹模和压边圈。双动拉伸压力机所用大型覆盖件拉伸模主要由四大件构成：凸模、凹模、凸模座和压边圈。

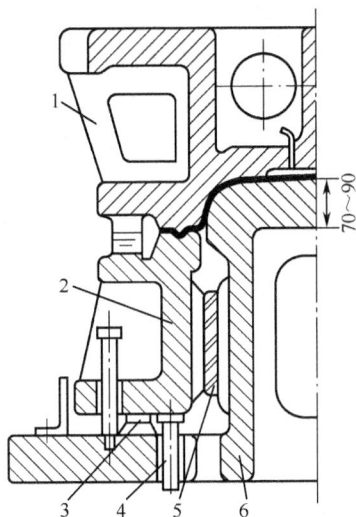

1—凹模；2—压边圈；3—调整垫；4—气顶柱；5—导板；6—凸模

图 4-34 单动拉伸压力机所用大型覆盖件拉伸模

2）切边模

覆盖件切边模用于将拉伸工序件的工艺补充部分和压料面多余材料切掉。由于零件较大，往往是在曲面上切边。

切边模有以下特点：

（1）凸凹模工作部分一般采用拼块结构，为了节省模具钢，有的还采用堆焊刃口结构。

（2）冲压往往是多方向的。

3）翻边模

覆盖件翻边按翻边位置分为内孔翻边和外缘翻边；按翻边面分为平面翻边和曲面翻边。覆盖件翻边模比较复杂，按翻边凸模或凹模运动的方向，有垂直翻边模、水平翻边模、倾斜翻边模，有向内翻边模、向外翻边模。还有部分翻边模和周边封闭翻边模等。

4.2.7 冲压模具零件

从冲压模具的典型结构分析中可以看出，组成冲压模具的零件虽然多种多样，但根据其作用可以分为两大类：工艺零件与结构零件。前者直接参与完成工艺过程并决定着制件的形状、尺寸及精度，后者只对模具完成工艺过程起保证或完善作用。尽管冲压模具种类繁多，结构复杂程度不同，但是任何一副冲压模具几乎都可分成上模和下模两部分，上模一般固定在压力机的滑块上，并随滑块一起运动，下模固定在压力机的工作台上。冲裁模的组成零件就有下列六类。

（1）工作零件。直接对坯料进行加工，完成板料的分离的零件。具体有凸模、凹模、凸凹模等。

（2）定位零件。确定冲压加工中毛坯或工序件在冲模中正确位置的零件。条料在模具送料平面中必须有两个方向的限位，即与送料方向垂直的方向上的限位和送料方向上的限位。具体有导料销、导料板、侧压板、定位销（定位板）、挡料销、导正销、承料板、定距侧刃等。

（3）压料、卸料及出件零件。使冲件与废料得以出模，保证顺利实现正常冲压生产的零件。

具体有卸料板、压料板、顶件块、推件块、废料切刀等。

（4）导向零件。正确保证上、下模的相对位置，以保证冲压精度的零件。具体有导套、导柱、导板等。

（5）支承零件。承装模具零件或将模具紧固在压力机上并与它发生直接联系用的零件。具体有上模座、下模座、模柄、凸/凹模固定板、垫板、限位器等。

（6）标准件及其他。模具零件之间的相互连接件，销钉起定位作用。具体有螺钉、销钉、键、弹簧等其他零件。

以上组成模具的各类零件在冲裁过程中相互配合，保证冲裁工作的正常进行，从而冲出合格的冲裁件。然而，不是所有的冲裁模都具有上面所列的六类零件，尤其是简单的冲裁模。但是工作零件和必要的支承零件总是不可缺少的。

1. 工作零件

1）凸模的结构形式及固定方法

（1）圆形标准凸模（Punch）。如图 4-35 所示，图 4-35（a）所示为国家标准的结构（GB 2863.1—81）及固定形式。采用台阶是为了增加凸模的刚性，凸模与固定板的配合采用 H7/m6 的过渡配合。图 4-35（e），（f）所示是快换式的小凸模，维修更换方便。

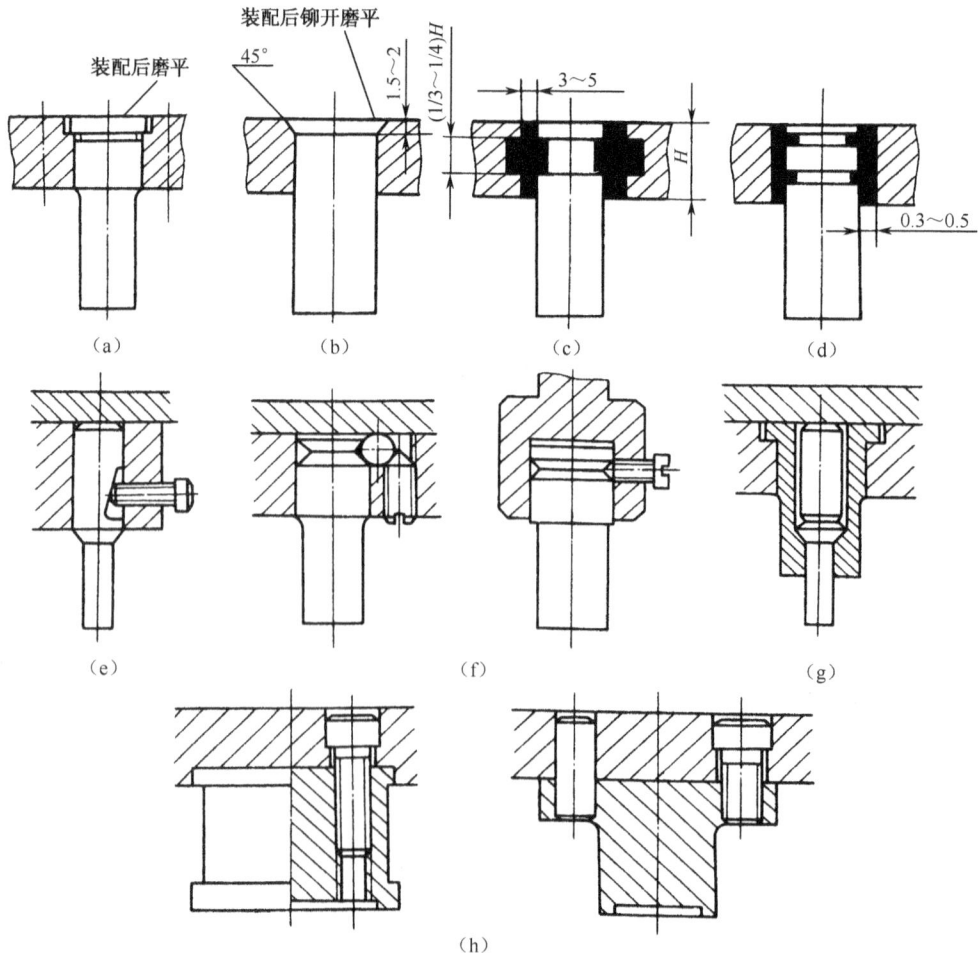

图 4-35　凸模的结构形式

圆形标准凸模的具体结构及要求可查阅冲模设计资料，其他形状凸模设计的形位公差要求、表面粗糙度等要求可依据圆形标准凸模来进行设置。

（2）异形凸模。大多数情况下，凸模截面为非圆形，称为异形。异形凸模的结构与固定方式如图 4-35（b）所示。为使凸模加工方便，异形凸模做成等断面，称直通式。其固定方式采用 N7/h6、P7/h6 铆接固定，这种固定方式都必须在固定端接缝处加止动销防转。也可采用低熔点合金或黏结剂固定，如图 4-35（c），（d）所示。对于截面尺寸较大的，还可以采取螺钉、销钉直接固定的方式，如图 4-35（h）所示。

（3）冲小孔凸模。当冲制孔径与料厚相近的小孔时，应考虑采用加强凸模的强度与刚度的措施以保护凸模。其措施一般有加凸模护套（如图 4-35（g）所示）和对凸模进行导向等。

　2）凹模（Die）的外形结构及固定方法

小型圆形凹模结构采用国家标准形式，如图 4-36（a），（b）所示，可直接装在凹模固定板内，主要用于冲孔。生产实际中，更多情况是将凹模用螺钉和销钉直接固定在下模座上，如图 4-36（c）所示。图 4-36（d）所示为快换式冲孔凹模的固定方法。

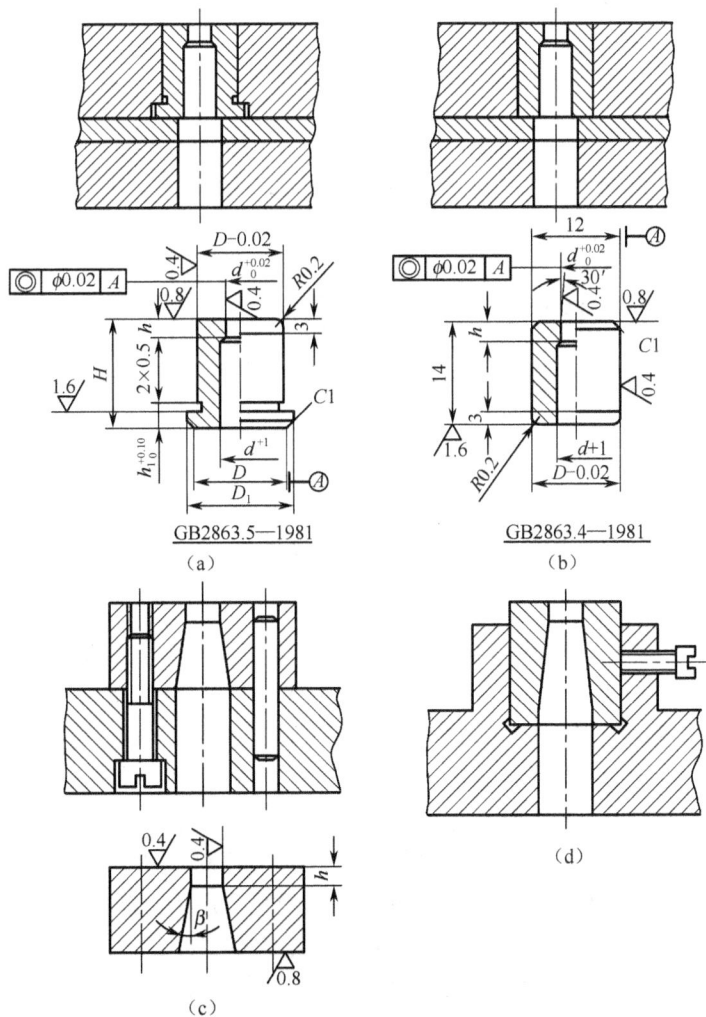

图 4-36　凹模的形式及其固定

2．定位零件

条料在送进过程中，需要控制其送进方向（定向）和送进距离（定距），即定位以保证冲压质量。根据毛坯和模具结构的不同，定位零件主要有：定位板、定位销、侧面导板、侧压板、挡料钉和侧刃、导正销等。

1）定位板、定位销

单个毛坯在模具上定位时，常采用定位板或定位销。定位有两种形式，一种靠毛坯外形定位，如图 4-37（a）所示；一种靠毛坯内孔定位，如图 4-37（b）所示。

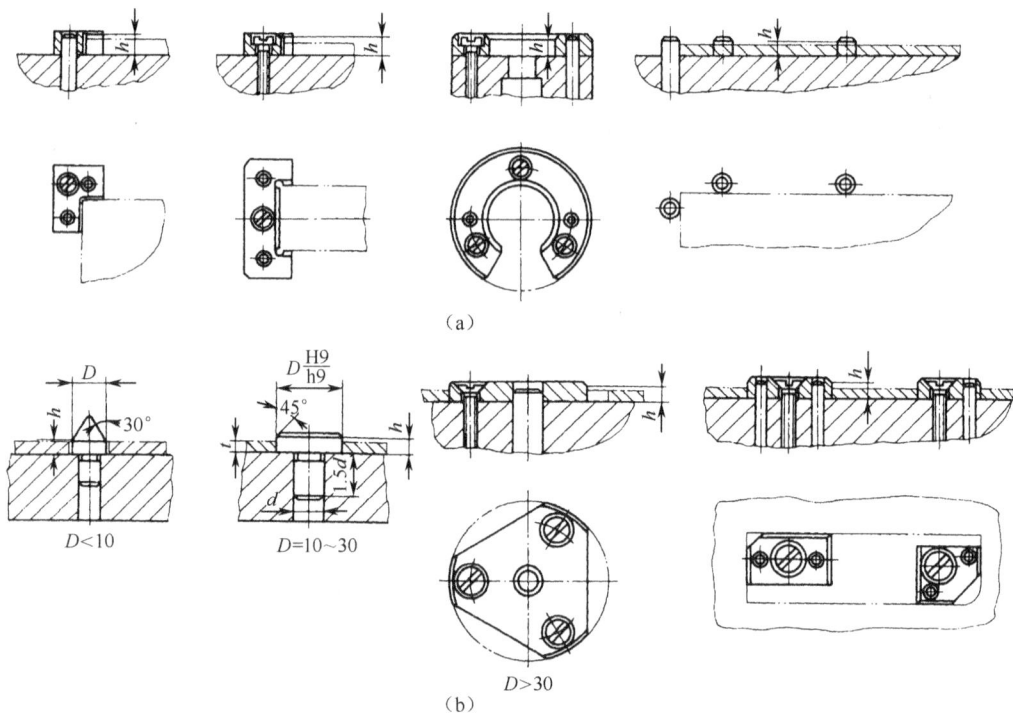

（a）

（b）

图 4-37　定位板和定位销的结构形式

2）导料板与侧压板

导料板（导尺）的作用是保证条料的送料方向，常用于带弹压卸料板或固定卸料板的单工序模和级进模。标准导料板如图 4-38 所示。其中图 4-38（b）所示为导料板与固定卸料板做成一体的结构。大多数模具，特别是冲薄料时，都用两块导料板导向，这样送料比较准确。

导料板的长度 L 一般大于或等于凹模长度。其厚度 H 根据制件料厚和挡料销的高度而定，一般是 4～14mm，导料板间距需根据料宽及条料定位方式确定。

如果条料公差很大，或搭边太小时，则在导料板一侧装侧压板，送料时，条料被侧压板压向导料板的一侧，以便和凹模保持一定的位置关系，从而冲出合格的制件。侧压板形式如图 4-39 所示。其中，图 4-39（a）所示形式侧压力较大，宜用于厚料冲裁；而图 4-39（b）所示结构简单，力小，适用于 0.3～1mm 的薄料，其安装位置与数量视需要而定；图 4-39（c）所示形式侧压力大且均匀，但其安装位置限于进料口。

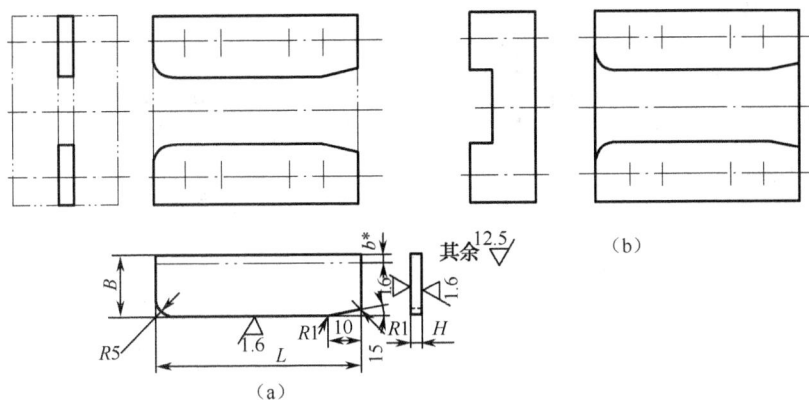

图 4-38　标准导料板

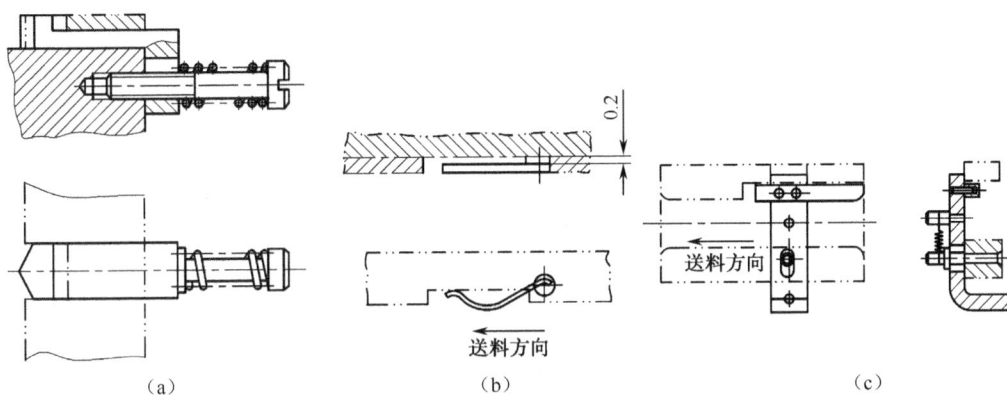

图 4-39　侧压板形式

3）挡料销

挡料销（Stop Pin）是控制条料送进距离的零件，根据其工作特点及作用分为固定挡料销、活动挡料销及始用挡料销。

（1）固定挡料销。它的结构最简单。国家标准结构如图 4-40（a）所示。固定部分直径 d 与工作部分直径 D 相差一倍多，广泛用于中、小型冲模条料定距。当挡料销的固定孔离凹模孔壁太近时，为不削弱凹模强度，可采用如图 4-40（b）所示的钩形挡料销结构。

（2）活动挡料销。其国家标准结构如图 4-41 所示。挡料销的一端与弹簧、橡皮发生作用，因而可以活动。活动挡料销常用在倒装式落料模或复合模中，装在弹压卸料板上。图 4-41（d）所示挡料销又称回带式挡料销，面对送料方向的一面做成斜面，送料时，挡料销抬起，簧片将挡料销压下，此时应将料回拉一下，使搭边被挡料销挡住。这种形式常用于带固定卸料板的落料模中。

（3）始用挡料销。其国家标准结构如图 4-42 所示。它主要用于冲裁排样中不能冲首件的级进模和单工序模中，目的是为了提高材料利用率。

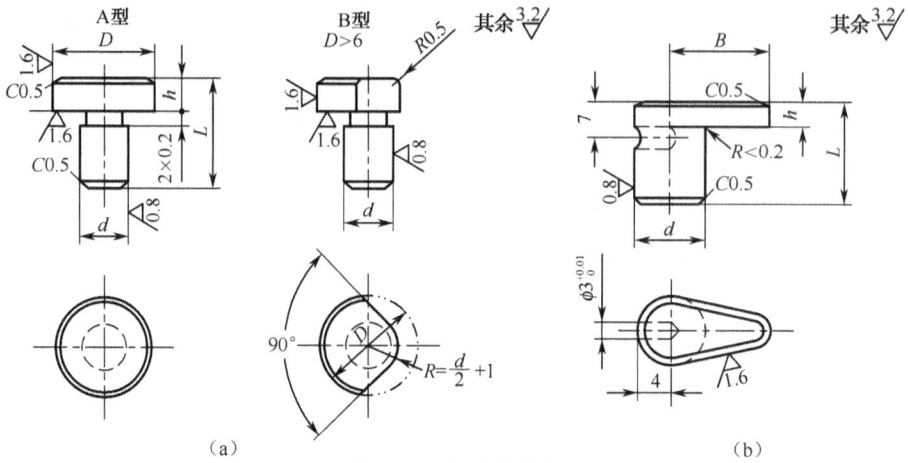

图 4-40 固定挡料销

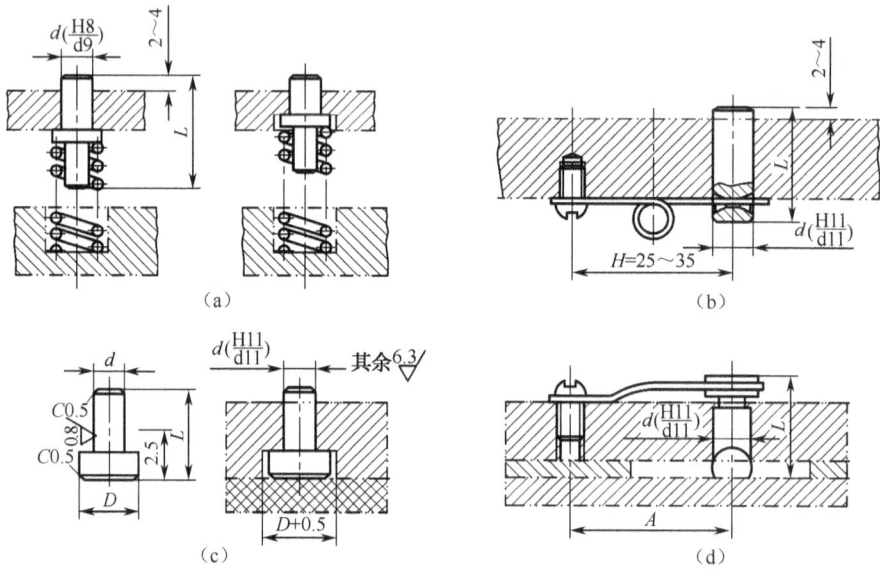

图 4-41 活动挡料销

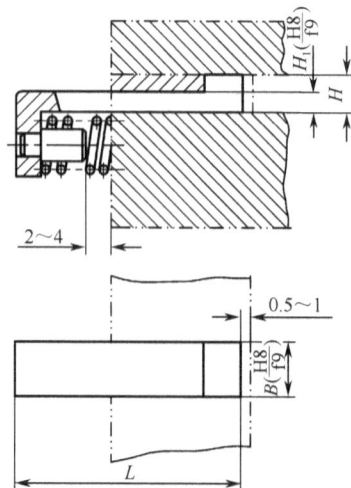

图 4-42 始用挡料销

4）侧刃

侧刃定距主要用于薄料而不能用导正销精确定距，或生产率高且制件有较高的精度要求的级进模中。国家标准的侧刃结构分为无导向侧刃（如图 4-43 所示）和有导向侧刃（如图 4-44 所示）。

图 4-43　无导向侧刃

图 4-44　有导向侧刃

矩形侧刃的结构与制造都很简单，但刃口磨钝后，在条料上易产生毛刺，如图 4-45 所示，这种毛刺会影响送料精度，所以常用于料厚在 1.5mm 以下，且要求不高的制件上。

齿形侧刃所产生的毛刺处在侧刃齿形的冲出的宽缺口中，所以定距精度比矩形侧刃高。但其结构较矩形侧刃复杂，加工较难。

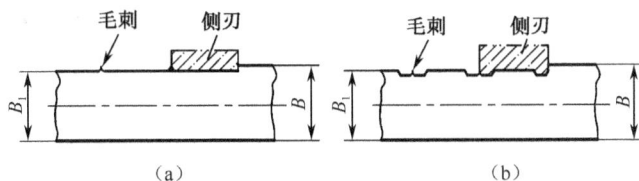

图 4-45　侧刃定距精度分析

尖角侧刃是在条料的边缘冲出一个缺口，条料送进时，当缺口直边滑过挡销后，再向后拉料，由挡料销挡住缺口。这种侧刃定距操作不方便，但切去的料少，适合于贵重金属或料厚在 0.5～2mm 的冲裁。

在实际生产中，有一种特殊侧刃（如图 4-46 所示），侧刃在完成定距的同时也冲出工件的部分轮廓。

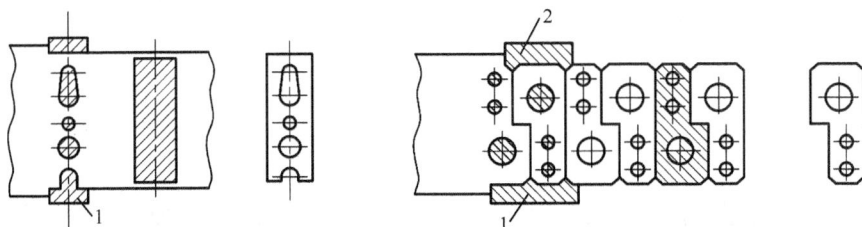

1—侧刃 1；2—侧刃 2

图 4-46　特殊侧刃

根据制件的结构特点和材料利用率，可采用一个（单侧刃）或两个侧刃（双侧刃）。双侧刃可在条料两侧并列或错开布置。错开布置时，可使条料的尾料得到利用。单侧刃一般用于工位数少、料厚且硬的情况；双侧刃用于工位数多、料薄的情况。双侧刃冲出的制件精度比单侧刃的高。

5）导正销

导正销用来保证孔与外形的相对位置尺寸，主要用于级进模中。导正销一般装在冲孔工步后的落料凸模上，当上模下冲时，导正销的导入部分首先进入已冲出的孔内，然后由导正部分对条料导正，进行落料。这样就可以消除送料步距误差，起精确定位的作用。

按导正孔径的大小及导正销在凸模上的装配方法，导正销国家标准结构如图 4-47 所示。

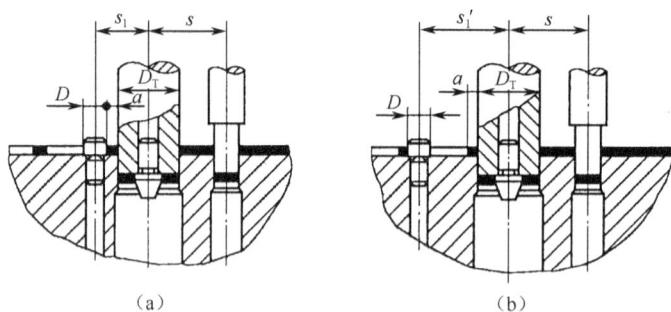

图 4-47　导正销国家标准结构

3．卸料装置

广义的卸料是指将冲件或废料从模具工作零件上卸下来。卸料装置包括卸料、推件和顶件等装置。

1）卸料装置

从凸模上卸下工件或废料的装置称卸料装置，有固定卸料、弹压卸料和废料切刀几种形式。

（1）固定卸料装置。固定卸料装置如图 4-48 所示。固定卸料常在冲制材料厚度大于 0.8mm 时采用。固定卸料板应有足够的厚度，不因卸料力大而变形，一般为 6～20mm。其长宽取值和凹模相同。

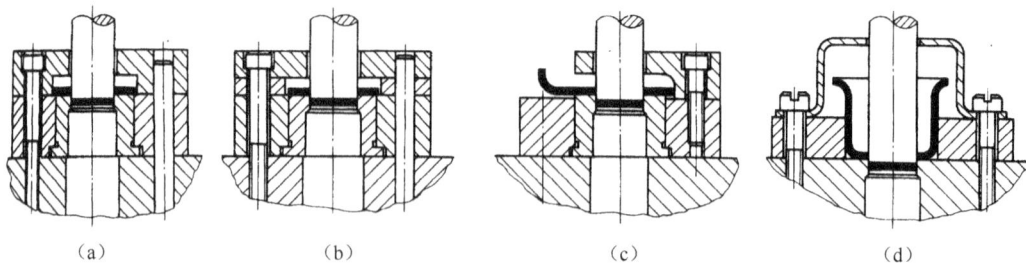

图 4-48　固定卸料装置

（2）弹压卸料装置。弹压卸料装置如图 4-49 所示。弹压卸料主要用于冲制薄料的模具。弹压卸料板既起压料作用又起卸料作用，所得冲件平直度较高。图 4-49（a）所示是最简单的形式，用于简单冲裁模中。图 4-49（b）所示形式用于以导料板为导向的冲模中。图 4-49（c），(e) 所示形式用于倒装式复合模中，但后者的弹性元件装在工作台下方，所能提供的弹性力更大，大小更易调节。图 4-49（d）所示形式以弹压卸料板作为细长凸模的导向，卸料板本身又以两个以上的小导柱导向，以免弹压卸料板产生水平摆动，从而起保护小凸模的作用。这种结构卸料板与凸模按 H7/h6 制造，但其间隙应比凸、凹模间隙小。而凸模与固定板则以 H7/h6 或 H8/h7 配合。这种结构多用于小孔冲模、精密冲模和多工位级进模中。

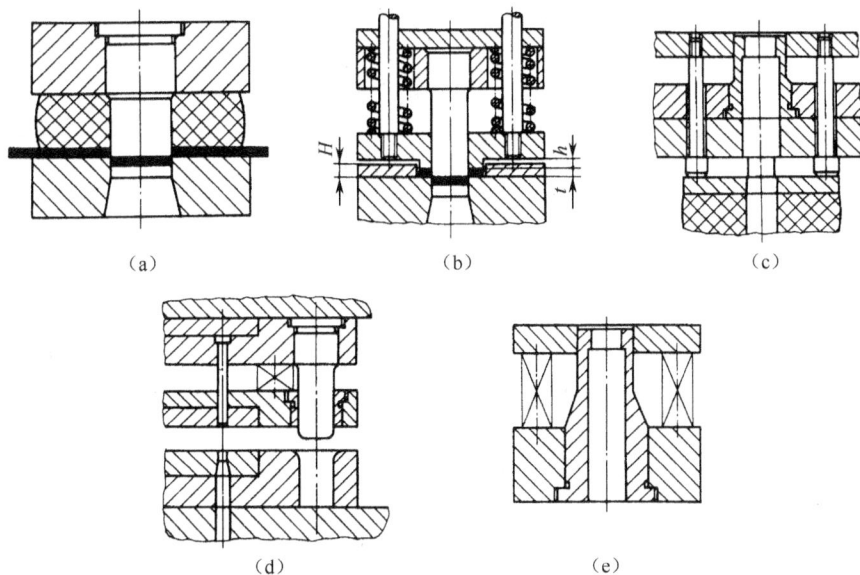

（a） （b） （c）

（d） （e）

图 4-49 弹压卸料装置

（3）废料切刀。对于落料或切边后的废料，当尺寸大或板料厚时，可用废料切刀将废料切开而卸料。国家标准的废料切刀如图 4-50 所示。

2）推件与顶件装置

（1）将废料或工件从上往下从凹模内卸下，叫推件。推件装置一般是刚性的，如图 4-51 所示。其推件力通过打杆、打料板、打料杆、推件器至工件或废料。

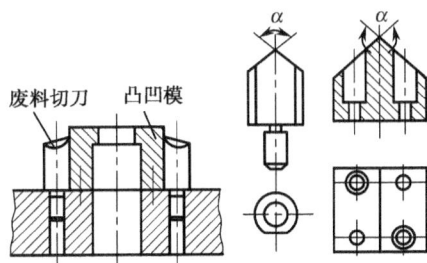

图 4-50 废料切刀

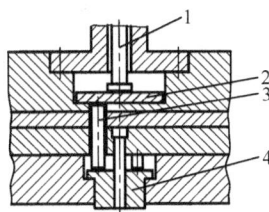

1—打杆；2—打料板；3—打料杆；4—推件器

图 4-51 刚性推件装置

连接推杆的根数及布置以使推件块受力均衡为原则，一般为 2～4 根且分布均匀，长短一致。推板装在上模座的孔内，为保证凸模支承的刚度和强度，放推板的孔不能全部挖空。图 4-52 所示为标准推板的结构，设计时可根据要求选用。

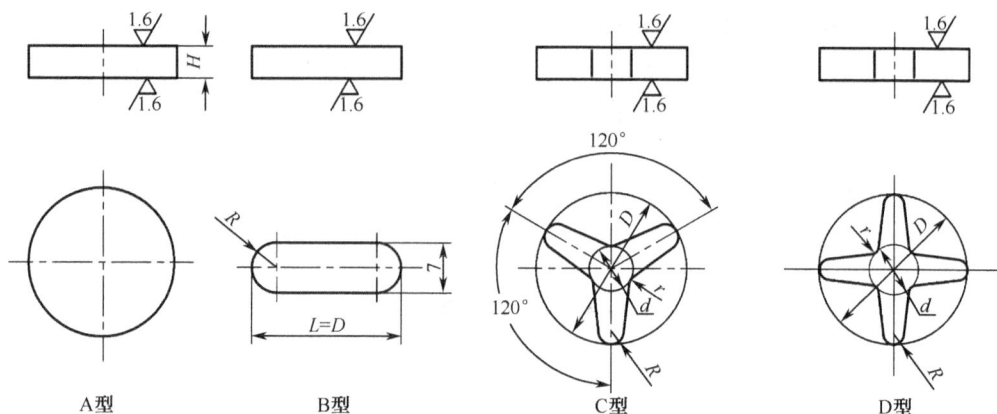

图 4-52　标装推板的结构

刚性推件装置推件力大，结构简单，工作可靠，所以应用十分广泛。但对于薄料及平直度要求较高的冲裁件，宜采用弹性推件装置，如图 4-53 所示。采用弹性推件装置时，必须保证弹性力要足够。

（2）把工件或废料从凹模内从下往上顶出的装置称为顶件装置。顶件装置一般为弹性的，如图 4-54 所示。

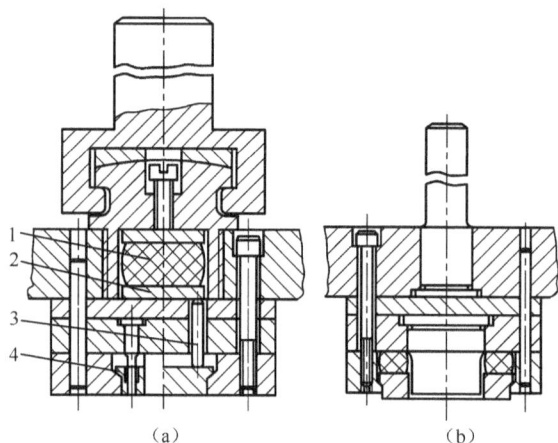

1—橡胶；2—推板；3—连接推杆；4—推件块

图 4-53　弹性推件装置

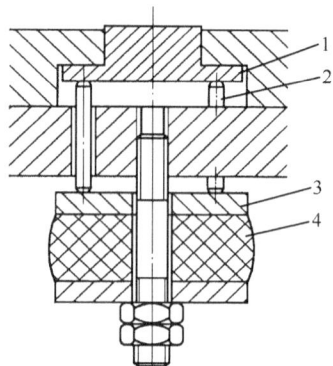

1—顶件块；2—顶杆；3—推板；4—橡胶

图 4-54　弹性顶件装置

其顶件力通过弹顶器、顶杆、顶件块至工件或废料。这种结构的顶件力容易调节，工作可靠，冲裁件平直度高。但冲件容易嵌入边料中，取出零件麻烦。

弹顶器一般做成通用的，主要用于小型开式压力机。大型压力机可以使用气垫或液压垫来取代弹顶器。

4．模架

1）模架（Die Set）组成

常用的标准模架由上、下模座及导柱、导套组成。模架的组成零件已标准化，设计中可直接选用标准模架。按导柱在模架中固定位置的不同，国家标准的模架形式如图 4-55 所示。

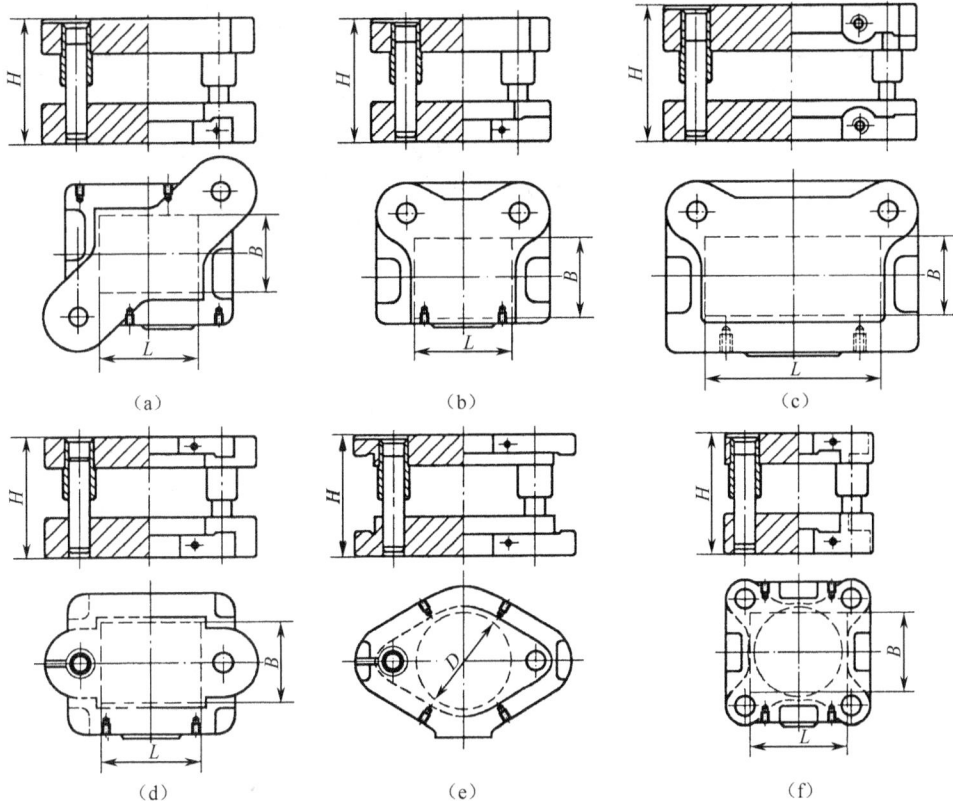

图 4-55　国家标准的模架形式

　　导柱（Guide Pin）一般采用两个，大型模具或要求精密的模具可用四个，分别装在四角或对称位置上。当可能产生侧向推力时，要设置止推块，使导柱不受弯曲力。为了防止上模座误转 180°，模架中两个导柱、导套直径是不一样的，一般相差 2～5mm。

　　后侧导柱的模架，送料及操作比较方便，但由于导柱装在同一侧，容易偏斜，影响模具寿命，适用于冲制中等复杂程度及精度要求一般的制件，如落料、冲孔、引伸等。

　　对角导柱、中间导柱及四角导柱模架的共同特点是，导向装置都安装在模具的对称线上，滑动平稳，导向准确可靠，冲压时，可防止偏心力矩引起的模具偏斜，有利于延长模具的寿命。但条料宽度受导柱间距离的限制。对角导柱模具常用于级进模，中间导柱及四角导柱模架常用于复合模、压弯模、成形模冲制较精密的制件。

　　2）导向装置

　　常用导向装置有导板式和导柱式。

　　导板（Stripper）导向分为固定导板和弹压导板两种形式。但导板的导向孔须按凸模的断面形状加工，冲压及刃磨时，凸模始终不离开导板，从而起到导向作用。但工件外形复杂时，导板加工和热处理都困难，所以生产中，更多地使用导柱及导套导向。

　　导柱、导套导向也分为两种形式：滑动导向和滚珠导向。滚珠导向用于精密冲裁模、硬质合金模、高速冲模及其他精密模具上。导柱、导套的国家标准结构如图 4-56、图 4-57 所示。

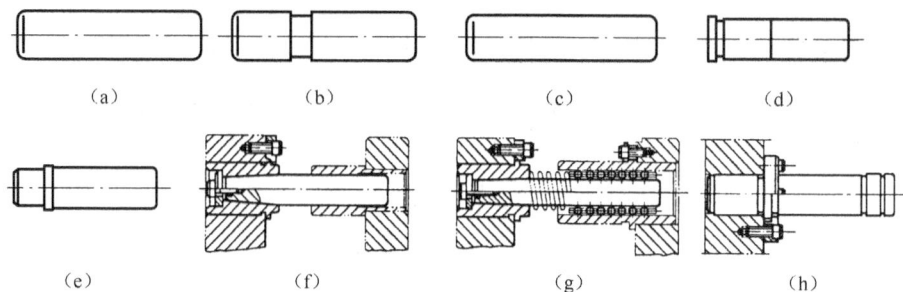

图 4-56 导柱的国家标准结构

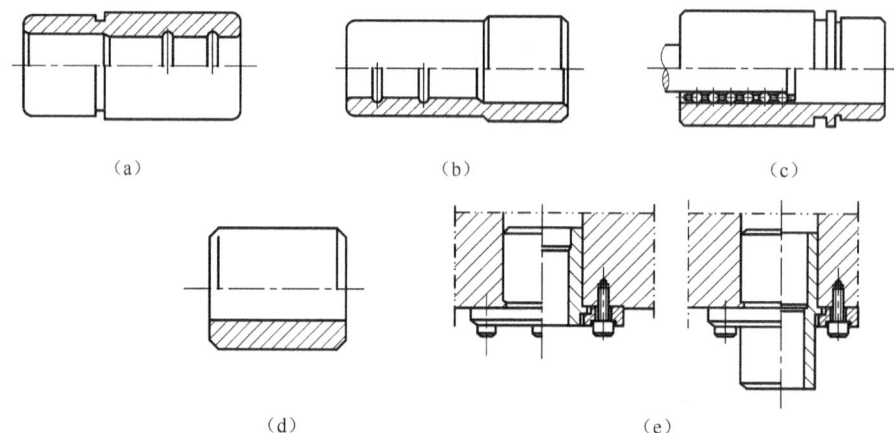

图 4-57 导套的国家标准结构

3）上、下模座

模座（Bolster）主要用来固定冲模所有的零件，并分别与压力机的滑块与工作台相连，传递压力。模座的长度尺寸比凹模的长度单边大 40～70mm，宽度可以略大或等于凹模宽度。下模座的尺寸要比工作台落料孔每边大 40～50mm。模座的厚度在 20～55mm 之间，下模座比上模座略厚。

5．其他零件

1）模柄（Dieshank）

上模固定在中、小型压力机上是通过模柄与滑块相连的。模柄的直径与长度与冲床的滑块孔有关。标准的模柄结构如图 4-58 所示。

图 4-58（a）所示为压入式模柄，它与上模座以 H7/h6 配合并加以销钉以防转动，主要用于上模座较厚又没有开设推板孔或上模座比较重的场合；图 4-58（b）所示为旋入式模柄，通过螺纹与模座连接，并加防转螺钉，主要用于有导柱、导套的中小型模具中；图 4-58（c）所示为凸缘模柄，用螺钉、销钉与模座定位固定，适用于大型模具，或在有刚性推件时采用，凸缘埋入上模座时，可减小模具闭合高度，也有的凸缘露在外边，根据需要决定；图 4-58（d），(e）所示为通用式模柄，都为简易式的，方便凸模的更换，主要用于敞开式简单模中；图 4-58（f），(g）所示为浮动式模柄，因为它有球面垫片，可以消除压力机导向误差对模具导向精度的影响，主要用于硬质合金等精密导柱模中。

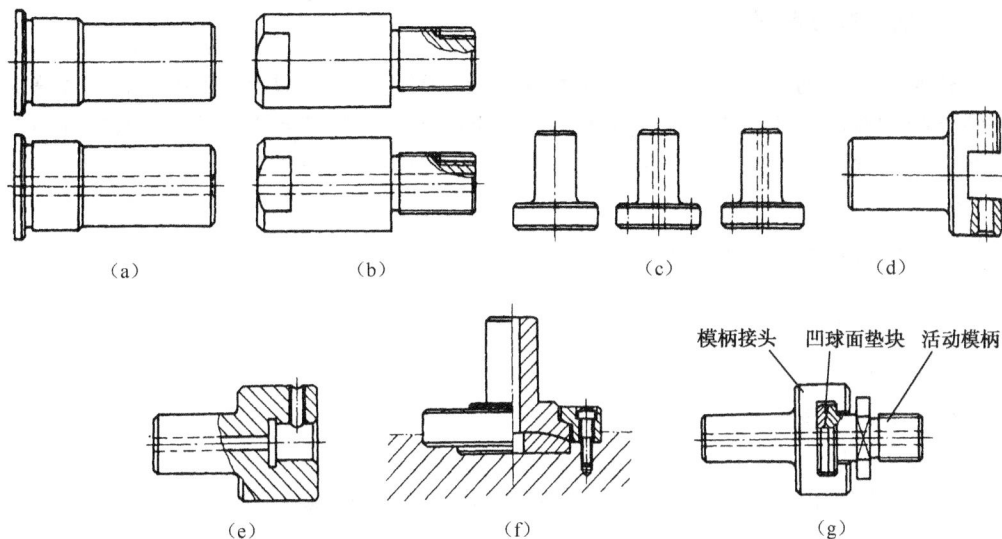

图 4-58 标准的模柄结构

2）螺钉与销钉

在模具中经常要用到各种螺钉和销钉。螺钉主要承受拉应力，用来连接零件，模具中常选用内六角沉头螺钉。一副模具中选用的螺钉大小和数目，是视不同情况并参考标准典型组合来确定的。对于中、小型模具，常用的螺钉规格为 M5、M6、M8、M10、M12，数量在 2～6 个之间。

螺钉旋入的深度不宜太小，也不宜太深，可参考设计资料选用。

销钉主要起定位作用，同时也承受一定的偏移力，在中、小型模具中，一般都用两个销钉定位。直径为 4mm、6mm、8mm、12mm 的比较常用。销钉配合深度一般不小于其直径的两倍，也不宜太深。

用于弹压卸料板上的卸料螺钉和普通紧固螺钉是不一样的。其个数圆形板常用 3 个，矩形板用 4～6 个。由于弹压卸料板装配后应保持水平，所以卸料螺钉的长度有一定的公差要求，因此在装配时应尽量挑选与实际尺寸相近的使用。

4.2.8 冲压模具的安装及调试

1．冲模安装的准备工作

实习企业技术人员在模具安装或试模前，应做以下几方面的准备工作：

（1）熟悉冲模的结构及动作原理；

（2）检查模具的安装条件；

（3）检查压力机的技术状态；

（4）检查冲模的表面质量。

2. 冲模的安装与调整

冲模在压力机上的安装，关键是要调整好凸、凹模的间隙，即上、下模的正确位置。对于有导向装置的冲模，安装、调整比较简单，因为上、下模位置已完全由导柱、导套来保证，所以在安装时，只要按前述程序进行即可。但无导向冲模安装与调整就显得比较复杂。

1）无导向冲模的安装与调整

无导向冲模安装与调整方法如下。

（1）将冲模放在压力机的中心处，并用木块或垫块将上、下模之间垫起。

（2）将压力机滑块上的螺母松开，用手或撬杠转动飞轮，使压力机滑块下降到同上模板接触，并使冲模的模柄进入滑块中。

（3）滑块的高度调整后，用螺栓和夹紧压块将模柄紧固在滑块上。在固定时，一定要注意两边的螺栓应交错旋紧。

（4）在凹模的刀口上垫以相当于凸、凹模单面间隙的硬纸板或铜片，并用透光法调整凸、凹模之间的间隙，使之均匀。

（5）调整间隙后，将螺栓插入压力机台面或垫板槽内，在其上端放置压块、垫块和螺母，并使下模固紧在压力机工作台面上，开动压力机进行试冲。

（6）试冲过程中如果需要调整冲模间隙，可稍拧松螺母，用手锤根据冲模的间隙分布情况，使下模沿调整所需要方向略微敲打使其稍稍移动直到最后试冲合格为止。

2）有导向冲模的安装与调整

有导向的冲模，由于有导柱、导套导向，故安装与调整要比无导向冲模方便和容易。

有导向冲模安装与调整方法如下。

（1）将闭合状态下的模具放在压力机台面上。

（2）把上、下模具分开，用木块或垫铁将上模垫起。

（3）将压力机滑块下降到下极点，并调整到能使其与模具上模板上平面接触。

（4）分别把上模、下模固紧在压力机滑块和压力机台面上。滑块调整位置应使其在上极点时，凸模不至于逸出导板之外或导套下降距离不能超过导柱长度的 1/3 为止。

（5）紧固要牢固。紧固后进行试冲与调整，安装调试好的冲模如图 4-59 所示。

图 4-59　安装调试好的冲模

3．弯曲模的安装与调整

弯曲模的调整与安装方法如下。

有导向装置的弯曲模调整、安装比较简单，上模与下模的相对位置全由导向零件决定。上、下模的相对位置一般用调节冲床连杆长度的方法进行调整。应使上模随滑块到下死点位置时即能压实工件，又不发生硬性顶撞或在下死点发生"顶住"或"咬住"的现象。

在调整时，上、下模的间隙要均匀。对于无导向装置的弯曲模，要用测量间隙或用硬纸板衬片调试的方法来保证。如果事先做好试件，就把试件放在模具工作位置上进行调整。

上模在冲床上的上下位置，在粗略地调整后，再在上凸模下平面与下模卸料板之间垫一块比毛坯略厚的垫片，垫片厚度一般是毛坯厚度的 1～1.2 倍，用调节螺杆长度的方法，一次又一次地用手转动飞轮，直到使滑块能正常地通过下死点而无阻滞或盘不动的现象为止。这样，盘动数周，就可以最后固定下模进行试冲。试冲合格后，可将各紧固零件再紧固一次并再次检查，然后再投入生产使用。

4．拉伸模的安装与调整

拉伸模的安装与调整基本上与弯曲模相似。

拉伸模的安装与调整主要是压边圈的压边力调整。如果冲压筒形零件，则在安装、调整模具时，可先将上模紧固在冲床滑块上，下模放在冲床的工作台上，先不必紧固。先在凹模孔壁放置几个与制品零件厚度相同的垫片，再使上、下模吻合，调好间隙。在调好闭合位置后，再把下模紧固在工作台面上，即可试冲。

5．双动冲床上的模具安装与调整

双动冲床主要适用于大型双动拉伸模及覆盖件拉伸模。其模具在双动冲床上安装的方法和步骤如下：

（1）安装前的准备工作。根据所用拉伸模的闭合高度，确定双动冲床内外滑块是否需要过渡垫板和所需要过渡垫板的形式和规格。

（2）模具的安装。

（3）装配压边圈。

（4）安装下模。

（5）空车检查。

（6）试冲检查。

4.3　锻造模具

某实习企业锻造厂，现有大型锻件（曲轴）生产线三条，小型曲轴生产线一条，拥有从 1t 到 16t 的系列模锻锤。锻造分公司建造了具有国际先进水平的悬挂式热处理调质线，引进了具有国际先进水平的曲轴质量定心机，125MN 热模锻压机生产线 2007 年投产。机加工设备不仅有意大利精磨床和奥地利曲轴铣床，还拥有数控车床和数控组合钻床等。同时锻造分公司拥有各种先进的质量检测设备，锻件质量有可靠的保证。锻件可为 0.1～270kg。近年来，锻造分公司引进国外先进技术，开发出多种曲轴系列锻件，尤其是锤上模锻件大型复杂曲轴工艺水平及锻件质量均居全国领先水平，部分产品出口到欧美、日本和东南亚等国家。

结合实习企业实际情况，锻造模具实习主要内容包括了解锻造厂锻造使用的原材料、锻造原材料下料的方法、锻造原材料加热的方法，了解锻造基本工序，了解锻模（Forging Die）和模锻件的分类，绘制典型锻造模具的结构。

4.3.1 锻造的原材料

锻造工艺即是将金属坯料加热使其具有较高的塑性，然后放在锻造设备上，利用通用工具或专用模具对其施加压力，迫使其产生塑性变形，从而获得所需形状和尺寸的锻件。

锻造生产用的原材料可分为锻造用钢和锻造用有色金属。

1．锻造用钢

钢是工业生产中应用最广的原材料，W_C 在 2.11% 以下的铁碳合金为钢；W_C 在 2.11% 以上的铁碳合金为铸铁。钢具有良好的使用性能和锻造性能，因此在锻造生产中应用最多。

钢材按化学成分可分为碳素钢（Carbon Steel）和合金钢（Alloy Steel）。碳素钢冶炼简便，价格低廉，性能可满足工业上一般的要求，应用广泛。

碳素钢按碳的质量分数高低可分为低碳钢（Low Carbon Steel）、中碳钢（Medium Carbon Steel）和高碳钢（High Carbon Steel）。

在碳素钢中加入某些合金元素后就是合金钢。合金元素的加入可以改善钢的物理性能、化学性能、力学性能和工艺性能。加入的主要合金元素有：铬（Cr）、镍（Ni）、锰（Mn）、硅（Si）、铝（A1）、钨（W）、钼（Mo）、钒（V）、钛（Ti）、硼（B）、钴（Co）和铌（Nb）等。

按合金元素总的质量分数的多少，合金钢可分为低合金钢、中合金钢和高合金钢。

按质量分类，钢中除铁、碳外，还含有硫（S）、磷（P）等有害杂质，硫使钢产生热脆，磷使钢产生冷脆。钢的质量好坏主要根据钢中硫、磷的质量分数的多少划分成普通钢、优质钢和高级优质钢。

按用途分类，有结构钢、工具钢和特殊用途钢。

除上述分类外，钢还可以按冶炼的方法分为转炉钢、平炉钢和电炉钢；按浇铸前脱氧程度分为镇静钢、沸腾钢和半镇静钢；按金相组织分为奥氏体钢、马氏体钢和铁素体钢等。

2．锻造用有色金属

锻造用有色金属主要有铜、铝及其合金等。这些有色金属一般具有密度小、强度高、导电导热性好、抗腐蚀性好等优点，因此，广泛地应用于航空、电器、化学、造船等工业部门。

1）铜及铜合金

纯铜。其牌号用字母 T 表示，如 T1、T2、T3。纯铜塑性好，主要用于制造电工产品的导电体和配制铜合金。

黄铜。常用的铜合金有黄铜和青铜两大类。黄铜又分为普通黄铜和特殊黄铜两种。

青铜。除黄铜和白铜（铜-镍-钴合金）以外的铜合金通称为青铜，青铜可分为含锡的锡青铜和不含锡的无锡青铜两类。青铜的牌号用 Q 表示。

2）铝及铝合金

纯铝。工业纯铝的牌号有 1080A、1070A、1060A、1050A 等。

铝合金。可分为铸造铝合金和锻造铝合金两类。锻造铝合金有防锈铝、硬铝、锻铝、超硬铝和特殊铝等。

4.3.2　下料方法

在锻造前，一般要在专门的下料设备上把金属棒料切成所需长度。当没有专门的下料设备时，也可以在其他设备上进行切料。常用的下料方法介绍如下。

1．锯切

锯切常在圆盘锯、弓形锯和带锯上进行。圆盘锯由电动机带动带齿的锯盘慢速旋转并移动，而将棒料切断。圆盘锯通用性强，锯盘的最大直径可达 2m，能够锯切的棒料直径在 750mm以下。

弓形锯由电动机带动带齿的锯条做往复移动而把棒料切断。弓形锯投资少，使用方便，适用于小批生产，可以锯切的棒料直径在 100mm 以下。对于直径特别小的棒料，也可以成捆锯断。

2．剪切

一般在剪床上进行，可以剪切直径在 200mm 以下的钢材。对于低碳钢、中碳钢等断面尺寸较小的钢坯可以冷剪。而对于高碳钢、合金钢和断面尺寸较大的钢坯，在剪切前应预热至350～700℃，以避免被剪处产生很大应力而出现裂纹。

采用剪床下料，可以装置自动送料出料机构，因而工人劳动条件较好，生产效率很高。

同时，剪切下料无切屑，可以节约金属，降低成本，提高材料利用率。因此，剪床被广泛用于大批量生产的模锻车间进行下料。

3．冷折下料

在水压机或曲柄压力机上，通过冲头将压力传到材料上，从而使被折材料沿预先加工好的切口折断。冷折前一般用锯切或气割加工出预切口，其目的是为了在切口处造成大的应力集中，以保证材料在一定的部位折断，不产生大的塑性变形而影响断面质量。冷折适用于硬度较高的高碳钢及高合金如 GCr15、GCr15SiMn 等轴承钢，要求预热到 300～400℃。

4．砂轮切割

砂轮切割指在砂轮切割机上将钢坯切断。砂轮切割机由电动机带动薄片砂轮（厚度一般在3mm 以下）高速旋转，并用手动或机动使它做上下运动而将钢坯切断。砂轮切割机可切割直径在 40mm 以下的任何硬度的金属材料。

砂轮切割生产效率高，切割端面平整，适用于其他下料方法难以切割的金属，如高温合金GH33 等。缺点是砂轮损耗较大；工人劳动条件较差，需要有良好的通风设备；切割低熔点金属棒料时（如铝合金等），对切割端面稍有影响。

5．气割

气割利用氧气和可燃气体的气割器（又称割炬），产生温度很高的火焰，使割缝上的金属熔化而烧断金属材料。

气割主要用于大型钢坯和锻件的大断面切割，也可以用于小批生产的大型模锻件的切边。气割下料的费用较低，设备简单轻便。但气割下料的断面质量差，金属损耗较多，精度低，生产率低，劳动条件差。

6．精密剪切下料

由于无飞边锻模、精密锻造、冷挤压及精密辗压等新工艺的出现和日益广泛的应用，对棒料剪切下料工艺的要求也越来越高。要求采用精密下料方法，以提高断面质量，减小切断变形，严格控制下料公差和提高劳动生产率。

采用的方法有在现有剪切设备上改进剪切模具；采用新的精密剪切下料设备；采用综合措施，由计算机控制下料等。其中有套筒模剪切、径向夹紧剪切和精密剪床剪切。

4.3.3　锻前加热、锻后冷却和热处理

1．锻前加热的目的与方法

（1）锻前加热的目的。金属材料锻前加热的目的是为了提高金属的塑性，降低变形抗力，以利于锻造和获得良好的锻后组织。

（2）锻前加热的方法。根据热源不同，在锻造生产中金属的加热可分为两大类：

① 火焰炉加热是利用燃料（煤、油、煤气等）燃烧所产生的热能直接加热金属的方法。由于燃料来源方便，炉子修造较容易，费用较低，加热的适应性强等原因，所以应用较为普遍。缺点是劳动条件差，加热速度较慢，加热质量较难控制等。

② 电加热是利用电能转换为热能来加热金属的方法。与火焰炉加热相比，它具有很多优点，如升温快（如感应加热和接触加热），炉温易于控制（如电阻炉加热），氧化和脱碳少，劳动条件好，便于实现机械化和自动化等。

（3）锻造温度范围的确定。锻造温度范围是指始锻温度和终锻温度间的一段温度间隔。钢料在高温单相区具有良好的塑性，所以锻造温度范围最好在这个区间。图4-60所示是在铁碳合金相图基础上制定的碳钢锻造温度范围。

开始锻造的温度称为始锻温度。它应低于固相线 AE 约150～200℃，以防止过热和过烧。结束锻造时的温度称为终锻温度。终锻温度主要应保证在结束锻造之前金属还具有足够的塑性及锻件在锻后获得再结晶组织，但过高的终锻温度会使锻件在冷却过程中晶粒继续长大，因而降低了力学性能，尤其是冲击韧度。常用金属材料的锻造温度范围见表4-4。

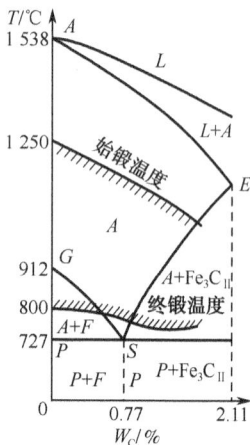

图4-60　碳钢锻造温度范围

表 4-4　常用金属材料的锻造温度范围

金 属 种 类		始锻温度/℃	终锻温度/℃
碳钢	$W_C \leqslant 0.3\%$	1 200～1 250	800～850
	$W_C = 0.3\% \sim 0.5\%$	1 150～1 200	800～850
	$W_C = 0.5\% \sim 0.9\%$	1 100～1 150	800～850
	$W_C = 0.9\% \sim 1.4\%$	1 050～1 100	800～850
合金钢	合金结构钢	1 150～1 200	800～850
	合金工具钢	1 050～1 150	800～850
	耐热钢	1 100～1 150	850～900
铜合金		700～800	650～750
铝合金		450～490	350～400
镁合金		370～430	300～350
钛合金		1 050～1 150	750～900

2．锻件的冷却和锻后热处理

（1）锻件的锻后冷却方法。锻件从终锻温度冷至室温的过程叫锻件的冷却。锻件的冷却按照锻件的化学成分、锻件截面尺寸、原材料质量，采用不同的冷却方法。因冷却不当，轻则锻件发生变形弯曲、表面硬度过高和不能切削加工，也可能延长生产周期；严重时锻件出现表面裂纹、白点，使锻件报废。锻后冷却对高合金钢和大型锻件尤为重要。

常用的锻件冷却方法，按其冷却速度由快到慢的顺序分为空冷、堆冷、坑冷（或箱冷）、灰冷（或砂冷）、炉冷、等温退火等六种。

空冷锻件锻后放在车间的地面上冷却，但不要放在湿地或金属板上，还要防止过堂风，避免锻件局部冷却过快而产生裂纹、弯曲、变形等缺陷。

堆冷锻件锻后成堆放在静止空气中冷却。

坑冷（或箱冷）锻件锻后放在地坑或箱子中冷却。

灰冷（或砂冷）锻件锻后放在炉渣、石灰或砂中冷却。用的炉渣、石灰或砂必须干燥。一般锻件放入炉渣、石灰、砂的温度不低于 500℃。锻件周围的炉渣、石灰、砂的厚度不得小于 80mm。

炉冷锻件锻后放在炉中缓慢冷却。锻件入炉的温度一般在 600～650℃，最低不应低于 350℃。炉子应事先升到 650℃保温待料，因为此温度对扩氧比较有利。待锻件全都入炉后，再按冷却规范进行炉冷。一般出炉温度不宜高于 100～150℃。炉内要避免冷空气进入。

（2）锻件的锻后热处理。锻件在机械加工前后，一般都要进行热处理。机械加工前的热处理称为锻件的锻后热处理。机械加工后的热处理称为最终热处理。通常锻件的锻后热处理是在锻压车间进行的。

由于锻造过程中锻件各部分变形程度、终锻温度和冷却速度不一致，锻件内部存在组织不均匀、残余应力和加工硬化等现象。为了消除上述现象，保证锻件质量，锻后应进行热处理。

锻件锻后热处理的目的是调整锻件硬度，以利于锻件切削加工；调整锻件内应力，避免在机械加工时变形；改善锻件内部组织，细化晶粒，为最终热处理做好组织准备；对于不再进行最终热处理的锻件，应保证达到规定的力学性能要求。锻件最常采用的热处理方法有退火、正火、调质等。

4.3.4　锻造工艺和基本工序

1．锻造工艺的种类和特点

锻造工艺按加工方法的不同，又可分为自由锻、胎模锻和模锻。

自由锻（Open-Die Forging）即是利用锻造设备的上、下砧和简单的通用工具使坯料在压力下产生塑性变形的锻造方法。自由锻对锻造设备要求低，通常在自由锻锤上进行，因此锻件精度低。

胎模锻（Loose Tooling Forging）即是利用简单的可移动模具，在自由锻锤上锻造的方法。它通常用于批量不大、精度要求不高的锻件生产。

模锻（Die Forging）即是利用专门的锻模固定在模锻设备上使坯料变形而获得锻件的锻造方法。生产中模锻往往又要通过多个工步来逐步实现。如汽车发动机上连杆锻件在锤上模锻时，就要经过拔长、滚压、预锻、终锻四个工步。

2．锻造工序

一般情况下锻件生产流程为：备料加热—锻造工序—后续工序。

目前生产中所用锻造工序和工步名称很多。除按加工方法不同区分外，还可以按成形特点命名，如镦粗（Upsetting）、拔长（Drawing Out）、弯曲（Bending）等。

4.3.5　锻造设备

锻造设备种类很多，按照工作部分运动方式不同，锻造设备可分为直线往复运动和相对旋转运动两大类。一般情况下锻造设备由动力部分、传动部分、控制部分和工作部分组成。

1．直线往复运动的锻造设备

这类设备运转时，滑块相对于工作台做直线往复运动。锻模中的两部分分别安装在滑块和工作台上。坯料安放在锻模两部分中间，在合模时受到压力作用产生塑性变形。根据滑块运动方向可分为立式和水平式两大类；根据锻压力性质不同，又可以分为下列四种：

（1）动载撞击的锻造设备，如蒸汽-空气自由锻锤、蒸汽-空气模锻锤、夹板锤、对击锤、螺旋压力机等。

（2）静载加压的锻造设备，如热模锻曲柄压力机（又称锻压机）、平锻机、液压机等。

（3）动、静载联合的锻造设备，如液压锤等。

（4）高能效冲击的锻造设备，如高速锤、爆炸成形装置、电磁成形装置等。

2．旋转运动的锻造设备

这类设备运转时，锻模分别安装在两个或两个以上做相对旋转运动的轧辊上。坯料在锻模模膛内受到轧辊压力和摩擦力联合作用发生塑性变形，如辊锻机、旋压机、摆辗机等。

3．主要锻造设备的结构原理和应用

（1）锻锤。利用蒸汽或液压等传动机构，使落下部分（活塞、锤杆、锤头、上砧）产生运动并积蓄动能，将此动能施加到锻件上去，使锻件产生塑性变形的锻压机器称为锻锤。按用途不同，可分为自由锻锤和模锻锤。自由锻锤的下砧座和锤身机架不连接，各自安装在不相连的地基上。在压力作用下，锤身机架和下砧座变形较大，上、下锻模相对运动导向精度较差。而模锻锤的下砧座和锤身机架刚性连接并安装在一个整体地基上。锻锤的优点是结构简单，通用性好，作业空间大且行程可变，能适应镦粗、拔长、弯曲等多种工步的要求，适用各类锻件。锻锤的缺点是运动精度低，行程不固定，这就限制了锻件精度，使锻件加工余量增大。锻锤没有顶料机构，不易实现机械化操作，劳动强度大。而且锻锤冲击力引起的振动、噪声大，厂房、设备投资高。

（2）锻压。锻压的优点是：锻压力是静压力，比锤击力引起的振动、噪声要小；机架刚性大，导向精度高，行程固定，锻件尺寸精度高，加工余量小，节省原材料和工时；工作台下可设顶料装置，上锻模也可设置推出机构，容易实现操作机械化。

缺点是：锻压力是静压力，不如锻锤打击时的惯性力大，坯料塑性流动差。氧化皮掉入模腔不易清除，影响锻件质量。由于行程不可变，坯料在模腔内一次成形，故不适宜要求连续锻打和变形靠逐步积累的拔长、滚压工步。通常要配备其他锻造设备为它制坯，因而投资高，占用场地大。

综上所述，锻压机上模锻工艺适用于要求精度高、大批量连续生产和高生产率的模锻件。

4.3.6　锻模与模锻件的分类

模锻时使坯料成形而获得锻件的模具称为锻模。

1．锻模的分类

锻模的种类很多，按制造方法可分为整体模和组合模；按模腔数量可分为单模腔模和多模腔模；按锻造温度可分为冷锻模、温锻模和热锻模；按成形原理可分开式锻模（有飞边锻模）和闭式锻模（无飞边锻模）；按工序性质可分为制坯模、预锻模、终锻模、弯曲模等。通常锻模按锻造设备来分类，可分为胎模、锤锻模、机锻模、平锻模、辊锻模等。

（1）胎模。胎模锻是在自由锻设备上，利用不固定于设备上的专用胎模，进行模锻件生产的一种工艺，在自由锻设备上锻造模锻件时所使用的模具称为胎膜（俗称跳模）。胎膜的结构形式很多，常用胎膜结构如图 4-61 所示，扣模主要用于非回转体锻件的局部或整体成形；筒模主要用于锻造法兰盘，齿轮坯等回转体盘类零件；合模由上、下模两部分组成，主要用于锻造形状较复杂的非回转体锻件。

胎模锻的优点是工艺灵活多样，几乎可锻出所有类别的锻件；工艺上多采用无飞边或小飞边锻造，故金属材料消耗较少；模具结构简单，质量小，制造较简便，故模具费用低；许多锻件采用摔模、垫模、套模成形或精确制坯、局部焖形等工艺，所需设备能量小；设备投资和生产费用较低。其缺点是较锤上模锻的成形能力低；锻件精度低，表面较粗糙；模具寿命短；且需靠工人搬抬、握持、翻转、开合胎模，生产率低，劳动强度大。胎模锻是一种适用于小型锻件、中小批量生产的锻造方法。

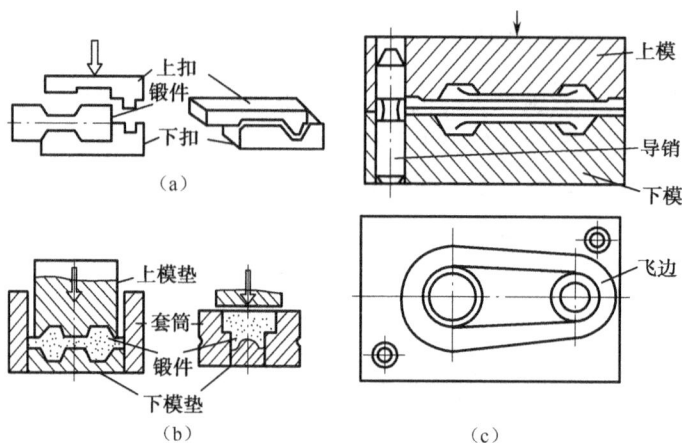

图 4-61 常用胎膜结构

（2）锤锻模。在模锻锤上使坯料成形为模锻件或其半成品的模具称为锤锻模。锤锻的特点是在锻压设备动力作用下，毛坯在锻模模膛中被迫塑性流动成形，从而获得比自由锻质量更高的锻件。如图 4-62 所示是整体式锤锻模。它由上、下两个模块组成，上、下模的分界面称为分模面，它可以是平面，也可以是曲面。复杂的锻件可以有两个以上的分模面。为了使被锻金属获得一定的形状和尺寸，在模块上加工出的成形凹槽称为模膛，是锻模工作部分。为了便于夹持坯料，取出锻件，在模膛出口处设置的凹腔称为钳口。钳口与模膛间的沟槽称为浇口，浇口不仅增加了锻件与钳夹头连接的刚度，有利于锻件出模，还可以用做浇注铅样或金属盐样的注入口，以便复制模膛，用于检验。为防止锻锤打击时产生上、下模错移，在模块上加工出凸凹相配的凸台和凹槽，称为锁扣。锻模上用楔铁与锤头、砧座相连接部分称为燕尾。在燕尾中部加工出凹槽和锤头、砧座或垫板上相应凹槽相配，称为键槽，用以安放定位键，保证上、下模块定位。在锻模上加工出相互垂直的两个侧面称为检验角，检验角是模膛加工的划线基准，也是上、下模对模的基准。

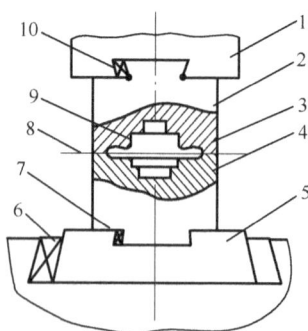

1—锤头；2—上模；3—飞边槽；4—下模；5—模垫；6、7、10—紧固楔铁；8—分模面；9—模膛

图 4-62 整体式锤锻模

（3）机锻模。在机械压力机上使坯料成形为模锻件或其半成品的模具称为机械压力机锻模，简称机锻模。锻压机上模锻与锤上模锻相比，具有劳动条件好，便于实现机械化和自动化，锻件尺寸精度和生产率均较高等优点。其缺点是设备结构复杂，成本高；不便进行拔长、滚压等制坯工步，对于截面变化较大的锻件，需配备其他设备进行制坯。

（4）平锻模。在水平锻造机上使坯料成形为模锻件或其半成品的模具称为平锻模。平锻机模锻的工作特点是有两个分模面；主滑块在水平方向运动；有坯料夹持定位装置（坯料夹持滑块在垂直方向运动）。平锻机的特征工序是局部镦粗，又称聚集，其他工序还有冲孔、穿孔、卡细、扩径、切断、弯曲、挤压、成形等。将上述工序按照一定顺序加以不同的组合，就能制出各种形状的锻件。缺点是平锻机造价昂贵，设备投资高；平锻时坯料表面氧化皮不能自动脱落，平锻前须清除氧化皮；对非回转体、中心不对称的锻件较难锻造，适应性较差。如图 4-63 所示，凸模由凸模夹持器固定在主滑块上做水平往复运动，坯料夹持凹模又分成两半，一半固定在机架上称为固定凹模，另一半固定在侧滑块上称为活动凹模。锻造时侧滑块先动作把坯料夹紧，然后主滑块推动凸模锻压坯料成形。

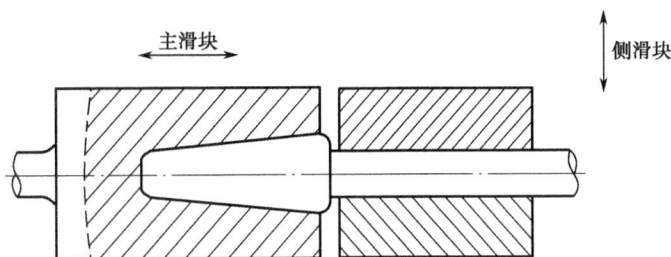

图 4-63 平锻模

（5）辊锻模。辊锻模即为在辊锻机上将坯料纵轧成形的扇形模具。辊锻工艺的特点是生产率比锤上模锻高 5～10 倍；比锤上模锻节约金属材料 6%～10%；劳动条件好，易实现机械化、自动化；设备结构简单，变形过程中振动冲击小；模具受力较小，制造成本较低。如图 4-64 所示为辊锻模，在两块扇形块的外表面分别制出型槽，用压板螺钉把扇形锻模安装在上、下轧辊上。轧辊相对转动，扇形锻模转到中心线附近时锻压坯料，迫使坯料在锻模内成形。

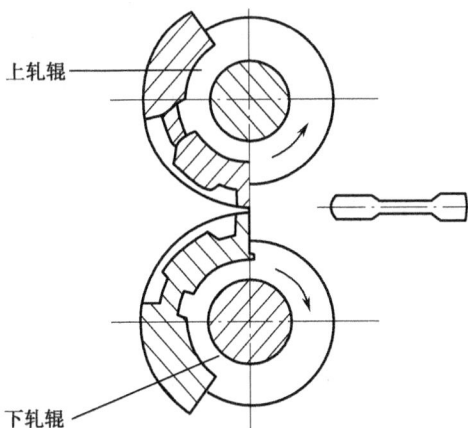

图 4-64 辊锻模

2．模锻件的分类

各种各样的锻模是为了满足各种各样模锻件的需要。模锻件可按锻造设备、轮廓形状特征和复杂程度分类，按锻件轮廓形状特征可分为圆盘类和长轴类。

（1）圆盘类。模锻件在与锻压方向垂直的平面上投影为圆形时，或长、宽尺寸相差不大时，称为圆盘类锻件，如图 4-65 所示。模锻时打击力方向与坯料轴线方向一致，金属沿长、宽、高方向同时流动，成形良好。

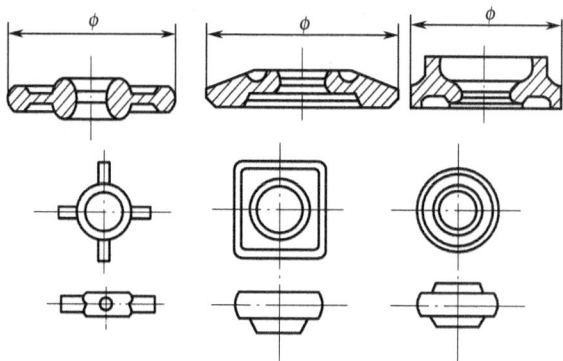

图 4-65　圆盘类锻件

按锻件轮廓形状的复杂程度，圆盘类锻件又可分成三类。

① 简单形状。对于体积小、形状简单的圆盘类锻件，可由原始坯料直接终锻成形。对体积大、成形质量要求高的，也可增加镦粗制坯工步，如端盖、不带肋齿轮等。

② 较复杂形状。如带肋齿轮或外形轮廓较复杂的锻件，通常要利用镦粗工步制坯后再终锻，有时还要增加预锻工步。

③ 复杂形状。外形和内孔均较复杂的圆盘类锻件，通常要利用制坯工步、预锻工步后再终锻成形，有时还要增加局部成形工步制坯。

（2）长轴类。这类锻件轴线长度与截面高度和宽度相比要长得多，如图 4-66 所示。模锻时打击力方向与坯料轴线方向垂直，金属主要沿截面高度和宽度方向流动，沿轴线长度方向流动困难。因此，当锻件沿轴线截面面积变化较大时，必须采取有效的制坯工步，才能使终锻成形良好。按锻件轮廓复杂程度和主轴线形状，长轴类锻件可分为四类。

① 直长轴线类。这类锻件的轴线和分模线都是直线。对体积小、形状简单的可直接终锻，也可增加预锻工步。若需要制坯，一般为拔长或滚压工步。

② 弯曲轴线类。锻件的主轴线呈曲线状。除需拔长或滚压制坯外，通常要加上弯曲或成形工步。

③ 枝芽类。锻件上带有枝芽状组成部分。除需要拔长或滚压制坯外，为能锻出枝芽还需成形制坯或预锻，也可采用成对模锻方法。

④ 叉类。锻件头部呈叉状，杆部或长或短。对杆部较短的锻件，在拔长或滚压制坯后可用弯曲成形制坯；对于杆部长的叉类锻件，应采用劈开成形的预锻工步。

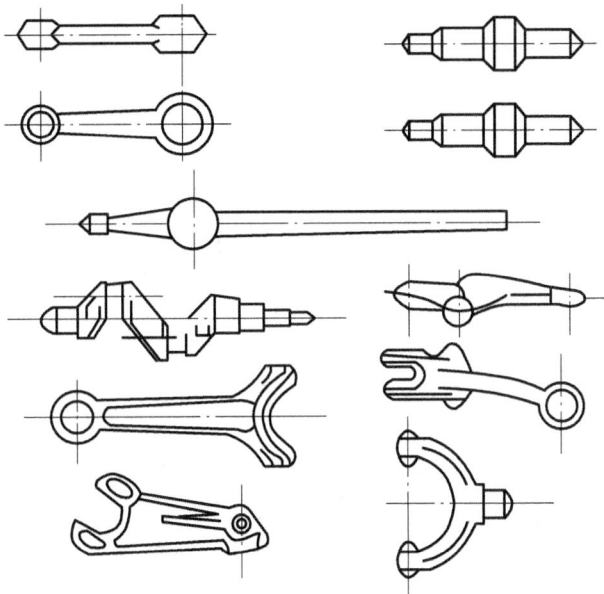

图 4-66　长轴类锻件

4.4　思考题

1．说明你实习的冲压厂的基本情况。
2．了解冲压车间的基本布局。
3．写出几个典型的机械压力机型号。
4．了解下料区域的设备、坯料、下料的工作方式。
5．了解冲压使用的材料，以及材料的规格。
6．了解开式压力机与闭式压力机的区别。
7．了解单点压力机、双点压力机、三点压力机、四点压力机的区别。
8．了解单动压力机与双动压力机的区别。
9．简单绘制曲柄压力机的示意图，并解释曲柄压力机的工作原理（吨位）。
10．简述液压机的工作原理以及使用场合。
11．说明各种类型压力机选用的原则。
12．根据在模具存放区域的模具绘制典型的冲裁模、弯曲模及拉伸模。
13．现场观察技术人员是如何安装和调整冲裁模、弯曲模及拉伸模的。
14．了解锻造厂锻造使用的原材料有哪些，并举例说明材料的牌号。
15．了解锻造厂原材料的加热设备及工作原理。
16．分析锻造厂曲轴的锻造工序有哪些。
17．结合锻造厂实际情况绘制两副典型的锻造模具结构图。

第 5 章

高效率机床及夹具实习

5.1　机械加工生产线

5.1.1　机械加工生产线及其组成

在机械产品的生产过程中，为了稳定地保证加工精度，提高生产率和改善工人劳动条件，往往将工件的各加工工序合理地安排在若干台机床上进行，并用输送装置和辅助装置将它们连接成一个整体，在输送装置的作用下，被加工工件按其工艺流程顺序地通过各台加工设备，完成工件的全部加工任务，把这种生产作业线称为机械加工生产线。

根据工件的具体情况、工艺要求、工艺过程、生产率和自动化程度等因素不同，生产线的结构也有较大的差别，但一般机械加工生产线有以下几个基本部分组成，如图 5-1 所示。

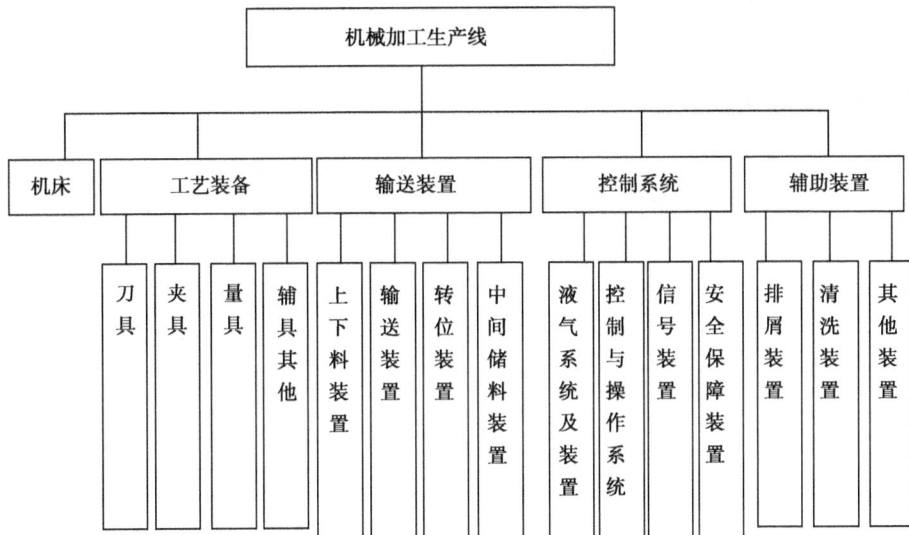

图 5-1　机械加工生产线的基本组成

5.1.2　机械加工生产线的分类及特征

机械加工生产线的具体配置及其复杂程度主要取决于被加工工件的类型和加工要求。根据不同的配置形式，机械加工生产线分类如下。

1．按生产品种分类

（1）单一产品生产线。这类生产线由具有一定自动化程度的高效专用加工装备、工艺装置、输送装备和辅助装备等组成。按产品的工艺流程布局，工件沿固定的生产路线从一台设备输送到下一台设备，接受加工、检验、清洗等。这类生产线效率高，产品质量稳定，适用于大批大量生产。但它具有专用性强，投资大，不易进行改造以适应其他产品的生产等缺点。

（2）成组产品可调生产线。这类生产线由按成组技术设计制造的可调的专用加工装备等组成。按成组工艺流程布局，具有较高的生产效率和自动化程度，用于结构和工艺相似的成组产品的生产。这类生产线适用于批量生产，当产品更新时，生产线可进行改造或重组以适应产品的变化。

2．按组成生产线的加工装备分类

（1）通用机床生产线。这类生产线由通用机床经过一定的自动化改装后连接而成。

（2）组合机床生产线。这类生产线由各种组合机床连接而成。它的设计、制造周期短，工作可靠，因此，这类生产线有较好的使用效果和经济效益，在大批大量生产中得到广泛应用。

（3）柔性制造生产线。这类生产线由高度自动化的多功能柔性加工设备（如数控机床、加工中心等）、物料输送系统和计算机控制系统等组成。这类生产线的设备数量较少，在每台加工设备上，通过回转工作台和自动换刀装置，能完成工件多方位、多面、多工序的加工，以减少工件的安装次数，减小安装定位误差。这类生产线主要用于中小批量生产，加工各种形状复杂、精度要求高的工件，特别是能迅速灵活地加工出符合市场需要的一定范围内的产品，但建立这种生产线投资大，技术要求高。

3．按工件的输送方式分类

（1）直接输送的生产线。这类生产线上工件由输送装置直接带动，输送基面为工件上的某一表面。加工时工件从生产线的始端送入，完成加工后从生产线的末端输出，如图 5-2 所示。

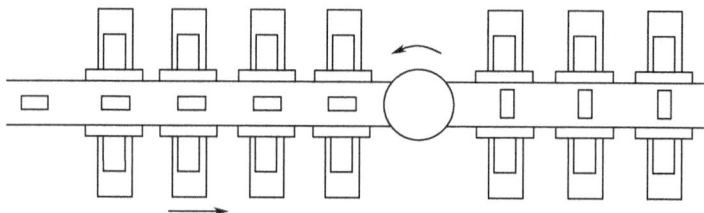

图 5-2　直接输送的生产线

（2）带随行夹具的生产线。这类生产线将工件安装在随行夹具上，由主输送带将随行夹具依次输送到各个工位，完成工件的加工。加工完毕后，随行夹具由返回输送带将其送回到主输送带的起始端，如图 5-3 所示。

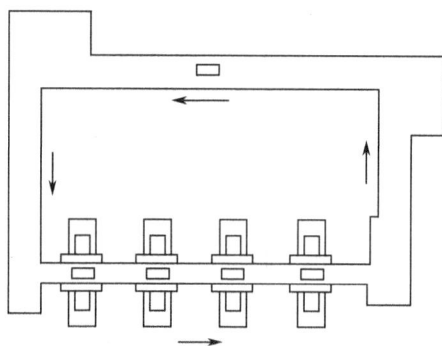

图 5-3　带随行夹具的生产线

5.1.3　生产线总体布局形式

机械加工生产线的配置和布局与工件的结构形状、尺寸大小、加工要求、生产批量及工件在生产线上的输送方式等因素有关。由于各种工件在结构、尺寸和刚度等方面存在较大差异，使得它们在生产线上所采用的输送方式也不尽相同，工件的输送方式在很大程度上决定了生产线的布局形式。

1．直接输送布局

外形规则且具有较好定位基面和输送基面的箱体类工件，一般可以由输送带直接输送工作。

（1）直线通过式。贯穿全线各台机床的输送带将工件从生产线的起始端依次运送到各台机床的夹具上，进行不同工序的加工，最后从生产线的末端送出。直通式的布局，其形式简洁，工件输送方便，占地面积少。

（2）折线通过式。当生产线的工位数多，长度较长时，直通式布置常常受到车间长度的限制，可布置成折线式，如图 5-4 所示。拐角通常根据车间的面积或工件的自然转位处水平转位 90°，可节省水平转位装置。

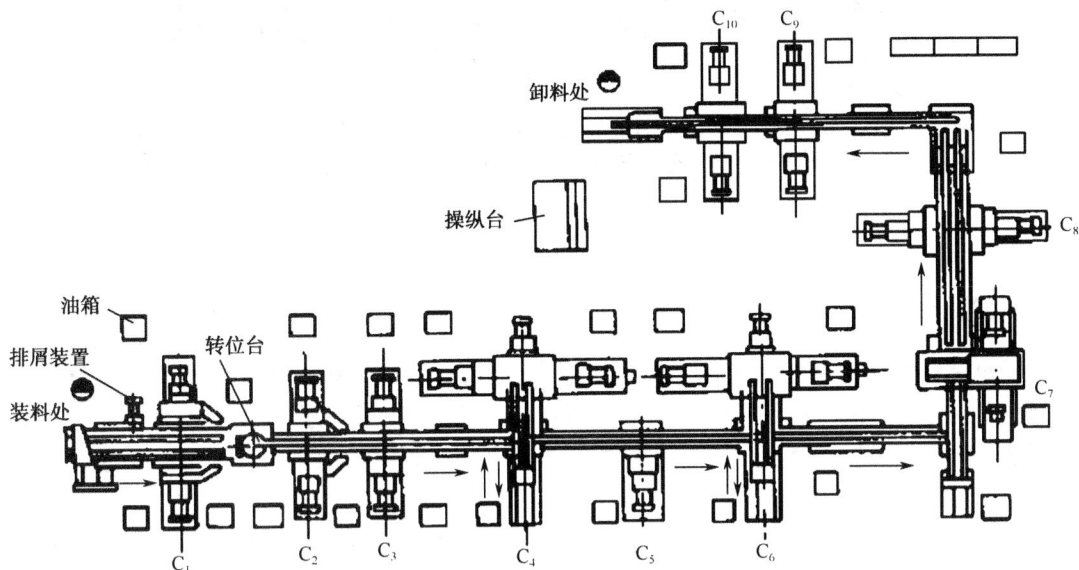

图 5-4　折线通过式生产线布局

此外也可进行框形布局，即只在输送带的一侧配置动力头的框形生产线，如图 5-5（a）所示，这样工件在前进和返回的过程中分别完成两个侧面上的有关工序的加工。图 5-5（b）所示为在输送带的两侧都配置动力头的框形生产线，这种布局虽然缩短了生产线的长度，但其宽度则大大增加了。当既要完成工件两侧面上的有关工序，又要在其顶面上进行加工时，可在框形生产线的中央设置装有立式动力头的中央立柱。

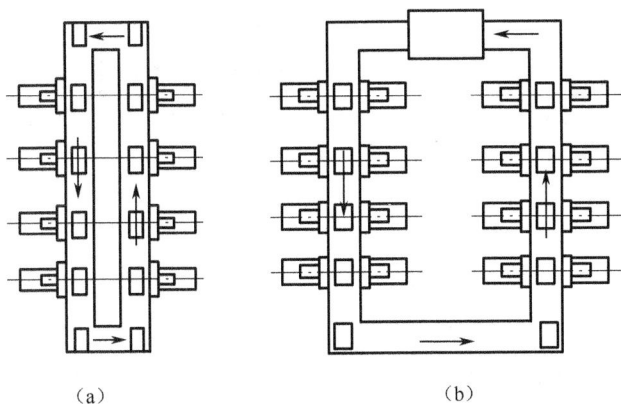

（a）　　　　　　　　　　　　　　　（b）

图 5-5　框形折线式生产线的布局形式

（3）非通过式（旁通式）。将已有的单台机床组合成生产线时，可以选用非通过式（旁通式）直接输送工件的生产线，如图 5-6 所示。这种形式的生产线除了有一条与顺序排列的机床相平行的纵向输送带之外，还有若干条与之相垂直的横向输送带。其优点是可以配置三面或立卧复合的四面加工机床，以提高工序集中的程度，减少机床的台数，但由于多出了横向输送装置，增加了占地面积，延长了生产线的节拍时间。

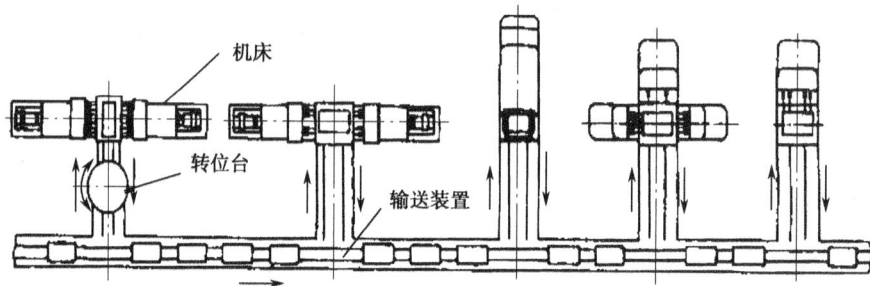

图 5-6 非通过式布局形式

2．带随行夹具的布局方式

对于没有良好输送基面的工件，或因刚性不足而需采用一些辅助支承以减小切削力和夹紧力引起变形的工件，或者由于有色金属工件材质软，当其在生产线上直接输送容易划伤和磨损时，可采用将工件装在随行夹具上输送的生产线。采用随行夹具的生产线，根据随行夹具的返回方式不同，又有以下的布局形式。

（1）水平返回式。主输送带和返回输送带在水平面内组成封闭的框形，随行夹具在水平面返回，如图 5-7 所示。随行夹具在返回主输送带时其位置方向是不变的，如果在加工工位间设有转位装置，则在生产线的末端或前端必须设置转位装置，见图 5-7（a），以保证随行夹具的复位；但如果在生产线的所有工位间只设置了一个使工件在水平面内转位 90°的装置，则可通过设置带有半圆形和 90°弧形的返回输送带，使随行夹具在返回途中自行复位，见图 5-7（b）。这种布局形式的主要缺点是占地面积较大。

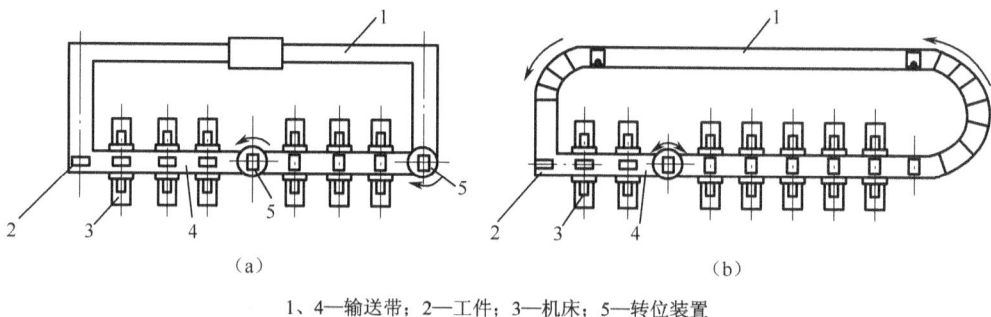

（a）   （b）

1、4—输送带；2—工件；3—机床；5—转位装置

图 5-7 随行夹具在水平面返回的生产线

（2）上方返回式。采用随行夹具在生产线的正上方返回的布局形式不仅可以减小占地面积，而且还可以采用倾斜滚道使随行夹具依靠自重滑返，从而大大简化随行夹具的返回系统，如图 5-8 所示。应该注意的是，当生产线上有立式机床时一般不宜采用这种布局形式，否则会使倾斜滚道太高而不便于维护保养。

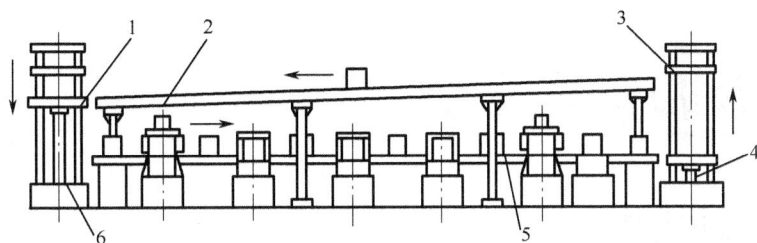

1、3—两端升降台；2—返回输送带；4、6—两端升降液压缸；5—主输送带

图 5-8　随行夹具沿上方返回的生产线

（3）下方返回式。在这种形式的布局中，随行夹具的返回输送带通过生产线内各台机床的中间底座上的孔，如图 5-9 所示。这种布局形式既可减小占地面积，使外观整齐，又能使全线敞开而便于调整维护，适用于车间的使用面积受限制，工件和随行夹具又较小的场合。但由于返回输送带穿过中间底座，将严重削弱中间底座的强度和刚度，影响切屑和冷却液的收集、排除和运送。

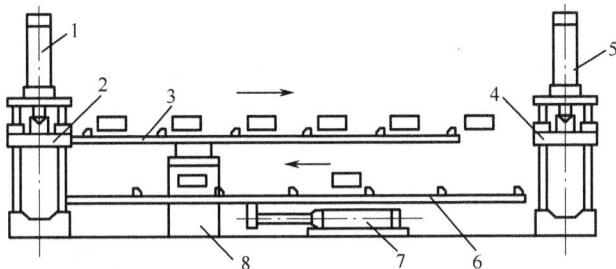

1、5—两端升降液压缸；2、4—两端升降台；3—主升降台；6—返回输送带；7—返回输送带的驱动装置；8—中间底座

图 5-9　随行夹具沿下方返回的生产线

（4）随行夹具沿斜上方或斜下方返回式。在受到车间面积或排屑要求的限制时，或由于有立式机床而不能采用水平返回、正上方返回、正下方返回等方案时，可考虑采用随行夹具沿生产线斜上方或斜下方返回的布局形式。采用随行夹具沿斜上方返回的方案时，一般是通过链传动使随行夹具沿斜面上升到设置在立式或倾斜式机床背后的空中返回滚道上，这种布局主要适用于尺寸较大的工件和随行夹具。采用随行夹具沿斜下方返回的方案时，返回通道设置在卧式机床的尾部，这种布局适用于尺寸较小的工件和随行夹具。

3．悬挂输送布局方式

有的工件外形复杂、尺寸庞大，且无合适的输送基面（如后桥壳、曲轴等），这时其加工生产线可以考虑采用架空机械手来输送工件。在这种布局的生产线中，由架空机械手在机床之间同时进行输送和装卸工件，使采用卧式四面机床和设置中间导向等成为可能，但相应装置的结构较为复杂，并使生产线的敞开性变差，不便于维护保养。

此外，还有设置平行加工工位的生产线布局方式等。

5.2 组合机床

5.2.1 组合机床简述

1. 组合机床的组成

组合机床是以标准化、系列化设计和制造的通用功能部件为基础，根据被加工零件的加工工艺要求配以少量的专用部件所组成的一种高效的专用机床。由于组合机床是针对工件的特定工艺要求而设计的，所以当被加工工件及其工艺要求不同时，组合机床的形式及其组成也可能不同。

图 5-10 所示为单工位双面复合式组合机床，在大量加工箱体中常见。这台组合机床由立柱底座 1、立柱 2、动力箱 3、多轴箱 4、夹具 5、镗削头 6、动力滑台 7、侧底座 8 和中间底座 9 等部件组成。工件安装在专用夹具 5 中，动力箱 3 的电动机提供动力，驱动多轴箱 4 的主轴前端刀具和镗削头 6 上的镗刀完成旋转主运动，直线进给运动则由各自的动力滑台 7 提供。这台组合机床的底座、立柱、动力箱及动力滑台都是通用部件，只有多轴箱和夹具是专用部件，需根据被加工零件的形状、尺寸和工艺要求设计制造。

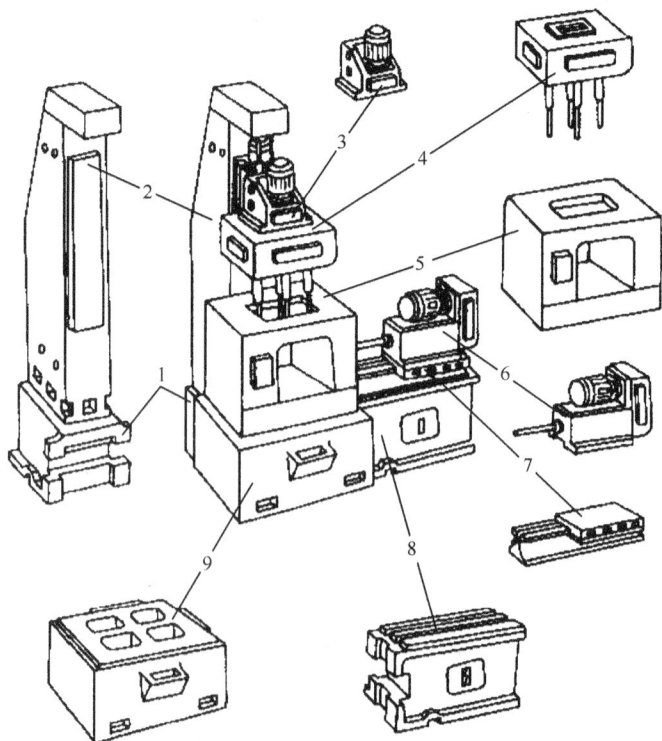

1—立柱底座；2—立柱；3—动力箱；4—多轴箱；5—夹具；6—镗削头；7—动力滑台；8—侧底座；9—中间底座

图 5-10　单工位双面复合式组合机床

2．组合机床的特点

（1）生产率高。因为工序集中，可多面、多工位、多轴、多刀同时自动加工。

（2）加工精度稳定。组合机床中有 70%～90%的通用零部件，而这些通用零部件经过了长期生产实践的考验，专业厂家集中成批制造，质量易于保证，所以工作稳定可靠；此外工序固定，也保证了加工精度的一致性。

（3）机床设计和制造周期短。设计和制造组合机床，只限于少量专用部件需专门设计制造，整机便于设计、制造和使用维护，成本低。

（4）减轻工人的劳动强度。因为自动化程度高，工人劳动强度低。

（5）配置灵活。当被加工对象改变时，它的大部分通用零部件均可重新使用，组成新的组合机床，有利于企业产品的更新换代。

3．组合机床的应用

组合机床主要用于加工平面和孔（如钻孔、攻螺纹、铰孔、镗孔等），采用多刀、多面、多工位加工，最适宜加工各种大中型箱体类零件，如汽缸体、汽缸盖、变速箱、机座等。对于轴类、盘类、套类、支架类零件，可完成轴套类、轮盘类、叉装类和盖板类零件的部分或全部加工工序，如曲轴、连杆和法兰盘等。

此外，还可进行焊接、热处理、自动装配和检测、清洗和零件分类及打印等非切削工作。目前，组合机床在汽车、拖拉机、柴油机、电动机、仪器仪表等行业大批大量生产中已获得广泛的应用；一些中小批量生产的企业，如机床、机车、工程机械等制造业中，组合机床也得到了适度的应用。

5.2.2　组合机床的分类及配置形式

1．组合机床的分类

1）按加工性质不同分类

可分为组合铣床、组合钻床、组合镗床、组合攻丝机床、组合镗孔车端面机床及复合加工工艺组合机床等。图 5-11 所示为双端面组合铣床。

图 5-11　双端面组合铣床

2）按工位数不同分类

可分为单工位组合机床和多工位组合机床两大类。

（1）单工位组合机床。这类机床只有一个加工工位，加工时工件不动，滑台上的动力箱带动主轴箱实现切削主运动；同时滑台移动实现进给运动。这类组合机床能保证各加工面之间的位置精度。

（2）多工位组合机床。多工位组合机床指有两个或两个以上加工工位的组合机床。加工时工件依次由一个工位变换到下一个工位，实现在同台机床上的多工位加工。用一台多工位组合机床可以完成一个工件多个工序甚至全部工序的加工。工位的变换有手动和机动两种。

2. 组合机床的配置形式

根据动力箱和主轴箱的安置方式不同，其配置有以下几种：

1）卧式组合机床

动力箱水平放置，有单面、双面和三面等多种，如图5-12（a），（b），（c）所示。

2）立式组合机床

动力箱垂直放置，如图5-12（d）所示。

3）复合式组合机床

几个动力箱具有两种以上的放置位置，有双面、三面和四面的等多种，如图 5-12（e）所示。

4）倾斜复合式

几个动力箱中至少有一个呈倾斜位置，如图5-12（f）所示。

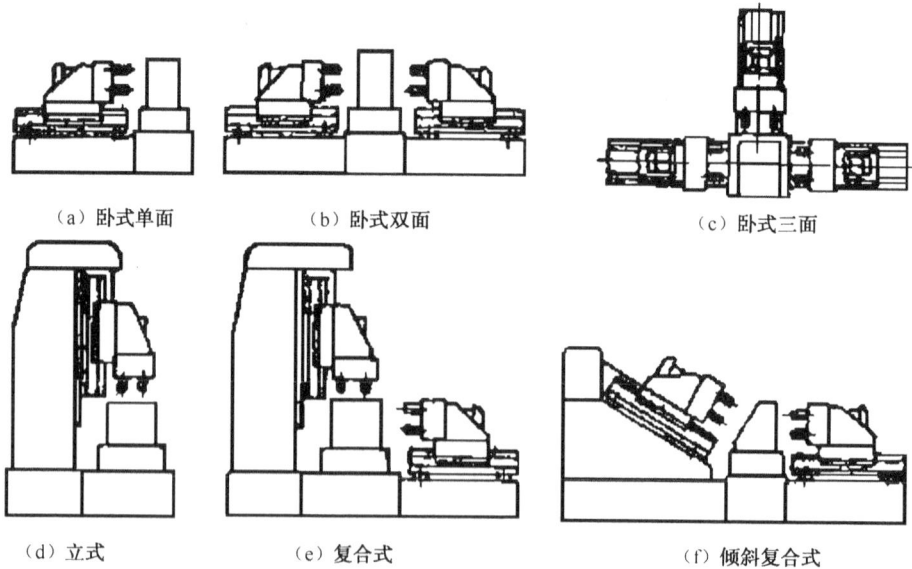

（a）卧式单面　　　　（b）卧式双面　　　　　　（c）卧式三面

（d）立式　　　　　（e）复合式　　　　　　（f）倾斜复合式

图5-12　单工位组合机床配置图

图5-13所示就是某实习企业用来加工箱体的呈倾斜式布置的双面组合钻床。

图 5-13　呈倾斜式布置的双面组合钻床

5.3　数控机床

数控机床（NC Machine Tools）是一种装有计算机数字控制系统的机床，是一种综合应用了计算机技术、自动控制技术、精密测量技术、通信技术和精密机械技术等先进技术的机电一体化产品。与普通机床相比，有些数控机床具有能够自动换刀、自动变更切削参数，完成平面、回旋面、平面曲线和空间曲面的加工，加工精度和生产率较高等特点。随着社会的多样化需求及相关技术的不断进步，数控机床正向着更广的领域和更深的层次发展。

5.3.1　数控机床的组成

一般来说，数控机床是由输入/输出设备、数控装置、伺服系统、测量反馈装置和机床本体组成的，如图 5-14 所示。

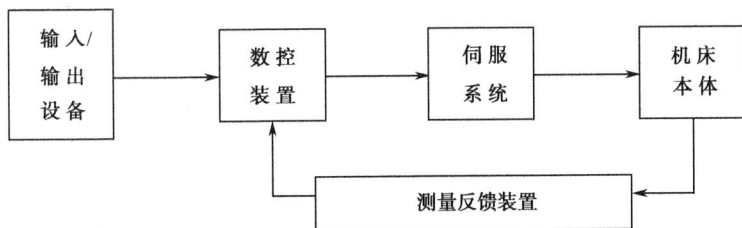

图 5-14　数控机床的组成

1．输入/输出设备（I/O Devices）

输入/输出设备主要实现程序编制、程序和数据的输入，以及显示、存储和打印。这一部分的硬件配置视需要而定，功能简单的机床可能只配有键盘和发光二极管显示器；功能普通的机床则可能加上纸带阅读机和纸带穿孔机、磁带和磁盘读入器、人机对话编程操作键盘和视频信号显示器；功能较高的可能还包含有一套自动编程机或计算机辅助设计/计算机辅助制造系统。

2．数控装置（Numerical Controller）

数控装置是数控机床的核心。它接收来自输入设备的程序和数据，并按输入信息的要求完成数值计算、逻辑判断和输入/输出控制等功能。数控装置通常是指一台专用计算机或通用计算机与输入/输出接口板以及机床控制器（可编程序控制器）等所组成的控制装置。机床控制器的主要作用是实现对机床辅助功能 M、主轴转速功能 S 和换刀功能 T 的控制。

3．伺服系统（Servo System）

伺服系统是接收数控装置的指令，驱动机床执行机构运动的驱动部件（如主轴驱动、进给驱动）。它包括伺服控制电路、功率放大线路和伺服电动机等。伺服电动机常用的有步进电动机、电液马达、直流伺服电动机和交流伺服电动机。一般来说，数控机床的伺服驱动，要求有好的快速响应性能，能灵敏而准确地跟踪由数控装置发出的指令信号。

4．测量反馈装置（Measurement Feedback Transducer）

该装置由测量部件和响应的测量电路组成，其作用是检测速度和位移，并将信息反馈给数控装置，构成闭环控制系统。没有测量反馈装置的系统称为开环控制系统。

常用的测量部件有脉冲编码器、旋转变压器、感应同步器、光栅和磁尺等。

5．机床本体

机床本体是数控机床的主体，是用于完成各种切削加工的机械部分，包括床身、立柱、主轴、进给机构等机械部件。机床是被控制的对象，其运动的位移和速度以及各种开关量是被控制的。数控机床采用高性能的主轴及进给伺服驱动装置，其机械传动结构得到了简化。为了保证数控机床功能的充分发挥，还有一些配套部件（如冷却、排屑、防护、润滑、照明、储运等一系列装置）和辅助装置（编程机和对刀仪等）。

5.3.2　数控车床典型结构

图 5-15 所示为典型数控车床的机械结构组成图。与卧式车床相比，其结构上仍然是由主轴箱、刀架、进给传动系统、床身、液压系统、冷却系统、润滑系统等部分组成的。只是数控车床的进给系统与卧式车床的进给系统在结构上存在着本质的差异。数控车床采用伺服电动机，经滚珠丝杠传到滑板和刀架，实现 Z 向（纵向）和 X 向（横向）进给运动，至于数控车床上的螺纹加工功能（主轴旋转与刀架移动间的运动关系），是通过数控系统来控制的：数控车床的主轴箱内安装有脉冲编码器，主轴的运动通过同步齿形带 1∶1 地传到脉冲编码器。当主轴旋转时，脉冲编码器便发出检测脉冲信号给数控系统，使主轴电动机的旋转与刀架的切削运动保持加工螺纹所需的运动关系，即实现加工螺纹时主轴转一转，刀架沿 Z 向移动工件一个导程。

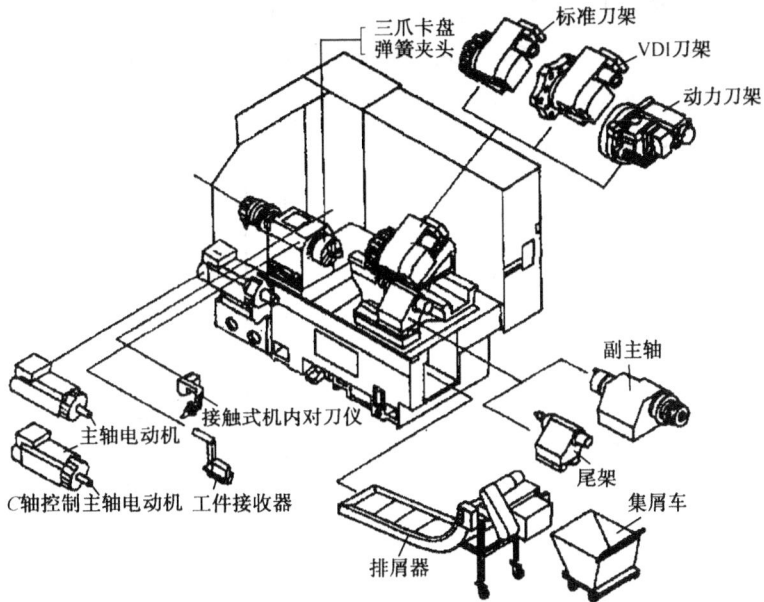

图 5-15 典型数控车床的机械结构组成图

5.3.3 数控机床的加工运动

机械加工是由切削的主运动（Primary Motion）和进给运动（Feed Motion）共同完成的，控制主运动可以得到合理的切削速度，控制进给运动则可以得到各种不同的加工表面。数控机床的坐标运动属于进给运动，在三坐标的数控机床中，各坐标的运动方向通常是互相垂直的，即各自沿笛卡儿坐标系（Cartesian Coordinate System）的 X、Y、Z 轴的正负方向移动。如何控制这些坐标运动来完成各种不同的空间曲面的加工，是数字控制的主要任务。在三维空间坐标系中，空间任何一点都可以用 X、Y、Z 坐标值来表示，一条空间曲线也可以用三维函数来表示。如何控制坐标轴的运动才能完成所需曲面的加工呢？下面就以二维空间曲线的加工方法来说明。

曲线加工时刀具的运动轨迹和理论上的曲线（包括直线）是不吻合的，而是一条逼近折线。由于不同插补（Interpolation）的计算公式不同，使逼近折线也不同，通常有下面几种情况：图 5-16 所示是用逐点比较法（Point by Point Comparison Method）得到的逼近折线，被加工曲线 AB 是由 Δx_i 和 Δy_i 组成的折线逼近的：Δx_i 和 Δy_i 分别是工作台沿 X 向和 Y 向各移动一步的距离。工作时，X、Y 两向电动机不同时工作，而是先后衔接交替工作，因而形成的是线段间相互垂直的折线，折线的拐点多数不在曲线 AB 上，步长 Δx_i 和 Δy_i 越短，逼近精度越高。图 5-17 所示是使用数字积分法（Digital Differential Analyzer）计算时的逼近曲线，若各坐标方向的脉动当量相同，则 Δx_i 和 Δy_i 的绝对值相等。工作时两个方向的电动机可交替地带动工作台一步一步地移动，也可同时带动工作台移动。交替工作时刀具轨迹平行于 X 轴或 Y 轴，同时工作时刀具的轨迹与坐标轴成 $45°$ 角。积分法逼近折线的拐点多在理论曲线的两侧，也可能在曲线上。图 5-18 所示是用时间分割法（Time-sharing Method）计算时的逼近曲线。两个坐标方向移动时，步长 f 为定值，由进给速度求出。每走一步的时间也为定值，如 4ms，则 Δx_i 和 Δy_i 可由 f 求出，两个方向的每步位移速度也与Δx_i和Δy_i的大小有关，工作时两个电动机同时转动，因而合成f线段。如此一步一步地工作，可形成由弦线组成的折线，来逼近AB曲线，折线的拐点在理论曲线AB上。

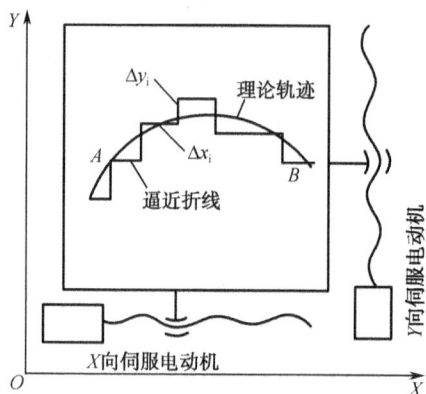

图 5-16 逐点比较法逼近曲线

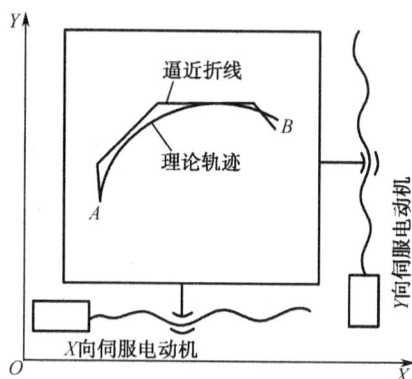

图 5-17 数字积分法逼近曲线

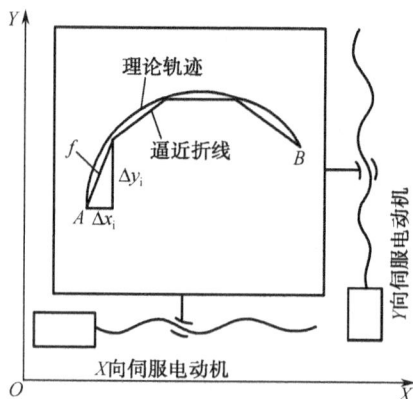

图 5-18 时间分割法逼近曲线

5.3.4 数控机床的分类

由于控制系统及传感元件的发展，机床的智能化程度越来越高，工艺范围也更广。从工艺用途、加工轨迹、控制原理和主要性能上看，可按下列方法分类。

1. 按工艺用途分类

数控机床是在通用机床的基础上发展起来的，和传统的通用机床工艺用途相似。因此，按工艺用途对数控机床进行分类，是最基本的分类方法。

（1）金属切削类。金属切削类中根据其是否带有刀库和自动换刀装置，又可分为普通数控机床和加工中心。

普通数控机床有数控车床、数控镗铣床、数控磨床、数控齿轮加工机床等。

加工中心是带有刀库和自动换刀机械手的数控机床，在一台机床上可实现不同工艺加工，通常可完成钻、扩、铰、攻螺纹、镗、铣等多工序加工，为扩大加工范围和减少辅助时间，有些加工中心还能自动更换工作台、刀库和主轴。

（2）成形类。成形类数控机床是指采用挤、冲、压、拉等成形工艺方法加工零件的数控机床，常见的有数控液压机、数控折弯机、数控弯管机等。

（3）电加工类。电加工类数控机床是指采用电加工技术加工零件的数控机床，常见的有数控电火花成形机、数控电火花切割机、数控火焰切割机和数控激光加工机等。

（4）测量、绘图类。测量、绘图类数控机床主要有三坐标测量仪、数控对刀仪等。

2．按机械加工的运动轨迹分类

（1）点位控制（Point to Point Control）数控机床。点位控制是指刀具从某一位置移到下一个位置的过程中，不考虑其运动轨迹，只要求刀具能最终准确到达目标位置。刀具在移动过程中不切削，一般采用快速运动。其移动过程可以是先沿一个坐标方向移动，再沿另一个坐标方向移动到目标位置，也可沿两个坐标同时移动。为保证定位精度和减少移动时间，一般先高速运行，当接近目标位置时，再分级降速，慢速趋近目标位置。

这类数控机床主要有数控钻床、数控镗床和数控冲床等。

（2）直线控制（Straight-line Control）数控机床。这类数控机床不仅要保证点与点之间的准确定位，而且要控制两相关点之间的位移速度和路线。其路线一般由与各坐标轴平行的直线段或与坐标轴成 45° 的斜线组成。由于刀具在移动过程中要切削，所以对于不同的刀具和工件，需要选用不同的切削用量和进给量。这类数控机床通常具备刀具半径和长度补偿功能，以及主轴转速控制功能，以便在刀具磨损或换刀具后仍能得到合格的零件。

典型机床有：简易数控车床和简易数控铣床等。这些数控机床在一般情况下，有两到三个可控轴，但同时可控制的只有一个轴。

（3）轮廓控制（Contouring Control）数控机床。这类机床的数控装置能够同时控制两轴或两个以上的轴，对位置和速度进行严格的不间断控制。它具有直线和圆弧插补功能、刀具补偿功能、机床轴向运动误差补偿、丝杠的螺距误差补偿和齿轮的反向间隙误差补偿等功能。该类机床可加工曲面、叶轮等复杂形状的零件。

典型机床有：数控铣床、加工中心等。

3．按伺服系统的控制原理分类

（1）开环控制（Open-loop Control）数控机床。这类机床没有位置检测装置，因而加工精度较低，通常由步进电动机驱动。这种系统结构简单，价格便宜，适用于精度要求不高的场合。

（2）闭环控制（Closed-loop Control）数控机床。这类机床带有位置检测装置，且位置检测装置装在床身和移动部件上，可以把坐标移动的准确位置检测出来并反馈给计算机，因此装有全闭环控制系统的数控机床的加工精度很高。

（3）半闭环控制（Half Closed-loop Control）数控机床。这类机床也有位置检测元件，与闭环控制数控机床的不同之处是，检测元件装在伺服电动机的尾部，用测量电动机转角的方式检测坐标值。由于电动机到工作台之间的传动部件有间隙、弹性变形和热变形等因素，因而检测的数据与实际的坐标值有误差。由于半闭环系统具有价格较便宜，结构较简单，安装调试方便，检测元件不容易受到磨损等优点，多用于加工精度不高的数控机床上。

4．按可联动的坐标轴数分类

有两轴、三轴、四轴、五轴联动的数控机床等。由于可联动的坐标轴数不同，使机床的加工能力区别很大。例如镗铣床，如果只有两坐标轴联动，则只能加工平面曲线表面；如果能三坐标轴联动，则可以加工三维空间曲面。在加工多维曲面时，为使刀具能合理切削，刀具的回转中心线也要转动，因此需要更多的坐标轴联动。五轴联动的镗铣床能够加工螺旋桨表面。在了解坐标轴联动数时，要考查控制软件的功能，机床所具有的坐标轴数不等于坐标轴联动数，具有的伺服电动机数也不等于坐标轴联动数。所谓坐标轴联动数，是指由同一个插补程序控制的移动坐标轴数。这些坐标轴的移动规律是由所加工的零件表面来规定的。

5.3.5　适合数控加工的零件

数控机床的应用范围正在不断扩大，但不是所有的零件都适宜在数控机床上加工。根据数控加工的优缺点及国内外大量应用实践，一般可按适应程度将零件分为下列三类。

1．最适应类

（1）形状复杂，加工精度要求高，用通用机床无法加工或虽然能加工但很难保证产品质量的零件；

（2）用数学模型描述的复杂曲线或曲面轮廓零件；

（3）具有难测量、难控制进给、难控制尺寸的不开敞内腔的壳体或盒型零件；

（4）必须在一次装夹中合并完成铣、镗、锪、铰或攻螺纹等多工序的零件。

对于上述零件，可以先不要过多地去考虑生产率与经济上是否合理，而应考虑能不能把它们加工出来，要着重考虑可能性问题。只要有可能，都应把对其进行数控加工作为优选方案。

2．较适应类

（1）在通用机床上加工时极易受人为因素（如情绪波动、体力强弱、技术水平高低等）干扰，零件价值又高，一旦质量失控便造成重大经济损失的零件；

（2）在通用机床上加工时必须制造复杂的专用工装的零件；

（3）需要多次更改设计后才能定型的零件；

（4）在通用机床上加工需要进行长时间调整的零件；

（5）用通用机床加工时，生产率很低或体力劳动强度很大的零件。

这类零件在首先分析其可加工性以后，还要在提高生产率及经济效益方面进行全面衡量，一般可把它们作为数控加工的主要选择对象。

3．不适应类

（1）生产批量大的零件（当然不排除其中个别工序用数控机床加工）；

（2）装夹困难或完全靠找正定位来保证加工精度的零件；

（3）加工余量很不稳定，且数控机床上无在线检测系统可自动调整零件坐标位置的零件；

（4）必须用特定的工艺装备协调加工的零件。

因为上述零件采用数控加工后，在生产效率与经济性方面一般无明显改善，更有可能弄巧成拙或得不偿失，故此类零件一般不应作为数控加工的选择对象。

参考上述数控加工的适应性，就可以根据本单位拥有的数控机床来选择加工对象，或根据零件类型来考虑哪些应该先安排数控加工，或从技术改造角度考虑，是否要投资添置数控机床。

5.4 专用夹具构成

在机床上用来固定加工对象，使之占有正确加工位置的工艺装备，称为机床夹具，简称夹具。夹具的作用是：工件易于正确定位；减少安装时间，提高生产率；扩大机床工艺范围；可使用技术等级较低的工人，降低生产成本；减轻工人的劳动强度。

在单件小批量生产中，常用的是通用夹具，即结构、尺寸已标准化，且具有一定通用性的夹具，如三爪自动定心卡盘、四爪单动卡盘、台虎钳、万能分度头、顶尖、中心架、电磁吸盘等。其特点是适用范围广，已成为机床附件，但生产率较低。这些通用夹具大学生在校内金工实习或工业实训时已接触过，此处就不多介绍了。

机械类大学生生产实习一般去的都是大型企业，所接触的机床夹具多为专用夹具（Fixtures），即针对某一工件某一工序的加工要求专门设计和制造的夹具。其特点是针对性极强，没有通用性；常用于批量较大的生产中，可获得较高的生产率和加工精度，但设计制造周期长。专用机床夹具的分类如图 5-19 所示。

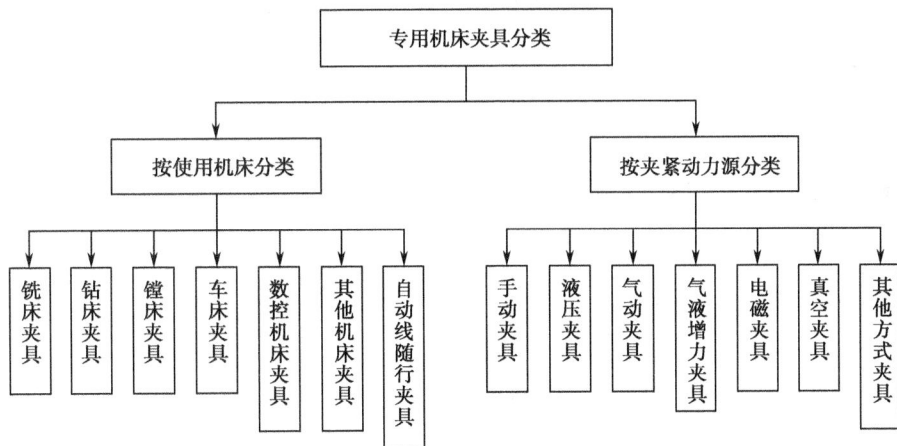

图 5-19　专用机床夹具的分类

5.4.1　机床夹具的组成

（1）定位元件：与工件定位基准（面）接触的元件，用来确定工件在夹具中的位置；

（2）夹紧装置：压紧工件的装置，是由多个元件组合而成的；

（3）夹具体：基本骨架，连接所有夹具元件；

（4）连接元件：连接机床与夹具的元件，用来确定夹具在机床中的位置；

（5）对刀、导引元件：用来确定夹具与刀具相对位置的元件；

（6）其他元件：如传动装置、分度装置等。

图 5-20 所示为曲轴铣键槽夹具组成示意图。

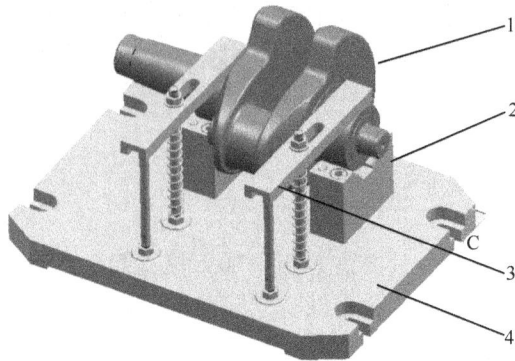

1—曲轴；2—V 形块定位；3—夹紧机构；4—夹具体

图 5-20　曲轴铣键槽夹具组成示意图

5.4.2　夹具工作原理

工件通过定位元件在夹具中占有正确位置，工件和夹具通过连接元件在机床上占有正确位置，工件和夹具通过对刀、导引元件相对刀具占有正确位置，从而保证工件相对机床位置正确，工件相对刀具位置正确，最终保证满足工件加工要求。

5.4.3　常用夹紧机构

1．斜楔夹紧机构

斜楔夹紧机构工作可靠，有较大增力特性，广泛应用在气动和液动夹紧夹具中，如图 5-21 所示。

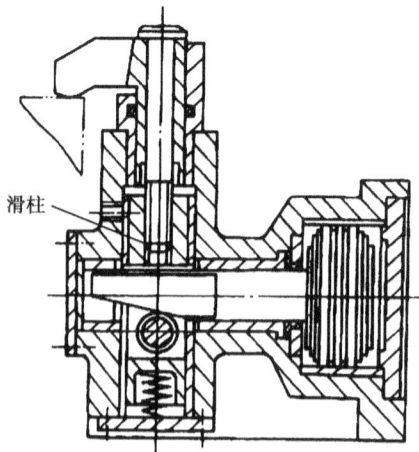

滑柱

图 5-21　斜楔夹紧机构

2．螺旋夹紧机构

螺旋夹紧机构结构简单，灵活多变，增力大，自锁性好，在生产中应用极为广泛，如图 5-22 所示。

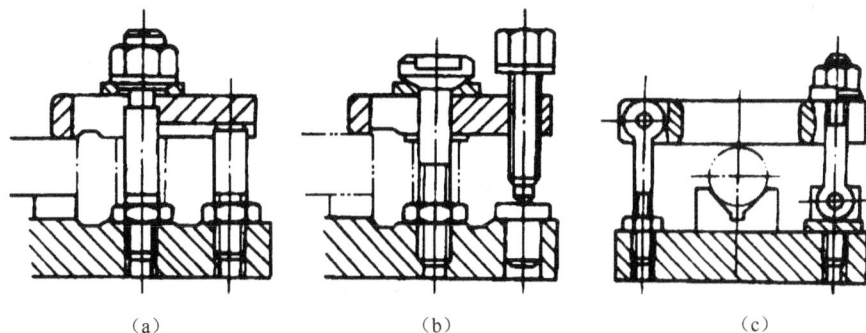

（a）　　　　　　　　（b）　　　　　　　　（c）

图 5-22　螺旋夹紧机构

3．偏心夹紧机构

偏心夹紧机构简单，操作方便，动作迅速，但它的夹紧行程小，自锁性较差，增力较小，所以常用在切削平稳，切削力不大的场合，如图 5-23 所示。

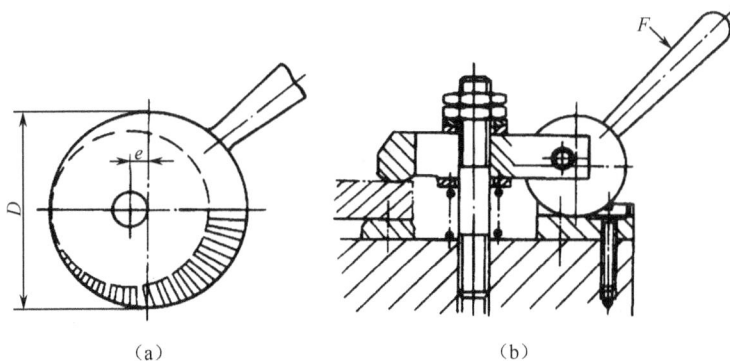

（a）　　　　　　　　　　　　　（b）

图 5-23　偏心夹紧机构

4．铰链杠杆夹紧机构

铰链杠杆夹紧机构增力较大，容易改变力的作用方向，摩擦损失小，多在气动、液动夹具中作为增力机构，如图 5-24 所示，其缺点是自锁性差。

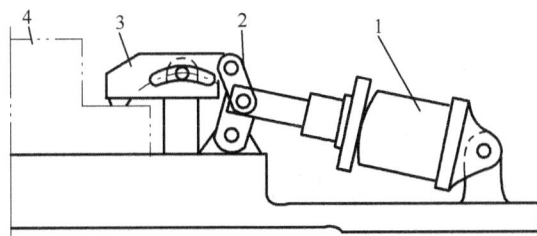

1—夹紧力源装置；2—铰链；3—杠杆；4—工件

图 5-24　铰链杠杆夹紧机构

5．定心夹紧机构

定心夹紧机构能同时实现对工件的定心定位和夹紧。

6．联动夹紧机构

联动夹紧机构能在一处施力，几处同时夹紧，如图 5-25 所示。当液压缸中的活塞杆 3 向下移动时，通过双臂铰链使压板 2 相对转动，对工件实现两点的均匀夹紧。

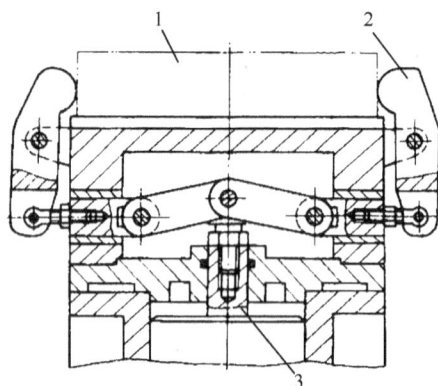

1—工件；2—压板；3—活塞杆

图 5-25　联动夹紧机构

5.4.4　对专用夹具设计和使用的要求

一个良好的机床夹具必须满足下列基本要求。

1．保证工件的加工精度

保证加工精度的关键，首先在于正确地选定定位基准、定位方法和定位元件，必要时还需进行定位误差分析，还要注意夹具中其他零部件的结构对加工精度的影响，确保夹具能满足工件的加工精度要求。

2．提高生产效率

专用夹具的复杂程度应与生产纲领相适应，应尽量采用各种快速高效的装夹机构，保证操作方便，缩短辅助时间，提高生产效率。

3．工艺性能好

专用夹具的结构应力求简单、合理，便于制造、装配、调整、检验、维修等。专用夹具的制造属于单件生产，当最终精度由调整或修配保证时，夹具上应设置调整和修配结构。

4．使用性能好

专用夹具的操作应简便、省力、安全可靠，图 5-26 所示就是某实习企业铣削箱体零件两侧面的夹具，一次安夹两个工件。在客观条件允许且又经济适用的前提下，应尽可能采用气动、液压等机械化夹紧装置，以减轻操作者的劳动强度。专用夹具还应排屑方便。必要时可设置排屑结构，防止切屑破坏工件的定位和损坏刀具，防止切屑的积聚带来大量的热量而引起工艺系统变形。

图 5-26　铣削箱体零件两侧面的夹具

5. 经济性好

专用夹具应尽可能采用标准元件和标准结构，力求结构简单、制造容易，以降低夹具的制造成本。因此，设计时应根据生产纲领对夹具方案进行必要的技术经济分析，以提高夹具在生产中的经济效益。

5.5　典型的机床夹具

5.5.1　铣床夹具

铣床夹具主要用于加工零件上的平面、凹槽、键槽、花键、缺口及各种成形面。

1. 铣床夹具分类

由于铣削加工通常是夹具随工作台一起做进给运动，按进给方式不同铣床夹具可分为直线进给式、圆周进给式和靠模进给式三种类型。

1）直线进给式铣床夹具

这类铣床夹具用得最多。夹具安装在铣床工作台上，加工中随工作台按直线进给方式运动。根据工件质量、结构及生产批量，将夹具设计成单件多点、多件平行和多件连续依次夹紧的联动方式，有时还要采用分度机构，均为了提高生产效率。

2）圆周进给式铣床夹具

圆周进给铣削方式在不停车的情况下装卸工件，一般是多工位，在有回转工作台的铣床上使用。这种夹具结构紧凑，操作方便，机动时间与辅助时间重叠，是高效铣床夹具，适用于大批量生产。

3）靠模进给式铣床夹具

该夹具是用来加工各种非圆曲面的。当受条件限制而无法采用价格较贵的靠模铣床来加工时，用靠模夹具可在一般万能铣床上加工出所需要的成形曲面，靠模的作用是使工件获得辅助运动。

2. 铣床夹具的设计要点

由于铣削加工切削用量及切削力较大，又是多刃断续切削，加工时易产生振动，因此设计铣床夹具时应注意：夹紧力要足够且反行程可以自锁；夹具的安装要准确可靠，即安装及加工时要正确使用定向键、对刀装置；夹具体要有足够的刚度和稳定性，结构要合理。

1）定向键

定向键也称定位键，安装在夹具底面的纵向槽中，一般用两个，安在一条直线上，其距离越远，导向精度越高，用螺钉紧固在夹具体上。定向键通过与铣床工作台上的形槽配合确定夹具在机床上的正确位置；还能承受部分切削扭矩，减轻夹紧螺栓的负荷，增加夹具的稳定性。定向键有矩形和圆形两种。定向精度要求高或重型夹具不宜采用定向键，而是在夹具体上加工出一窄长面作为找正基面来校正夹具的安装位置。

2）对刀装置

对刀装置由对刀块和塞尺组成，用来确定夹具和刀具的相对位置。对刀装置的结构形式取决于加工表面的形状。对刀块常用销钉和螺钉紧固在夹具体上，其位置应便于使用塞尺对刀，不妨碍工件装卸。对刀时，在刀具与对刀块之间加一塞尺，避免刀具与对刀块直接接触而损坏刀刃或造成对刀块过早磨损。塞尺有平塞尺和圆柱形塞尺两种，其厚度为 1～5mm，直径为 3～5mm，制造公差 h6。对刀块和塞尺均已标准化（设计时可查阅相关手册），对刀装置应设置在便于对刀而且是工件切入的一端。图 5-27（a），（b）所示就是采用标准对刀块的对刀装置。

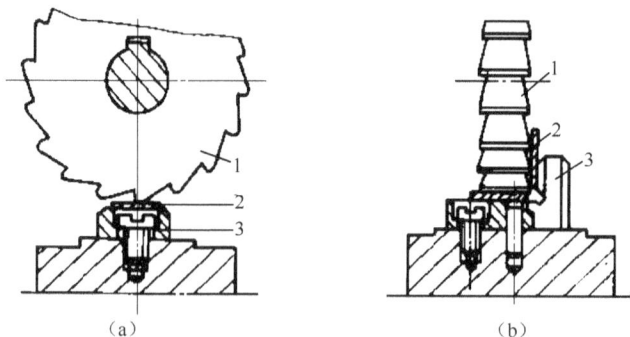

1—铣刀；2—塞尺；3—对刀块

图 5-27 对刀装置

3）夹具体设计

为提高铣床夹具在机床上安装的稳固性，减轻其断续切削可能引起的振动，夹具体不仅要有足够的刚度和强度，其高度（H）和宽度（B）比也应恰当，一般有 $H/B \leqslant 1 \sim 1.25$，以降低夹具重心，使工件加工表面尽量靠近工作台面。此外，还要合理地设置加强筋和耳座。若夹具体较宽，可在同一侧设置两个与铣床工作台 T 形槽间等距的耳座；对重型铣床夹具，夹具体两端还应设置吊装孔或吊环等以便搬运。

图 5-28 所示的就是某实习企业粗铣发动机箱体顶面工序中所用的铣床夹具。夹具定位分别为：两个支承板、两个圆销（"一面二孔"定位）。夹具的夹紧方式采用摆动式压板杠杆结构。夹紧过程是：设置在夹具底座中的汽缸驱动钩头压板，在夹紧箱体工件前摆入缸体左侧面上的孔中，对箱体有压紧力作用，使其紧贴在定位面上；夹具底部有导向键，使其在机床工作台上定位。

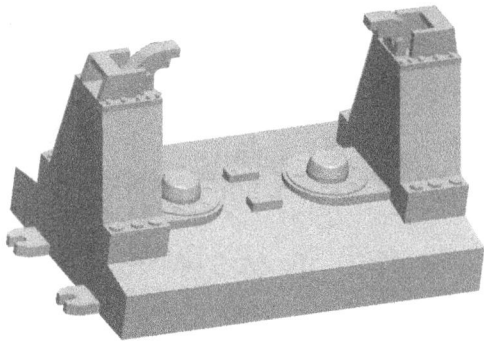

图 5-28　铣床夹具

5.5.2　钻床夹具

钻床夹具大都具有刀具导向装置，故习惯上称为钻模。根据结构特点，钻模可分为固定式钻模、回转式钻模、翻转式钻模、盖板式钻模和滑柱式钻模等。

钻模设计要点是：

1. 钻套

钻套是引导刀具的元件，用以保证孔的加工位置，并防止加工过程中刀具的偏斜。它的类型包括：固定钻套、可换钻套、快换钻套和特殊钻套。

2. 钻模板

钻模板用于安装钻套。

3. 夹具体

钻模的夹具体一般不设定位或导向装置，夹具通过夹具体底面安放在钻床工作台上，可直接用钻套找正并用压板压紧。

图 5-29、图 5-30 所示的就是某实习企业所用的有特色的钻夹具。在图 5-29 中，打开盖板 4，放入工件，在定位元件 1、2 中定位，启动夹紧机构 3 实施夹紧，放下盖板 4，通过其前端的钻套进行钻孔。

在图 5-30 中，先拔出分度定位销 1，推动转盘 2 旋转 180°，把待加工的工件放在钻模板 3 的背面上定位、夹紧安置好，再使转盘 2 回位，移动钻头依次进入钻套 4，对零件底面进行钻孔；重复这样的过程，通过分度定位销 1 来回插入转盘 2 上不同位置的定位孔，就可实现对工件不同方位表面上的孔进行钻削加工。

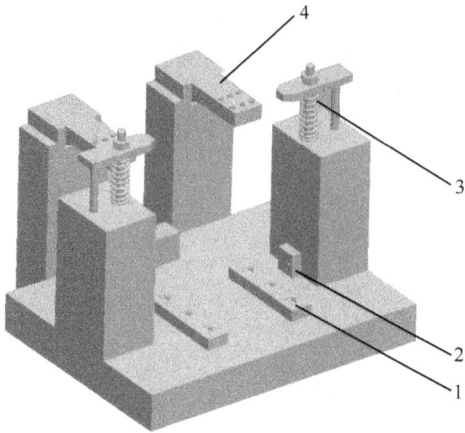

1、2—定位元件；3—夹紧机构；4—盖板

图 5-29 盖板式钻夹具

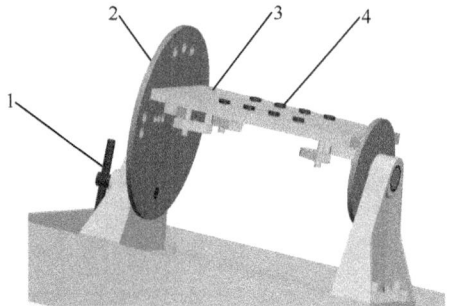

1—分度定位销；2—转盘；3—钻模板；4—钻套

图 5-30 翻转式钻夹具

5.5.3 镗床夹具

具有刀具导向的镗床夹具，习惯上称为镗模。根据镗套的支架的布置形式分为：单面导向，即导向支架布置在刀具前面；双面导向，即导向支架布置在刀具后面。

镗模设计要点是：

1．镗套

镗套用于引导镗杆，可分为固定式镗套和回转式镗套。

2．镗模支架

镗模支架用于安装镗套，保证被加工孔系的位置精度，并可承受切削力的作用。

图 5-31 所示为现场所使用的加工大型箱体零件的双面镗床夹具。

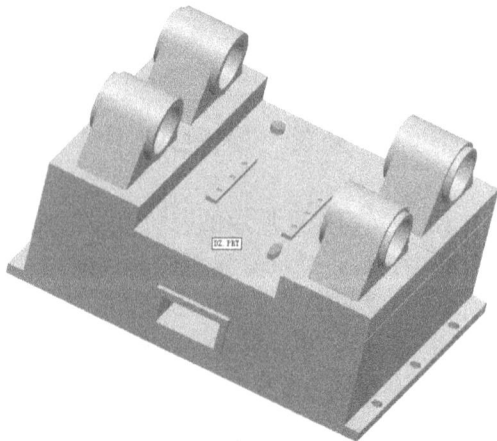

图 5-31 双面镗床夹具

5.6　思考题

1. 什么叫机械加工生产线？它由哪些部分组成？
2. 机械加工生产线有哪些布局形式？设计生产线的布局形式主要考虑哪些因素？
3. 什么是组合机床？其工艺特点是什么？由哪些主要零部件组成？
4. 组合机床有哪些配置形式？各适用于什么生产模式？
5. 结合实习现场，说明单工位组合机床和多工位组合机床各有何特点。
6. 数控机床通常是由哪几部分组成的？
7. 列举五种以上你在实习过程中所见过的数控机床。
8. 根据伺服系统的控制原理分类，数控机床可分为哪几类？各有何特点？
9. 结合生产现场的实际情况，试确定哪些零件适合在数控机床上加工。
10. 试确定生产现场某箱体类零件的哪些加工面适合在数控机床上加工。
11. 工件安装方法有哪几种？各举一现场加工实例说明。
12. 常用机床夹具有哪几类？
13. 仔细观察现场中某一专用夹具，画出其外形图，说明其组成和作用。

第6章

典型零件的加工工艺过程

针对机械加工的通用知识，结合机械类专业大学生生产实习的企业特点，本章选取了有代表性的典型零件，如连杆、活塞、曲轴、变速箱箱体及汽车后桥轴，分别对它们的功能、结构、毛坯制造等方面进行了详细分析，阐述了定位基准的选择、工艺顺序的安排等，并给出了机械加工工艺简表，以期大学生在现场实习时，有一个参考和工艺路线的引导。

6.1 连杆的加工工艺

6.1.1 连杆的功用、结构特点及工作条件

连杆是发动机主要的传动构件之一，它把作用于活塞顶部的膨胀气体压力传给曲轴，使活塞的往复直线运动变为曲轴的回转运动，以输出功率。

图 6-1 所示为某汽车发动机连杆的零件简图。连杆采用直剖视结构，由大头（曲柄销孔端）、小头（活塞销孔端）及杆身三部分组成。

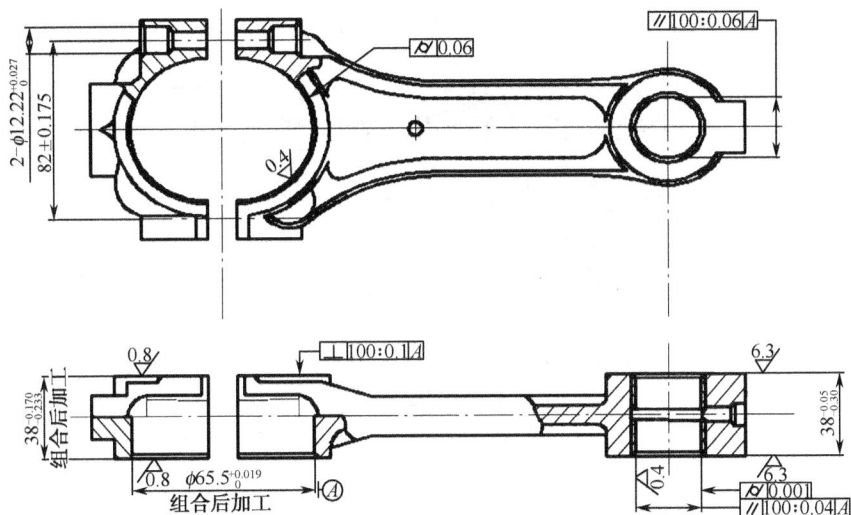

图 6-1　连杆零件简图

连杆大头孔套在曲轴的连杆轴颈上，与曲轴相连，内装有轴瓦。为了便于安装，大头设计成两半，然后用连杆螺栓连接。连杆小头用活塞销与活塞相连。小头孔内压入耐磨的青铜衬套，以减小小头孔与活塞销的磨损，孔内设有油槽，小头顶部有油孔，以便使曲轴转动时飞溅的润滑油能流到活塞销的表面上，起到润滑作用。为了减小惯性力，连杆杆身部位的金属重量应当减小，并且要有一定的刚度，所以杆身采用工字形断面。连杆杆身部位是不加工的。在毛坯制造时，杆身的一侧做出定位标记，作为加工及装配基准。

连杆在工作中主要承受着以下三种动载荷：

（1）汽缸内的燃烧压力（连杆受压）；

（2）活塞连杆组的往复运动惯性力（连杆受拉）；

（3）连杆高速摆动时产生的横向惯性力（连杆受弯曲）。

由于连杆承受的是冲击动载荷，因此要求连杆质量小、刚度大，而且具有足够的疲劳强度和冲击韧性。

6.1.2　连杆材料与毛坯

连杆材料一般采用 55 或 40Cr、40MnB 等优质碳素钢或合金钢，近年来也有采用球墨铸铁的。钢制连杆都用模锻制造毛坯。整体模锻的加工方式，具有劳动生产率高，锻件质量好，材料利用率高，成本低等优点。由于连杆在工作中承受多种急剧变化的动载荷，所以不仅要求其材料具有足够的疲劳强度及结构强度，而且还要使其纵剖面的金属组织纤维方向应沿着连杆中心线并与连杆外形相符，不得有扭曲、断裂、裂纹和疏松等缺陷。连杆成品的金相显微组织应为均匀的结晶结构，不允许有片状铁素体。

另外，为避免毛坯出现缺陷（疲劳源），要求对其进行 100% 的硬度测量和探伤。

图 6-2 所示为连杆毛坯图，材料为 55 钢，采用整体模锻的方式，具有劳动生产率高，锻件质量好，材料利用率高，成本低等优点。

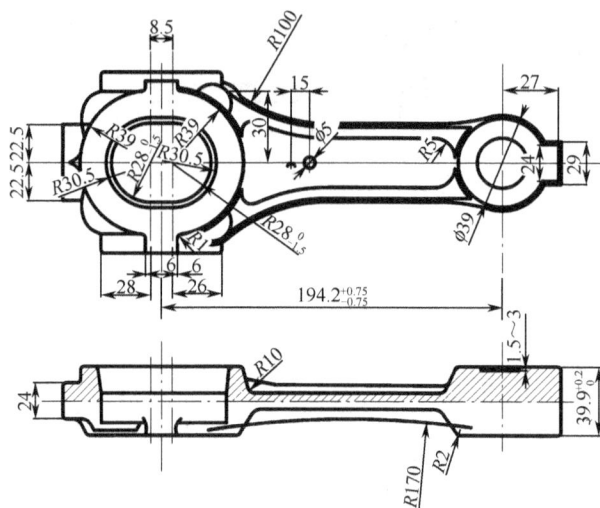

图 6-2　连杆毛坯图

6.1.3　连杆的主要加工表面及技术要求

图 6-1 所示的连杆主要加工表面有：大、小端孔，上、下端面，大端盖，体结合面及连杆螺栓孔等。主要技术要求为：

（1）大、小端孔的精度。为了使大端孔与轴瓦及曲轴、小端孔与活塞销能密切配合，减小冲击的不良影响和便于传热，大端孔尺寸为 $\phi 65.5^{+0.019}_{0}$ mm，小端孔尺寸为 $\phi 28^{+0.007}_{-0.003}$ mm，大端孔及小端衬套孔粗糙度均为 Ra 0.4μm，大端孔的圆柱度公差为 0.006mm，小端衬套孔的圆柱度公差为 0.001mm，且采用分组装配。

（2）大、小端孔轴心线在两个互相垂直方向的平行度。两孔轴心线在连杆轴线方向的平行度误差会使活塞在汽缸中倾斜，增加活塞与汽缸的摩擦力，从而造成汽缸壁磨损加剧。连杆两轴孔在连杆轴线方向上的平行度公差为 0.04mm/100mm，在垂直于连杆轴线方向上的平行度公差为 0.06mm/100mm。

（3）大、小端孔的中心距。大、小端孔的中心距影响汽缸的压缩比，所以对其要求较高，即中心距为 190±0.05mm。

（4）大端孔两端面对大端孔轴线的垂直度。此参数影响轴瓦的安装和磨损，故要求其公差为 0.1mm/100mm。

（5）连杆螺栓预紧力要求。连杆螺栓装配时的预紧力如果过小，工作时一旦脱开，则交变载荷能迅速导致螺栓断裂。一般采用扭矩法，要求连杆螺母的预紧力矩为 100～120N·m。

（6）对连杆重量的要求。为了保证发动机运转平稳，连杆大、小头重量和整台发动机上的一组连杆的重量按图纸的规定严格要求。

通过以上分析，可以得出连杆的工艺特点是：

外形复杂，不易定位；连杆的大、小头是由细长的杆身连接的，故刚性差，易弯曲、变形；尺寸精度、形位精度和表面质量要求高。

6.1.4　连杆的加工工艺过程

1．工艺过程的安排

在连杆加工中有两个主要因素影响加工精度：

（1）连杆本身的刚度比较低，在外力（切削力、夹紧力）的作用下容易产生变形。

（2）连杆是模锻件，孔的加工余量大，切削时会产生较大的残余内应力，并引起内应力的重新分布。

因此在安排工艺过程时，需要把各主要表面的粗、精加工工序分开。这样，粗加工产生的变形就可以在半精加工中得到修正；半精加工中产生的变形可以在精加工中得到修正，最后达到零件的技术要求。

连杆的主要加工表面有：大、小头孔，大、小头端面，大头剖分面及连杆螺栓孔等。

各主要表面的工序安排如下。

（1）连杆两端面：粗铣→粗磨→半精磨→精磨；

（2）连杆小端孔：钻孔→扩孔→拉孔→精镗底孔→压入衬套→精镗；

（3）连杆大端孔：粗镗→半精镗→精镗→珩磨；

（4）螺栓孔：钻孔→扩孔→铰孔；

（5）连杆结合面：拉平面→精磨平面。

一些次要表面的加工，则需要和可能安排在工艺过程的中间和后面。

2．定位基准的选择

连杆机械加工工艺过程中，大部分工序选用连杆的一个指定的端面和小头孔作为主要加工基面，并用大头处指定一侧的外圆面作为另一基面。端面的面积大，定位比较稳定；用小头孔定位可以直接控制大、小头孔的中心距，并可达到基准统一，减小定位误差。

3．主要加工工序

连杆的加工按大批量生产方式进行，其加工生产线共 56 道工序，46 台设备。表 6-1 所示为主要加工工艺过程（部分）。

表 6-1　连杆主要加工工艺过程（部分）

序　号	工 序 名 称	工 序 简 图	设　　备
10	粗磨两平面		平面磨床

序　号	工序名称	工序简图	设　备
20	钻小端孔		组合机床
60	切断		铣床
90	拉连杆两侧面、结合面、半圆面		拉床

序　号	工序名称	工序简图	设　备
160	精磨结合面	 $190+0.08$　$\sqrt{6.3}$　2　$\perp\,\boxed{100:0.25}\,A$	平面磨床

连杆和连杆盖合件后主要加工工艺过程（部分）

序　号	工序名称	工序简图	设　备
10	钻、扩、铰螺栓孔	 82 ± 0.175　3.2　2 $\phi13$　$\phi12.22^{+0.27}_{0}$　10.6　3	组合机床
120	精磨两平面	 $38^{-0.03}_{-0.10}$　3　0.8　0.8	平面磨床
130	粗镗大端孔	 190 ± 0.10　$\phi64.4^{+0.046}_{0}$　6.3　2　3	镗床

序　号	工序名称	工序简图	设　备
250	精镗大端孔及小端铜套孔	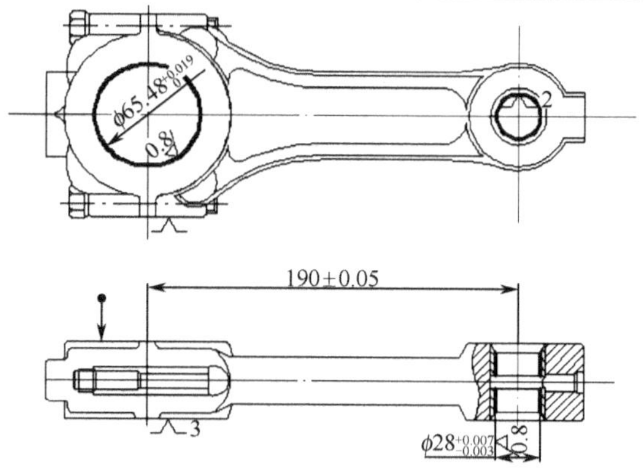	组合机床
280	珩磨大端孔	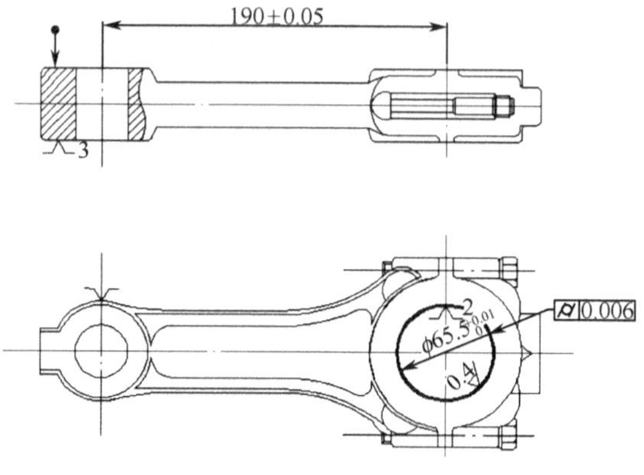	珩磨机床

6.2　活塞的加工工艺

6.2.1　活塞的功用、结构特点及工作条件

活塞是往复式发动机的主要零件之一，是发动机的心脏。在活塞压缩行程终了时，缸体燃烧室内的混合气体（空气和燃料）被火花点燃爆炸并膨胀，产生强大的压力，推动活塞沿汽缸向下运动，并通过连杆使活塞的直线往复运动变为曲轴的回转运动，这就是发动机动力的来源。为了更有效地把混合气体爆炸产生的推力转化为曲轴的回转运动，要求活塞顶以上的空间要有非常好的密封效果。混合气体点燃爆发时，温度高达 2 000～2 500℃，这些热量主要靠活塞和活塞环传给汽缸壁，再由汽缸壁外侧水套内的循环水将热量带走。因此活塞工作的主要特点是在高温高压下长时间连续变负荷往复运动。为了提高活塞的工作性能和寿命，它必须具备和满足以下的要求。

（1）高温高压下具有足够的强度和刚度；

（2）较轻的结构重量；

（3）良好的耐磨性和耐蚀性；

（4）良好的导热性，热膨胀小；

（5）保证汽缸内部空间密封。

由于活塞是在高温高压高腐蚀条件下连续变负荷运动的，所以必须有相应的结构来满足这一特定的工作条件。图 6-3 所示是活塞的基本结构单元，它由顶部、头部（环槽、环岸和绝热槽）、裙部和销座等部分组成。

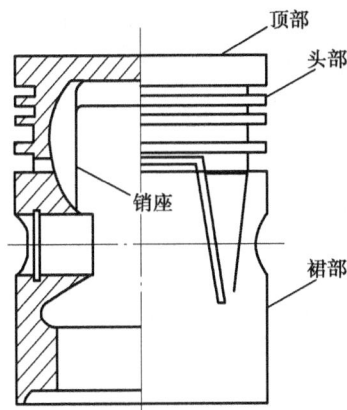

图 6-3　活塞的基本结构单元

1．顶部

活塞顶部承受气体的压力和高温。有的顶部呈不同形状的凹面和凸面，这是由于燃烧室的结构需要和为了换气时引导气体的流动方向。大部分活塞顶部采用平顶式，是因为与其他形式的顶部相比，具有工作可靠、制造简单、重量最轻和受热面积最小等优点。

2．头部

头部由气环槽和油环槽组成，其主要功用是保证燃烧室和汽缸工作腔的密封性。它的高度主要取决于所要安装的活塞环数。目前高速汽油发动机一般用 2～3 个气环槽。在气环槽中放置具有弹性的密封环，使活塞头部与汽缸不接触，密封活塞顶部上边的燃烧室，防止漏气，并将活塞上的热量传给汽缸壁。在气环槽下边还设有 1～2 个油环槽。在油环槽中放置刮油环，用以使汽缸壁的润滑油膜分布均匀，进而改善活塞的润滑条件，并能把飞溅到汽缸壁上的多余润滑油刮掉，使其经油环槽的回油槽流回曲轴箱。

3．裙部

裙部是指活塞油环槽以下的部分。活塞做直线往复运动时，靠裙部起导向作用。活塞工作在高温高压的条件下，要产生热膨胀和受力变形。由于顶部温度最高，环带次之，裙部比环带还低，所以上部热膨胀大于下部。为保证在正常工作条件下活塞与汽缸体内壁之间自上而下间隙均匀，必须把活塞制成上小下大的阶梯形或截锥形。由于活塞裙部在活塞销孔轴线方向的热膨胀量与受力变形导致的膨胀量大于其垂直方向，因此要使活塞裙部在正常工作状态下呈正圆形，以保证活塞与汽缸壁径向间隙均匀，活塞裙部的横截面应做成椭圆形，并使椭圆的长轴方向垂直于活塞销孔轴线方向。

活塞裙部内有一止口。它由一小段内孔、倒角和断面构成。它是专为活塞加工过程中定位而设置的辅助精基准面，在活塞工作过程中没有任何用途。

4. 销座

销座位于活塞裙部内，且有厚筋与活塞顶相连。其作用是保证把作用于活塞上的力可靠地传给活塞销孔。在活塞销座上有一个油孔，用于润滑活塞销与活塞销孔，减少它们的磨损。活塞销孔外端设有锁环槽，用以安装锁环，限制活塞销的轴向窜动，以避免刮伤汽缸壁。在活塞销座的横向位置上，如果活塞销轴线与活塞轴线相交，则活塞越过上死点，侧向力作用方向改变时，活塞发生"拍击"。为使活塞从压向汽缸的一面到对面过渡平顺，需把活塞销轴线向受载一面偏出 1～2mm。

6.2.2 活塞的材料与毛坯

活塞的材料大部分采用导热系数高、热膨胀系数较低的硅铝合金。为了增加其刚性、隔热

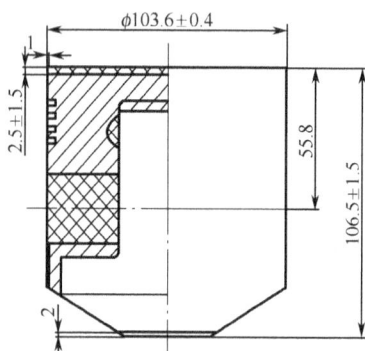

图 6-4 活塞毛坯图

性和避免环槽早期磨损，也有在其头部或裙部铸有钢护圈、铸铁圈或钢片的，这类活塞称为双金属活塞。

铝合金活塞除了导热性能好外，还具有重量轻、易加工等特点。所以目前中小型发动机的活塞大部分采用铝合金材料。

铝合金活塞毛坯采用金属模浇铸，毛坯精度高，单边机械加工余量可减小到 1～1.2mm，销孔也可以铸出，材料利用率高。

铝合金活塞毛坯需经过时效处理，以消除内应力和获得所需的硬度。

图 6-4 所示为某汽车发动机活塞毛坯图。

6.2.3 活塞的主要加工表面及技术要求

图 6-5 所示为某汽车发动机活塞零件简图，其主要加工表面及技术要求等各参数及其作用如下。

（1）环岸及环槽底对活塞裙部轴心的径向跳动最大允差为 0.1～0.15mm。全部槽底表面粗糙度为 Ra 3.2μm。

（2）环槽侧面对活塞裙部轴心线垂直度不超过 0.07mm/25mm，环槽侧面对活塞裙部轴心线跳动不超过 0.05mm，全部槽侧面表面粗糙度为 Ra 0.4μm。这些参数直接影响活塞及活塞环的工作状况。

（3）活塞销孔尺寸及精度为 $\phi 28^{-0.005}_{-0.015}$mm；销孔圆柱度为 0.001mm；表面粗糙度为 Ra 1.6μm；两销孔同轴度误差在最大实体状态时为零；销孔轴心线对裙部轴心线垂直度为 0.035mm/100mm。这些参数超差会使活塞销与活塞孔配合不正常，破坏活塞、活塞销、连杆的正确装配位置，不能保证正常的润滑，并将产生不正常磨损。

（4）裙部保留有 0.2mm，深 0.008～0.016mm 的刀痕，以便能储存润滑油，使发动机在工作中活塞与汽缸壁之间形成一层油膜，从而减小活塞与缸壁的磨损。

（5）为了降低活塞的机械加工难度，在活塞的制造过程中对其销孔尺寸、外圆尺寸和重量分别进行分组，然后进行分组装配来满足装配工艺要求。

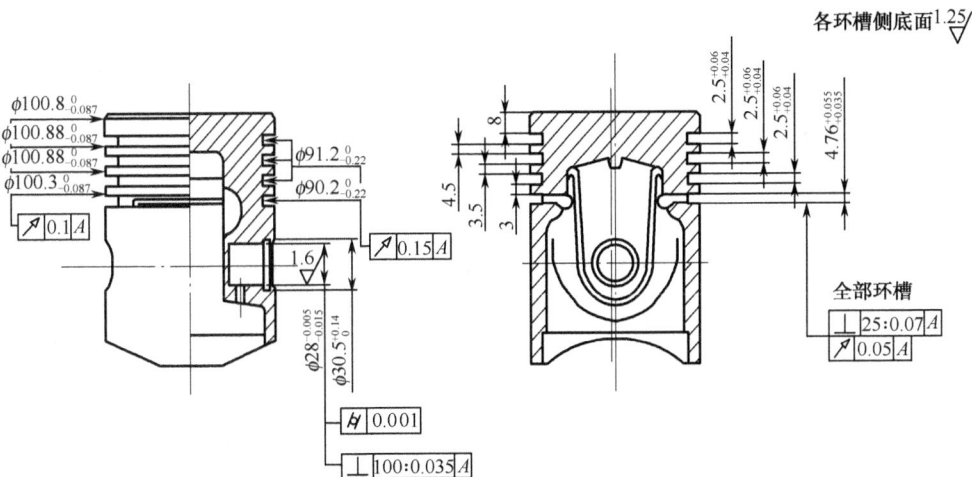

图 6-5　活塞零件简图

6.2.4　活塞的加工工艺过程

1．工艺过程的安排

活塞外形和内腔形状复杂，裙部为带有锥度的椭圆，外部有直斜槽与横槽，主要表面尺寸精度和活塞销孔的位置精度要求很高。活塞壁薄，刚性差，在外力作用下很容易变形，受切削热的影响，加工过程热变形也较大。活塞生产属于大批大量生产类型，工艺上采用一些专用装备。

活塞加工有 20 道工序，其中机械加工工序 12 道，辅助工序 6 道，检查工序 2 道。其加工顺序为：

（1）铸造；

（2）铣浇冒口；

（3）时效处理；

（4）扩活塞销孔；

（5）铣两侧销座凹坑；

（6）粗车外圆、环槽、顶部及裙部；

（7）粗车定位止口；

（8）铣回油槽；

（9）钻销座油孔；

（10）去毛刺；

（11）粗、精镗活塞销孔；

（12）销孔内侧倒角；

（13）车销孔销环槽；

（14）精车止口；

（15）车外圆、环槽、环岸及倒角；

（16）滚挤活塞销孔；

（17）去毛刺；

（18）清洗吹净活塞；

（19）终检；

（20）装配前裙部分组尺寸复检。

2．定位基准的选择

由于毛坯的精度较高，所以毛坯的外表面、内圆及顶面可直接作为粗基准，粗车外圆、环槽、顶部、裙部及端面。由于液态模锻后的毛坯内孔与外圆的同轴度及内孔、外圆对内顶面的垂直度误差均较小，因此，车削后顶部及裙部的壁厚均匀，可为以后的半精加工及精加工留有较均匀的余量。

活塞属薄壁件形零件，径向刚度很差，而主要表面尺寸精度及各主要表面之间的位置精度要求又较高，所以在设计时就针对活塞的结构特点，设计了专供加工时定位用的辅助精基准——止口内孔及端面。在回油槽、外圆、环槽、顶面等加工时，就采用了该精基准定位。这不仅符合"基准统一"和"工序集中"原则，而且便于轴向夹紧，以减小工件变形，同时还便于配件生产，因为各汽缸孔磨损程度不同，要求各活塞的尺寸也不同，由于止口尺寸相同，采用一套夹具即可。

但是以此作为精基准不仅不符合"基准重合"原则，而且还为此增加了工序和设备。由于活塞销孔沿活塞轴线方向位置尺寸的设计基准是顶面，所以精镗销孔时以顶面为轴向定位基准，而止口的精加工以顶面为定位基准，这样可以减小因基准不重合而产生的定位误差。

在钻、扩销孔时以销座外端作为角向定位基面。这时若采用销孔自定位，则定位元件不宜布置，夹具结构复杂。而由于活塞毛坯精度较高，以此作为角向定位可以满足加工要求。

在镗、滚挤销孔时，以销孔为角向定位基准，遵循了"自为基准"原则，使加工余量均匀，容易保证精度要求。

3．主要加工工序

活塞的主要加工工艺过程（部分）见表 6-2。

表 6-2　活塞的主要加工工艺过程（部分）

工 序 号	工序名称	工 序 简 图	设　　备
10	钻活塞销孔	$\phi 26.6^{+0.2}_{0}$　$A2.5$　38 ± 0.1　4	组合机床

工 序 号	工 序 名 称	工 序 简 图	设　备
20	铣两侧销座凹坑		组合机床
30	粗车外圆、环槽、裙部及端面		数控车床
40	粗车止口		车床
50	铣回油槽		组合机床

续表

工 序 号	工 序 名 称	工 序 简 图	设 备
60	扩活塞销孔	$\phi27.8^{+0.1}_{0}$ 3.2 4 38±0.1	组合机床
90	粗、精镗活塞销孔	A $\phi28^{0}_{-0.01}$ 1.6 53.3±0.08 0.001 100:0.035 A 3	镗床
120	精车止口	4 $\phi96.5^{0}_{-0.035}$ $\phi96.7$ 1.6 1.6 85.565±0.015 7±0.15	数控车床

6.3 曲轴加工工艺

6.3.1 曲轴的功用、结构特点及工作条件

曲轴是异形轴，是发动机上的一个重要零件。它通过连杆将活塞的直线往复运动变为旋转运动，进而通过飞轮把扭矩输送给底盘的运动系，同时还驱动配气结构及其他辅助装置，所以

其受力条件相当复杂，除了旋转质量的离心力外，还承受周期性变化的气体压力和往复惯性力的共同作用，使曲轴承受弯曲与扭转载荷。为保证工作可靠，曲轴必须要有足够的强度和刚度，各工作表面要耐磨，而且润滑良好。图 6-6 所示为某发动机曲轴的零件简图，主要由主轴颈、连杆轴颈、油封轴颈、齿轮轴颈、皮带轮轴颈和曲柄臂等组成。

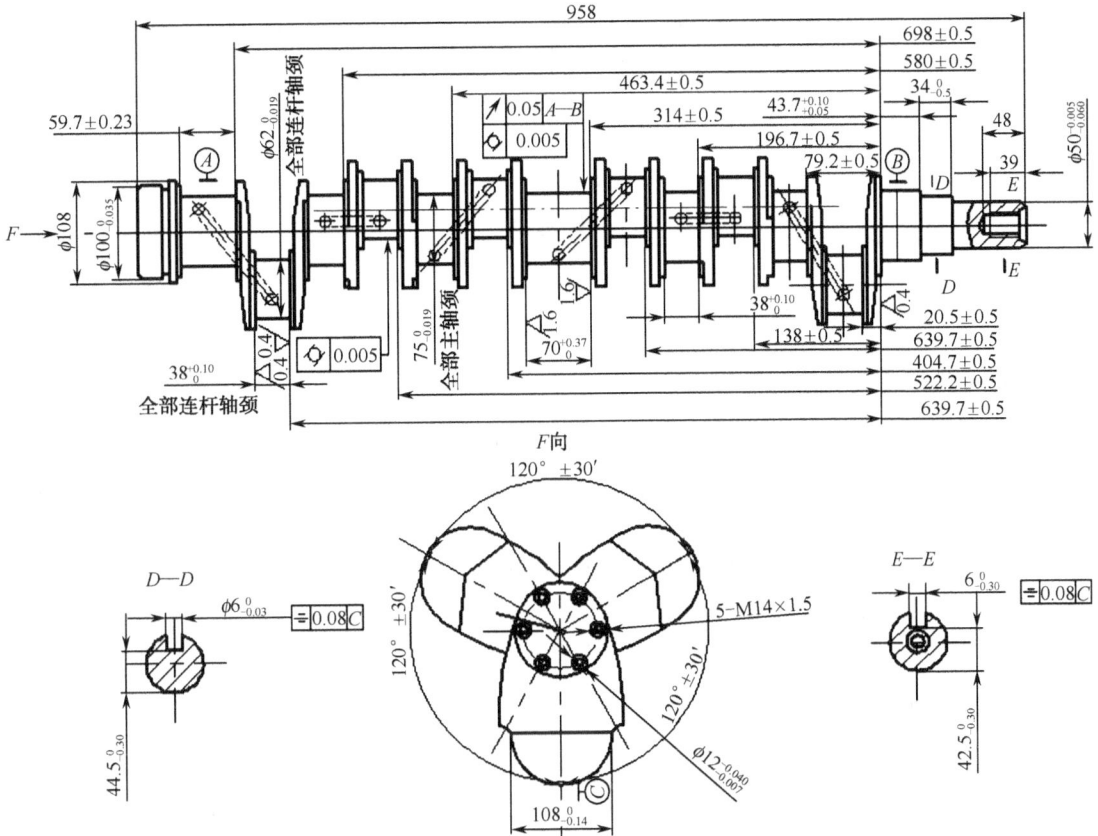

图 6-6　曲轴零件简图

6.3.2　曲轴材料及毛坯制造方法

　　曲轴一般用普通中碳钢或球墨铸铁制造；高速大载荷的曲轴则选用合金钢。大型低速运转的曲轴，采用普通碳素钢和球墨铸铁为宜。常用的材料有 35、40、45 钢，或球墨铸铁 QT600-2，合金钢 40Cr、35CrMoA、45Mn、42Mn2V 等。

　　毛坯的制造，应根据批量、材料规格来决定。通常球墨铸铁用铸造；钢材：大批量小型的，用模锻，大中型、小批单件的，用自由锻。大型组合曲轴的曲拐采用铸钢件。

　　发动机曲轴采用 45 钢模锻方式制造。图 6-7 所示为其毛坯图。

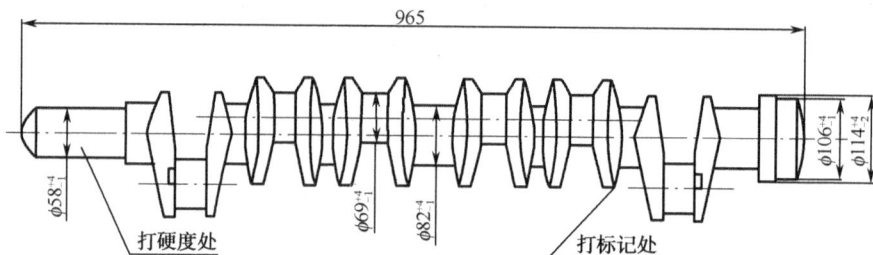

图 6-7 曲轴毛坯图

6.3.3 曲轴的主要加工表面及技术要求

曲轴的主要加工表面及技术要求如下。

1．主轴颈

曲轴共有七个主轴颈，它们是曲轴的支点。为了最大限度地增加曲轴的刚度，通常将主轴颈设计得粗一些，尽管这会增加重量，但是它可以大大提高曲轴的刚度，增加重叠度，减轻扭振的危害。

主轴颈为 $\phi75_{-0.019}^{0}$ mm，表面粗糙度为 Ra 0.4μm，圆柱度公差为 0.005mm。第一轴颈长 $43.7_{+0.05}^{+0.10}$ mm，第四轴颈长 $70_{0}^{+0.37}$ mm，第七轴颈长 59.7 ± 0.23 mm，第二、三、五、六轴颈长 $38_{0}^{+0.31}$ mm。以第一、七主轴颈为基准，第四主轴颈的径向跳动公差为 0.05mm。

2．连杆轴颈

曲轴共有六个连杆轴颈，它与连杆总成大头相连接。轴颈为 $\phi62_{-0.019}^{0}$ mm，表面粗糙度为 Ra 0.4μm，圆柱度公差为 0.005mm。轴颈宽 $38_{0}^{+0.10}$ mm，它与主轴颈的重叠度为 11.35mm。

3．油封轴颈

油封轴颈为 $\phi100_{-0.035}^{0}$ mm。

4．各连杆轴颈轴心线的相位差

各连杆轴颈轴心线的相位差在 $\pm30'$ 之内。

5．动平衡

曲轴必须经过动平衡，精度为 5×10^{-4} kg•m。

6．主轴颈、连杆轴颈要进行表面淬火

淬硬深度 2～4mm，硬度 55～63HRC。油封轴颈（安装飞轮轴颈）也要进行表面淬火，淬硬深度不小于 1mm，硬度 50～63HRC。

7．曲轴还要进行探伤检查

要求曲轴的加工表面不允许出现"发裂"。

6.3.4　曲轴的机械加工工艺过程

1．工艺过程的安排

曲轴加工工艺过程和普通轴加工工艺过程，尽管在具体内容上有许多不同之处，但对于加工阶段的划分和工序安排来说，则极为相似，都要按照粗精分开、先粗后精、多次加工，逐步提高其精度的原则。

曲轴的加工工序很多，将其加工工艺过程按加工阶段可依次划分为：

（1）加工定位基准；

（2）粗加工主轴颈和连杆轴颈；

（3）加工油孔等次要表面；

（4）主轴颈和连杆轴颈的表面强化处理；

（5）半精加工主轴颈；

（6）精加工主轴颈和连杆轴颈；

（7）校直；

（8）动平衡；

（9）精加工法兰端面；

（10）超精加工主轴轴颈及连杆主轴。

2．定位基准的选择

定位基准的选择对曲轴加工质量影响很大。从曲轴的技术要求可知，曲轴的主要加工表面为主轴颈和连杆轴颈，它们的精度高，粗糙度低，且要求有正确的相互位置。因此在选择定位基准时，无论粗、精加工都应以保证达到技术要求为前提。

（1）粗基准的选择。对大批量生产的小型曲轴，由于一般采用模锻毛坯，所以可用主轴颈定位，也可用连杆轴颈定位，来加工两端面及顶尖孔。对于大中型曲轴，自由锻毛坯，一般先按划线来钻两端顶尖孔。

（2）精基准的选择。

① 对以主轴颈轴线为旋转中心的各回转表面的加工，一般都选用顶尖孔作为定位基准。但在粗加工和半精加工时，有时也可用两端轴颈或顶尖孔来定位。精加工时仍应以顶尖孔定位，且顶尖孔在精加工前应重新修整。

② 对于连杆轴颈的加工，都以主轴颈和连杆轴颈本身的中心线作为定位基准安装在偏心卡盘式夹具上，来保证连杆轴颈本身的精度及其与主轴颈之间相互位置的正确性，而连杆轴颈之间的角度位置精度则靠夹具上的分度装置来保证。至于角度位置的定位起点，则常在曲柄上铣出一小平台或利用大头端面的一个销孔作为基准。

③ 轴向尺寸的基准，一般都采用第一个主轴颈的一个端面或中间主轴颈的一个端面。

3. 曲轴的主要加工工序

发动机曲轴生产线共有 64 道工序，72 台设备。表 6-3 所示为该曲轴主要加工工艺过程（部分）。

表 6-3　曲轴主要加工工艺过程（部分）

序　号	工序名称	工序简图	设　备
10	铣端面，钻中心孔		组合机床
20	精车全部主轴颈		数控车床

序　号	工序名称	工序简图	设　备
380	精磨六个连杆轴颈		专用磨床
400	精磨第四主轴颈		专用磨床
410	精磨主轴颈、齿轮轴颈		专用磨床

序　号	工序名称	工序简图	设　备
460	铣键槽		铣床

6.4　变速箱箱体的加工工艺

6.4.1　变速箱箱体的功用、结构特点及工作条件

变速箱箱体是整个变速箱总成中的基础零件，它将轴、套、齿轮等有关零件连接成一个整体，并使之保持正确的位置，以传递转矩或改变转速来完成规定的运动。因此，箱体的加工质量直接影响变速箱总成的性能、精度和寿命。

变速箱箱体是典型的箱体类零件，其结构一般比较复杂，壁薄（10～20mm）且壁厚不均匀，需加工多个平面孔系和螺孔等。另外，由于其刚度低，所以在受力、热等因素影响下易产生变形。

图 6-8 所示为某汽车变速箱箱体简图。

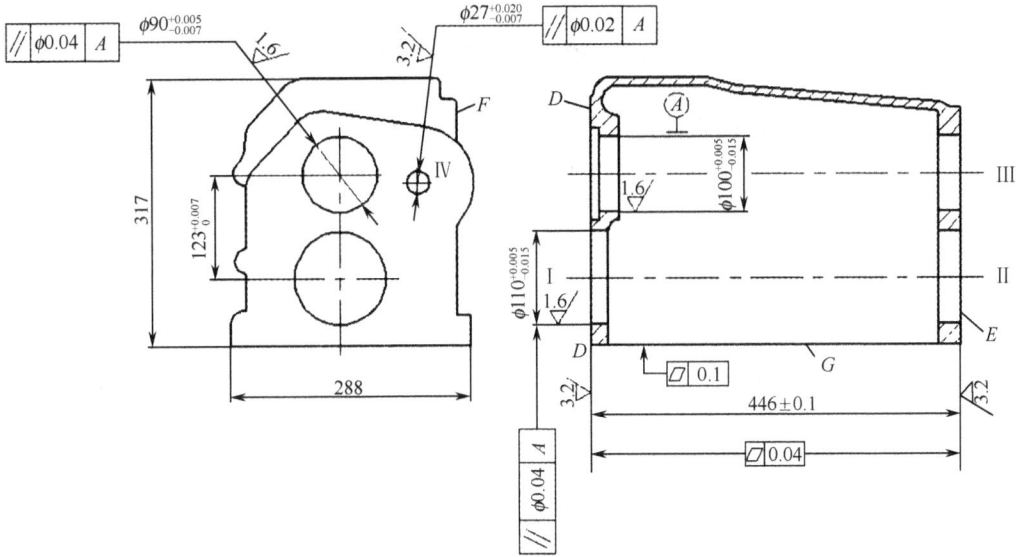

I—第一轴轴承孔；II—第二轴轴承孔；III—中间轴轴承孔；IV—倒车惰轮轴孔；

D—前端面；E—后端面；F—取力面；G—上盖结合面

图 6-8　变速箱箱体简图

6.4.2　变速箱箱体的材料与毛坯

箱体类零件的材料常用铸铁，这是因为铸铁容易成形、价格低廉，而且具有良好的吸震性、切削性、耐磨性。变速箱箱体利用铸造的方法制造毛坯，采用金属模机器造型，分型面选用轴承孔的轴向垂直平面，取力面一侧为上箱，便于浇铸排气和出砂。图 6-9 所示为其毛坯图。

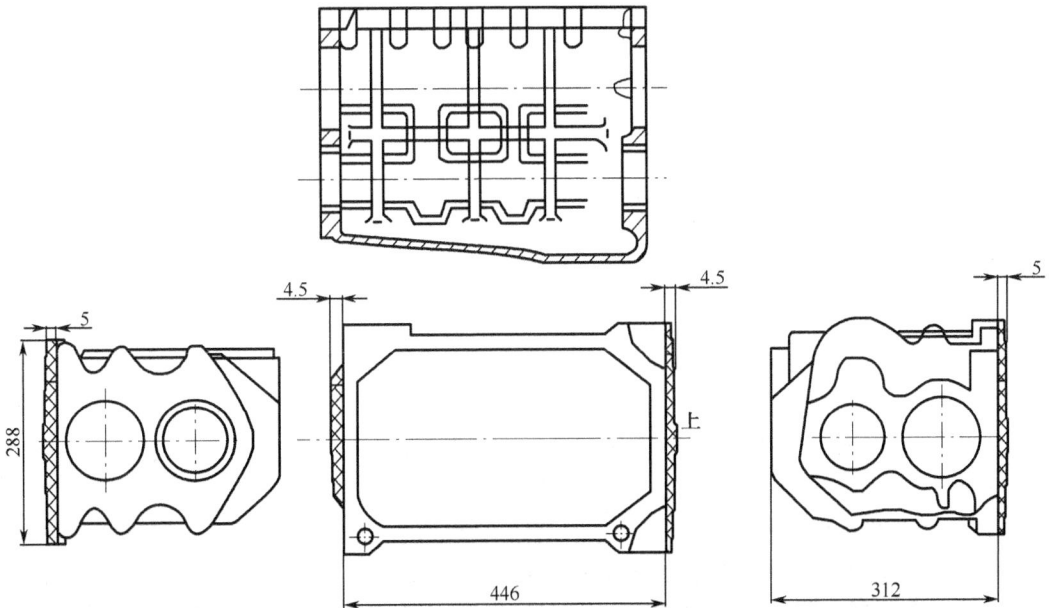

图 6-9　变速箱箱体毛坯图

6.4.3　变速箱箱体的主要加工表面及技术要求

变速箱箱体是典型的箱体零件，其主要的加工表面为平面和轴承孔。

（1）前、后端面的平面度公差均为 0.04mm，表面粗糙度均为 Ra 3.2μm。上盖结合面的平面度公差为 0.1mm，表面粗糙度为 Ra 3.2μm。

（2）第一、第二轴及中间轴轴承孔的孔径尺寸精度为 IT6，表面粗糙度为 Ra 1.6μm。倒车惰轮轴孔尺寸精度为 IT7～IT8，表面粗糙度为 Ra 3.2μm。

（3）第一、第二轴承孔与中间轴轴承孔的平行度公差在水平、垂直两个平面内均为 0.04mm。倒车惰轮轴孔与中间轴轴承孔在水平、垂直两个平面内的平行度公差均为 0.02mm。

6.4.4　变速箱箱体的机械加工工艺过程

1．工艺过程安排

变速箱箱体机械加工工艺过程按下面的两条原则安排。

（1）先面后孔。先加工作为精基准的平面，然后以加工好的平面定位加工孔。这样安排，可以首先把铸件毛坯的气孔、砂眼、裂纹等缺陷在加工平面时暴露出来，以减少不必要的工时消耗。此外，以平面为定位基准加工内孔可以保证孔与平面、孔与孔之间的相对位置精度。其次，先加工平面，可切去铸件表面的凹凸不平及夹砂等缺陷，有利于后续孔加工工序的对刀、调刀及保护刀具。

（2）加工阶段粗、精分开。箱体的结构比较复杂，加工精度要求比较高。所以，箱体主要加工表面一般都明确地划分粗、精加工两个阶段。粗、精加工阶段分开的优点如下。

① 避免粗加工产生的变形破坏已精加工过的表面精度。

② 便于及时发现毛坯的缺陷。

由于粗加工时要切去大部分加工余量，因而粗加工阶段时可以在加工表面上及时发现缺陷（如铸件的缩孔、气孔、锻件的裂纹等）。否则，在表面已精加工完了之后再发现毛坯缺陷而报废时，就浪费了精加工工时。

③ 有利于保证加工精度，也有利于保护机床精度和合理使用机床。

2．定位基准的选择

（1）精基准的选择。箱体定位基准的选择与生产批量、箱体结构及设备情况有关。按基准重合的原则，首先应考虑以箱体结构的设计基准或装配基准作为箱体零件的精基准。因为设计基准与箱体上的各主要孔、端面均有直接的位置关系。以设计基准或装配基准作为统一的定位基准，加工箱体各表面，不仅可以消除基准不重合误差，有利于保证各表面的尺寸和位置精度，而且容易实现基准统一，便于加工。

作为定位基准的平面的面积要大。对于箱体类零件，常采用一面两孔的定位基准组合，来限制工件的六个自由度。两个定位销孔应尽量选择平面上现成的孔，但孔的精度要提高到 H7，表面粗糙度 Ra 0.8μm 左右，而且两孔的距离要求大一些，以减小定位时的转角误差。若定位平面上没有适当的孔，则应在平面上加工出专为定位用的工艺销孔。

（2）粗基准的选择。粗基准的选择应能保证各主要支承孔的加工余量均匀；保证装入箱体的零件与箱壁有足够的间隙。为了满足上述要求，一般选择变速箱体的主要支承孔作为粗基准。以孔作为粗基准加工精基准，可保证孔的加工余量均匀，同时也间接保证了孔与箱壁的相对位置精度。

3．主要加工工序

变速箱箱体的加工生产线共 34 道工序。表 6-4 所示为其主要加工工艺过程（部分）。

表 6-4　变速箱箱体主要加工工艺过程（部分）

序　号	工序名称	工序简图	设　备
10	铣上盖结合面		组合机床
30	铣输送棘爪平面		组合机床

续表

序 号	工序名称	工 序 简 图	设 备
50	半精铣前、后端面		组合机床
60	精镗轴承孔		组合机床
220	精铣倒车轴承孔端面		组合机床

6.5 后桥轴加工工艺

后桥（Rear Axle）又称为驱动桥，是从变速箱第二传动的小锥齿轮开始至驱动轮以前的所有传动机构及其壳体的统称，由中央传动、转向机构或差速器、最终传动等部件组成。其主要功能是：将转动轴传来的发动机（Engine）的动力传给驱动车轮，并进一步降低转速，增大扭矩；同时，将动力的旋转平面改变传动方向 90° 并分配到左、右驱动轮，传递和承受地面推进力和其他反作用力。后桥轴（Rear Axle Shaft）作为后桥的重要组成部分，主要用于安装齿轮、轴承、转向离合器等一些零部件，从而实现传递动力及改变动力旋转平面的功能。

6.5.1　后桥轴的工艺特点

后桥轴在工作时要承受着不断变化的载荷及其所产生的力矩作用，因此要求后桥轴必须具备强度高、刚性强、耐磨性好、热处理变形小等特点。图 6-10 所示是后桥轴零件简图。从零件图上可知，该零件为典型的轴类零件，其结构相对比较简单，主要加工表面有外圆柱面、螺纹、花键、沟槽等，且主要加工面精度要求较高，部分加工面的表面粗糙度甚至达到 0.4μm。其主要工艺要求如下。

（1）硬度 156～217HB，在轴的两端 $\phi55e8$ 的花键上和 $\phi60k6$ 的区段上高频淬火至硬度不低于 50HRC，硬化深度小于 1.2mm，螺纹部分不进行高频淬火。

（2）轴的加工表面应清洁，无氧化皮的痕迹，无碰痕、凹痕、叠缝、分层裂缝、结疤和发裂。

（3）轴上的磨光表面不应有刻痕、墨点、刀痕。

（4）轴上的螺纹均应是清洁的，不得有凹陷、龟裂和碰痕。

（5）当装在顶针中检查时：

① 两个 $\phi60k6$ 的径向跳动不大于 0.04mm；

② 花键槽侧面的平行度在长度 100mm 以内不大于 0.05mm。

（6）对两个 $\phi60k6$ 的公共轴线：

① $\phi75k6$ 的径向跳动不大于 0.05mm；

② $\phi55$ 花键槽表面的径向跳动不大于 0.05mm；

③ 端面 A 的径向跳动不得大于 0.05mm。

（7）用能保证连接件互换性的量规来检验 $\phi55$ 花键槽的位置。

（8）在距花键槽端面 10mm 长度上允许花键宽度稍小，但减小数值不大于 0.15mm。

（9）允许用镀铬法来修补尺寸稍小的两个 $\phi60k6$ 表面。

（10）允许与头一个孔成 90° 钻第二个孔 $\phi6$。

（11）未标明公差，尺寸的公差等级为 Q/SB123-6。

（12）在 $\phi72$ 表面上打上厂标、零件号和技术检验的印记及生产年月。

（13）$2-\phi6$ 轴线对 $\phi55e8$ 轴线的偏移不大于 1mm。

（14）在各段花键上允许沿花键宽度减窄 0.03mm，但不多于两个齿。

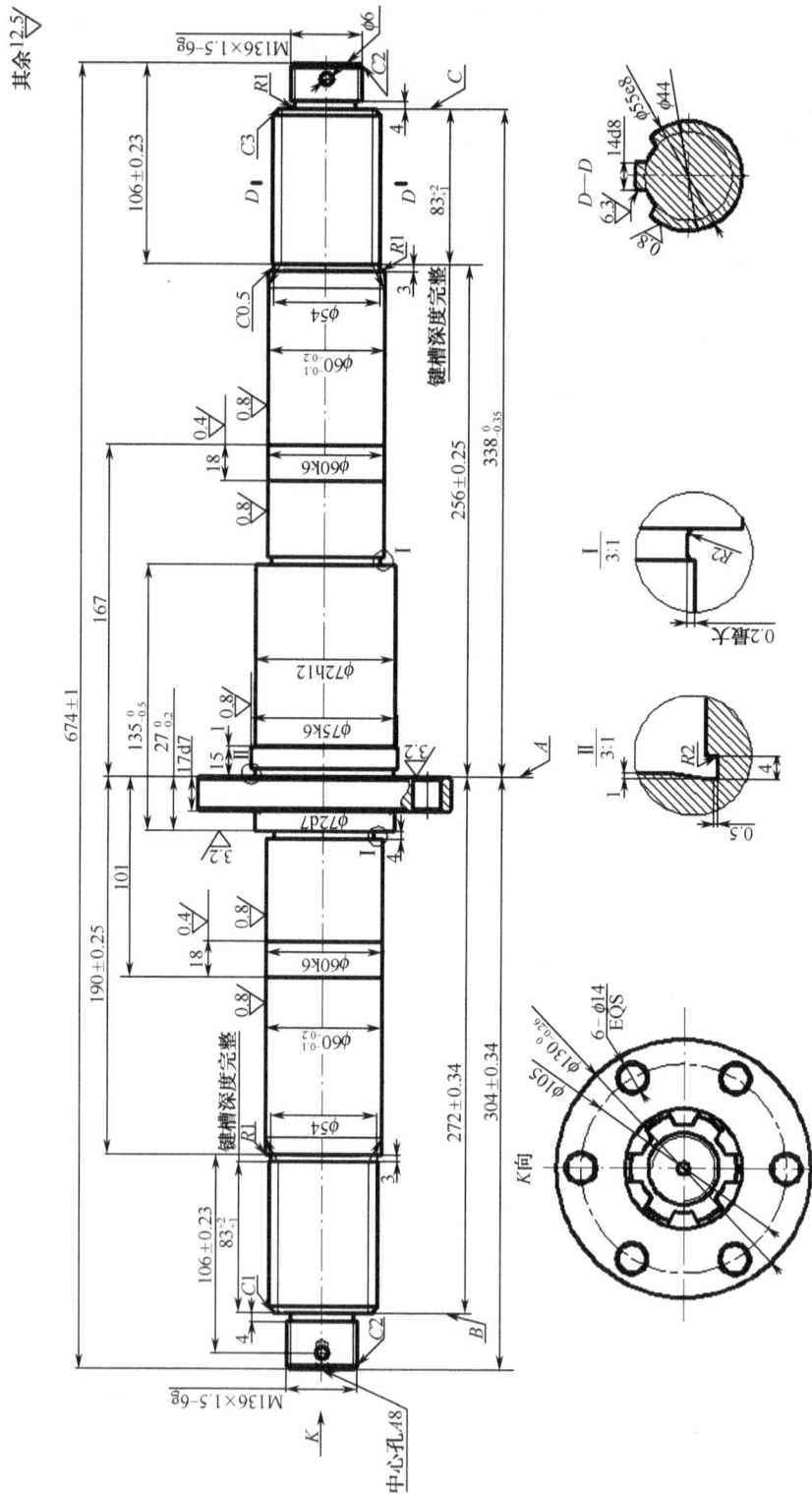

图 6-10 后桥轴零件简图

6.5.2　后桥轴的材料和毛坯

　　一般轴类零件的常用材料是 45 钢，也可以是 40Mn2、50Mn、40Cr 钢，并根据需要进行正火（Normalizing）、退火（Annealing）、调质 （Quenching and Tempering）、淬火（Hardening）等热处理以获得一定的强度、硬度、韧性和耐磨性。在实际应用中可以根据轴的用途选用材料。后桥轴属一般轴类零件，材料选用 45 钢，预备热处理采用正火，最后热处理采用局部高频淬火（High-frequency Quenching）。轴类毛坯（Blank）一般使用锻件和圆钢，结构复杂的轴件也可使用铸件。光轴和直径相差不大的阶梯轴一般以圆钢为主。外圆直径相差大的阶梯轴或重要的轴宜选用锻件毛坯，此时采用锻件毛坯可减少切削加工量，又可以改善材料的力学性质。大批大量生产钢制后桥轴毛坯通常采用模锻件（Die Forging）；而单件小批量生产时则常常采用自由锻造（Free Forging）。图 6-11 所示的是后桥轴 45 钢模锻毛坯图。其锻造过程为：将坯料加热后，经模锻、切边及热处理等工艺获得。

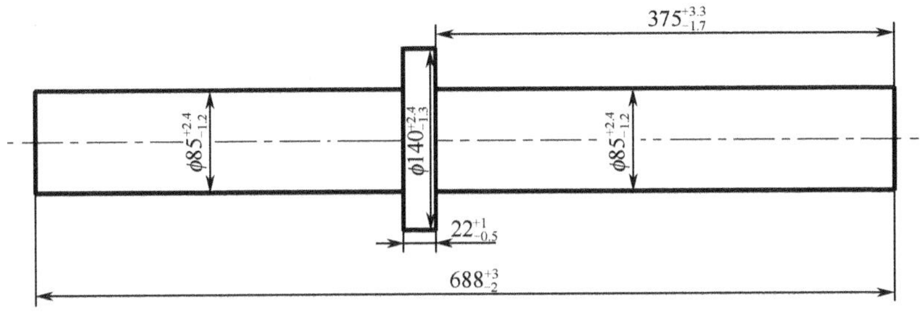

图 6-11　毛坯图

6.5.3　后桥轴的加工工艺过程分析

　　一般轴类零件加工简要的典型工艺路线是：毛坯及热处理→轴件预加工→车削外圆→铣键槽等→最终热处理→磨削。在安排后桥轴加工工艺时，应考虑以下几个问题。

1．定位基准的选择（Locating Datum）

　　一般轴类零件加工中，最常用的定位基准是两端中心孔。因为轴上各表面的设计基准一般都是轴的中心线，所以用中心孔定位符合基准重合原则。同时，以中心孔定位可以加工多处外圆和端面，便于在不同的工序中都使用中心孔定位，这也符合基准统一原则。为此，应先以外圆和台阶面为粗基准，铣端面钻中心孔；然后以该中心孔为精基准，加工其他表面。

2．热处理工序的安排（Heat Treatment）

　　45 钢经锻造后需要正火处理，以消除锻造产生的应力，改善切削性能。对后桥轴上的支承轴颈、花键和端面这些重要且在工作中经常摩擦的表面，为提高其耐磨性均需进行表面淬火处理，表面淬火安排在精加工前进行，以通过精加工去除淬火过程中产生的氧化皮，修正淬火变形。

3．加工顺序的安排（Machining Sequences）

后桥轴的整个加工工艺过程可划分为三个阶段：粗加工阶段、半精加工阶段和精加工阶段。为使安排的加工顺序更为合理，应解决以下两个问题。

（1）外圆表面的加工顺序。对轴上的各阶梯外圆表面的加工应遵循先加工大直径的外圆，后加工小直径外圆的原则，这样可以避免加工初始就降低工件刚度。

（2）铣花键工序的安排。通常铣花键工序应安排在精车外圆之后，否则在精车外圆时产生断续切削，影响车削精度，也易损坏刀具。

6.5.4 后桥轴的加工工艺简图

表 6-5 所示为后桥轴的主要加工工艺过程（部分）。

表 6-5 后桥轴的主要加工工艺过程（部分）

序号	工序名称	工序简图	设备
5	锻造		
10	正火		
15	铣端面，打中心孔		铣端面打中心孔床
20	粗车轴长端		多刀半自动靠模车床

续表

序号	工序名称	工序简图	设备
25	粗车轴短端	全部 12.5	多刀半自动靠模车床
30	精车轴长端	其余 12.5 技术要求：ϕ55.8、ϕ60.8、ϕ75.8 相对于轴心线的径向跳动不大于 0.15mm	多刀半自动靠模车床
35	精车轴短端	其余 12.5 技术要求：ϕ55.8、ϕ60.8 相对于轴心线的径向跳动不大于 0.15mm； A 端面径向跳动不大于 0.10mm	多刀半自动靠模车床

续表

序号	工序名称	工序简图	设备
40	粗铣长端花键	全部 $\sqrt{12.5}$ 83_{-1}^{-2} $15.2_{-0.2}^{0}$ $\phi44.4_{-1.5}^{0}$ $\phi55.8_{-0.4}^{0}$	花键铣床
45	粗铣短端花键	全部 $\sqrt{12.5}$ 83_{-1}^{-2} $15.2_{-0.2}^{0}$ $\phi44.4_{-1.5}^{0}$ $\phi55.8_{-0.4}^{0}$	花键铣床
50	精铣长端花键	其余 $\sqrt{12.5}$ 83_{-1}^{-2} $14_{-0.12}^{-0.07}$ $0.3\sim0.7$ $\sqrt{6.3}$ $\phi44.4_{-1.5}^{0}$ $\phi55.8_{-0.4}^{0}$ 技术要求：1. 花键侧面对零件中心线平行度在长度 100mm 上不大于 0.05mm； 2. 在距花键端面长 10mm 上允许键宽减小，沿键宽减小不大于 0.15mm； 3. 在各段花键上允许沿花键宽度减窄 0.03mm，但不多于两个齿	花键铣床

续表

序号	工序名称	工序简图	设备

55	精铣短端花键	
		
		技术要求：1. 花键侧面对零件中心线平行度在长度 100mm 上不大于 0.05mm；
		
		       2. 在距花键端面长 10mm 上允许键宽减小，沿键宽减小不大于 0.15mm；
		
		       3. 在各段花键上允许沿花键宽度减窄 0.03mm，但不多于两个齿
			花键铣床

60	去毛刺		钳工台
65	清洗		
70	检验		检验台
75	热处理	1. 按热处理工艺进行热处理，特殊条件的螺纹轴颈不淬火； 2. 校正至外圆径向跳动不大于 0.2mm	
80	磨 $\phi55$ 外圆	 技术要求：$\phi55$ 花键槽表面的径向跳动不大于 0.05mm	端面外圆磨床

序号	工序名称	工序简图	设备
85	磨ϕ75外圆和端面A	$17_{-0.19}^{0}$　A　全部 $\sqrt{0.8}$ $\sqrt{3}$　$\phi75_{-0.030}^{-0.023}$　$\sqrt{2}$ 15 技术要求：ϕ75 表面的径向跳动不大于 0.05mm，A 端面的端面跳动不大于 0.05mm	端面外圆磨床
90	磨两个ϕ60的外圆	全部 $\sqrt{0.8}$ $\sqrt{3}$　$\phi60_{-0.003}^{-0.023}$　$\phi60_{-0.003}^{-0.023}$　$\sqrt{2}$ 163　148 技术要求：两个ϕ60 表面的径向跳动不大于 0.04mm	外圆磨床
95	抛光轴颈	0.4　0.4 $\sqrt{3}$　$\phi60_{-0.003}^{-0.023}$　$\phi60_{-0.003}^{-0.023}$　$\sqrt{2}$ 18　18 101　167	外圆磨床
100	钻6-ϕ14及ϕ6的通孔	$C1.5$　$\phi14_{0}^{+0.24}$　全部 $\sqrt{12.5}$ $\sqrt{3}$　$\sqrt{2}$ 296±0.25　362±0.25 技术要求：1. 2-ϕ6 孔轴线对ϕ55e8 轴线的偏移不大于 1mm； 　　　　　　2. ϕ14 孔中心线对其名义位置向任何一边的偏移不大于 0.15mm	组合钻床

续表

序号	工序名称	工 序 简 图	设备
105	去中心孔毛刺		钳工台
110	在轴短端铣螺纹		螺纹铣床
115	在轴长端铣螺纹		螺纹铣床
120	去毛刺	1. 去毛刺; 2. 修正花键; 3. 在 φ72 表面上打上厂标、零件号和出厂年月	钳工台
125	清洗		
130	吹净零件		
135	修整螺纹		钳工台
140	检验		检验台

6.6 数控加工

数控加工与普通机床加工不同，普通机床加工的工序卡只规定工步顺序，具体操作由操作者在加工过程中手动完成，并可根据加工现场实际情况进行改进。数控机床是由加工程序控制的自动化加工机床，加工过程中不需要人参与，加工中的每个细节，如冷却液的关/停，换刀点的位置确定，走刀路线的确定，切削用量的选择等，都需要在加工程序中给定。操作者在加工过程中只需进行将加工程序输入，装夹工件，监视数控系统显示装置，发现警报时及时停车并排除故障等工作。因此，用数控机床加工零件时首先要准备好程序，然后用程序操作数控机床进行加工，而在实际编程前，则应制定数控加工工序，决定数控工序内容。

6.6.1 数控加工工艺

1. 分析零件图样

数控加工前，应认真分析图样，明确零件的几何形状、尺寸和技术要求，明确各工序加工范围和对加工质量的要求，以确保加工后工件能达到图样规定的技术要求，同时要根据数控加工的特点，分析、审查图样。

（1）审查零件图样的尺寸标注是否符合数控加工的特点。当采用绝对值进行数控编程时，工件上的点、线、面位置都应以编程原点为基准标注，因此，零件图中最好以同一基准标注尺寸，或直接给出坐标尺寸。这种标注方法既便于编程，又便于在工艺过程中保持设计、定位、测量基准与编程原点（Program Zero Point）的一致性，如图 6-12 所示。

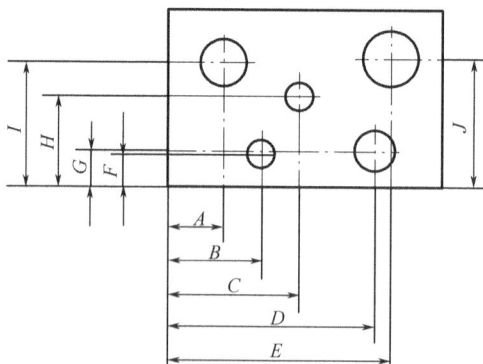

图 6-12　适合数控加工的零件尺寸标注形式

（2）组成零件形状的几何要素的条件是否准确、完整。数控编程时需根据零件形状的几何要素参数进行计算，所以几何要素的参数不全或不准确，将影响编程工作。

2. 数控加工中的工艺分析和工艺处理

数控加工中的工艺分析和工艺处理的基本内容与普通机床的加工是相同的，有关普通机床加工工艺规程的理论，对数控加工都是适用的。下面仅针对数控加工的特点，讨论工艺分析和工艺处理。

1）确定数控加工方案

（1）确定零件上由数控加工的表面。当选择并决定对某个零件进行数控加工后，并不是指所有的加工内容都要在数控机床上完成，而可能只是对其中的一部分进行数控加工，因此，必须对零件图样进行仔细的工艺分析，选择那些适合进行数控加工的内容和工序。在选择并做出决定时，应结合本单位的实际，立足于生产问题，保证加工质量和生产效率，充分发挥数控加工的优势。选择时，一般可按下列顺序考虑：

① 普通机床无法加工的内容应作为优先选择内容；

② 普通机床难加工，质量也难以保证而零件价值又较高的内容应作为重点选择内容；

③ 普通机床加工效率低，劳动强度大的内容，可在数控机床尚存在富余能力的基础上进行选择。

一般来说，上述这些加工内容采用数控加工后，在产品质量、生产效率与综合经济效益等方面都会得到显著提高。此外，在选择和决定加工内容时，也要考虑生产批量、生产周期、工序间周转情况等。总之，要尽量做到合理，达到多快好省的目的，同时也要防止把数控机床降格为普通机床使用。

（2）选用合适的数控机床。为了使数控机床在企业的生产中充分发挥作用，要选用适合本企业生产实际的数控设备。为此，应考虑以下几个问题。

① 选择数控机床的规格。数控机床最主要的规格是其进给坐标轴的行程范围和主轴电动机的功率。可以根据典型加工工件选择数控机床的规格。一般情况下，工件的轮廓尺寸应在机床加工范围内，为了便于装夹，选用机床工作台的面积应比典型工件稍大些。主轴电动机的功率反映了数控机床的切削效率，也隐含了在切削时机床的刚度。要根据典型工件的毛坯余量、所需要的切削力、所需要数控机床能够达到的加工精度等因素，综合考虑选择机床。

② 选择数控机床的精度。应该根据典型零件的关键部位的加工精度要求，选择数控机床的精度等级。例如，国产加工中心按精度可分为普通级和精密级两种。若普通级机床能够满足所需加工精度，就不要选择精密级的机床。因为精密级机床的价格远高于普通级机床，使用过高精密级的机床，会提高加工成本。

（3）选择数控系统。数控系统是数控机床的重要组成部分，应使数控系统与所使用的机床匹配。为此应注意以下几点。

① 选择适用于不同加工类型的数控系统，如 FANUC-T 系统是车削加工用的系统，FANUC-M 系统是铣、镗加工用的系统等。要根据数控机床类型选择相应的数控系统。

② 在同类的数控系统中，应根据生产实际，选择其加工性能，如 FANUC-15M 系统，它的最高进给速度可达 240m/min，同类的 FANUC-0M 系统，只可达到 24m/min。当然它们之间的价格也相差数倍。对于一般的数控机床，采用最高进给速度 20m/min 就可以了。片面追求高性能、新系统，会极大增加数控机床的成本。

③ 数控系统按其具有的功能可分为基本功能和选择功能。基本功能是系统中原来自备的功能；选择功能是只有当用户已特别选择了这些功能后，厂家才提供的。而数控系统的价格往往是只具备基本功能的系统价格很低，而具备选择功能的价格却很高。所以选择功能一定要根据机床的需要来选择，选择那些用不上的选择功能会大幅增加数控机床的成本。

2）确定数控加工工序的内容

（1）定位基准（Locating Datum）的选择。数控加工过程中如需要多次装夹，应采用同一组基准定位。否则，因基准转换，会引起定位误差。为避免工件在两次装夹中各自加工的表面之间产生较大的位置误差，为保证工件在不同装夹中加工的表面之间的相互位置精度，应采用同一组基准定位。对于箱体类工件最好选一面两孔为定位基准，如工件上没有互有合适的定位孔，可以设置工艺孔，如果无法设置工艺孔，也一定要以精基准作为重新装夹的同一定位基准。

（2）工序（Operations）的划分。在确定零件的加工过程中采用数控机床后，拟订其工艺路线时，要尽量采用工序集中原则，针对数控加工的特点，对零件的加工工序的划分还应考虑下述因素。

① 按工序的定位方式划分工序。数控加工常常是粗加工和精加工在一次装夹下完成，工序内容较多，要求夹紧力大。为了保证数控加工过程中定位夹紧的可靠性，一般需要精基准定位，拟订工艺路线要遵循基准先行的原则，在工艺过程中首先用普通机床完成工件精基准的加工，然后用精基准定位，采用数控机床加工零件的主要表面。例如，加工箱体类零件的工艺路线可分为两个阶段，即在数控加工工序前安排一道工序，用普通机床加工箱体工件上的精基准表面，之后，才宜采用数控加工中心机床尽可能多地加工其他表面，这样使数控加工中装夹可靠，有利于保证加工精度，充分利用了数控机床的设备优势。

② 按粗、精分开的原则划分加工工序。如果将粗加工和精加工安排在同一工序中的做法不能满足工件加工精度要求，则可将粗加工和精加工分开，变成两个工序。例如，对于粗加工后需要短期时效（如时效 8h 以上）的工件，或粗加工后可能引起形变，需要矫形的工件，为了确保加工精度，粗加工和精加工应分为两个工序完成。

③ 按使用刀具不同划分工序。为了减少换刀次数，缩短空行程，在一个工序中，用同一把刀具尽可能加工完工件上需用该刀加工的所有表面，尽量避免在其他工序中再一次使用该刀具，避免多次换用同一把刀，无谓增加换刀次数，消耗换刀时间。

（3）工步（Steps）顺序的安排。确定了数控加工工序的内容后，应合理安排一个工序中的工步顺序。工步顺序安排应遵循以下原则。

① 先安排粗加工工步，后安排精加工工步。数控加工通常将加工表面的粗、精加工安排在一个工序完成，为了减小热变形和切削力引起的变形对加工精度的影响，不允许将工件某些表面加工完成后，再加工另一些表面，而应将工件加工表面的粗加工工步集中安排在一起，先加工完，然后再依次进行精加工。

② 先安排加工平面工步，后安排加工孔工步。对箱体类工件，为保证孔的加工精度，应先加工工件上的平面，然后安排孔的加工工步。

③ 按所用刀具划分工步。某些机床工作台回转时间比换刀时间短，可以按使用刀具的不同划分工步，以减少换刀次数，减少辅助时间，提高加工效率。

3）数控加工夹具的选择

数控加工的特点对夹具提出了两个基本要求：一是要保证夹具的坐标方向与机床的坐标方向相对固定；二是要能协调零件与机床坐标系的尺寸。除此之外主要考虑下列几点：

① 当零件加工批量小时，尽量采用组合夹具，可调式夹具及其他通用夹具；

② 当小批或成批生产时才考虑采用专用夹具，但应力求结构简单；

③ 夹具要开敞，其定位、夹紧机构元件不能影响加工中的走刀；

④ 装卸零件要方便可靠，以缩短准备时间，有条件时，批量较大的零件应采用气动或液压夹具、多工位夹具。

4）数控加工刀具的选择

为提高数控机床效率，刀具的选择也非常重要，数控加工对刀具的要求是：刚性好，精度高，使用寿命长，安装调整方便。因此，数控机床的刀具应该选用适合高速切削的刀具材料，如采用硬质合金刀具或涂层刀具等。近几年来，一些新刀具相继出现，使机械加工工艺得到了不断更新和改善。选用刀具时应注意以下几点：

（1）在数控机床上铣削平面时，应采用镶装不重磨可转位硬质合金刀片的铣刀。一般采用两次走刀，一次粗铣，一次精铣。当连续切削时，粗铣刀直径要小一些，精铣刀直径要大一些，最好能包容待加工面的整个宽度。加工余量大且加工面又不均匀时，刀具直径要选得小些，否则，当粗加工时会因接刀刀痕过深而影响加工质量。

（2）高速钢立铣刀多用于凸台和凹槽，最好不要用于加工毛坯面，因为毛坯面有硬化层和夹砂现象，刀具会很快被磨损。

（3）加工余量较小，并且要求表面粗糙度较低时，应采用镶立方氮化硼刀片的端铣刀或镶陶瓷刀片的端铣刀。

（4）镶硬质合金的立铣刀可用于凹槽、窗口面、凸台面和毛坯表面。

（5）镶硬质合金的玉米铣刀可以进行强力切削，铣削毛坯表面和用于孔的粗加工。

（6）精度要求较高的凹槽加工时，可以采用直径比槽宽小一些的立铣刀，先铣槽的中间部分，然后利用刀具半径补偿功能铣削槽的两边，直到达到精度要求为止。

（7）在数控铣床上钻孔，一般不采用钻模，钻孔深度为直径的 5 倍左右的深孔加工容易折断钻头，可采用固定循环程序，多次自动进退，以利于冷却和排屑。钻孔前最好先用中心钻钻一个中心孔或用一个刚性好的短钻头锪窝引正。锪窝除了可以解决毛坯表面钻孔引正问题外，还可以代替孔口倒角。

（8）对于批量较大的工件，可考虑使用复合刀具。虽然复合刀具的费用较高，但是采用复合刀具加工，可以把多个工步变为一个工步，由一把刀具完成加工，减少了机动时间。加工一批工件，只要能减少几十个小时工时，就可以采用复合刀具。

刀具确定好后，要把刀具规格、专用刀具代号和该刀所要加工的内容列表记录下来，供编程使用。记录刀具的工艺文件有刀具卡片、工具卡片，工艺人员应根据数控加工工艺和加工程序，填写工具卡片。操作者根据工具卡安装和调整刀具。表 6-6 所示为某加工中心使用的刀具卡片。

表 6-6　数控加工刀具卡片

产品名称或代号			零 件 名 称		盖　　板	零件图号	
序号	刀具号	刀具规格名称	数量	刀具直径/mm	刀具长度/mm	刀尖半径/mm	备　　注
1	T01	面铣刀 ϕ100	1	ϕ100			
2	T01	面铣刀 ϕ100	1	ϕ100			
3	T02	镗刀 ϕ58	1	ϕ58			
4	T03	镗刀 ϕ59.95	1	ϕ59.95			
5	T04	镗刀 ϕ60H7	1	ϕ60H7			

产品名称或代号				零件名称	盖 板		零件图号	
序号	刀具号	刀具规格名称	数量	刀具直径/mm	刀具长度/mm	刀尖半径/mm	备 注	
6	T05	中心钻 ϕ 3	1	ϕ 3				
7	T06	麻花钻 ϕ 10	1	ϕ 10				
8	T07	扩孔钻 ϕ 11.85	1	ϕ 11.85				
9	T08	阶梯铣刀 ϕ 16	1	ϕ 16				
10	T09	铰刀 ϕ 12H8	1	ϕ 12H8				
11	T10	麻花钻 ϕ 14	1	ϕ 14				
12	T11	麻花钻 ϕ 18	1	ϕ 18				
13	T12	机用丝锥 M16	1	M16				
编制	×××	审核	×××	批准	××	××年×月×日	共 1 页	第 1 页

5）正确选择工件坐标原点（Workpiece Coordination Zero Point）

为了统一地描述刀具与工件的相对运动，各种数控机床上的坐标轴和运动方向都已经标准化，我国现执行的原机械部标准 JB 3051—82 与 ISO 标准等效，机床坐标系是机床运动部件进给运动的坐标系，其坐标轴和运动方向按标准规定，而坐标原点的位置由生产厂家规定。该点在数控机床说明书上均有说明，一般数控车床的机床坐标系原点在主轴中心线与主轴安装卡盘端面的交点上；而数控加工中心机床原点在机床各运动坐标轴的正向极限位置。

工件坐标系是编写程序时计算工件上的坐标点使用的，其原点被称为编程原点。编程原点的位置由编程人员设定，一般选在加工表面的设计基准上，或者工件的定位基准上，以方便尺寸计算，避免尺寸换算误差。有时为方便原点的测定，也可将工件原点选在夹具的找正面上。

加工时，工件随夹具在机床上安装后，测量工件原点与机床原点之间的距离，这个距离称为坐标偏置（Coordinate Offset）。如图 6-13 所示，工件坐标系 I 和工件坐标系 II 相对于机床坐标系分别偏置了（10,15）和（55,40）。加工前将原点的偏置输入到数控系统中（预置坐标原点偏置量），加工时，加工程序中的原点偏置命令使数控系统自动将原点偏置量加到工件坐标系中，即将工件坐标原点平移到机床原点上，也就是把工件坐标系中刀具的运动移到机床坐标系中，所以加工程序可按坐标系编制。加工时利用原点的偏置功能可以保证机床正确执行加工程序。

6）确定机床的对刀点（Presetting Cutter Point）、换刀点（Tool Change Point）

数控机床上可以通过设置"对刀点"实现工件原点的偏置。对刀点是指在数控机床上加工时，刀具相对于工件运动的起始点，所以又称为起刀点。在加工时将工件随夹具安装在机床上，将刀具定位到对刀点，测量对刀点到工件原点的距离（在工件坐标系中刀具位置的坐标值），这个距离是刀具相对工件原点的偏移量，编程时在某系统上用 G92 指令可实现工件原点偏置。

在换刀前应使刀具迅速运动到一个指定点，称为换刀点。换刀点的位置应保证换刀时刀具与工件或机床不发生碰撞，同时要尽量减小换刀时的空行程距离。

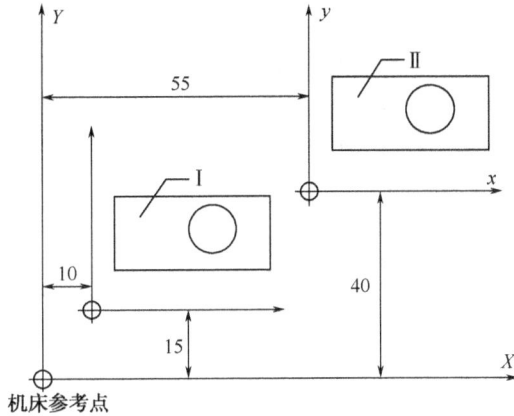

图 6-13　坐标偏置

7）选择合理的走刀路线（Moving Path）

数控加工过程中刀具相对工件的运动轨迹和运动方向称为走刀路线。走刀路线反映了工序的全部加工过程。可按工步顺序初步定出走刀路线，此外，走刀路线的选择还应考虑以下几个因素。

（1）刀具的切入和切出。走刀路线中的每一段进给运动，开始时要加速，快接近终点时要减速。在加速和减速的过程中，刀具运动不稳定，使表面粗糙度值增加，所以在加速和减速过程中不应切削工件，而应在刀具达到匀速进给后再切削工件。为此，在切削时应安排切入量和切出量，即为避开加速和减速过程必须附加一小段工作行程长度，使刀具进给运动加速过程完成后刀具才接触工件，同样，当刀具离开工件后进给运动才减速。例如，在已加工面上钻孔、镗孔，切入量取 1～3mm，在未加工面上钻孔、镗孔，切入量取 5～8mm 等。

（2）切削过程中，刀具进给运动应连续，避免停顿。用立铣刀侧刃加工外圆弧面时，如果刀具沿工件曲面法向切入，则刀具必须在切入点转向，进给运动有短暂停顿，由于机床和刀具刚度的影响，会在工件加工表面的切入点处产生明显的刀痕。此时，可用与圆弧相切的直线段进行切入、切出，如图 6-14（a）所示。如果加工的是封闭的内圆弧面，则刀具无法沿直线切入、切出，通常需另行设计沿切削表面的切向切入圆弧轨迹和切出圆弧轨迹，作为切入量和切出量。如图 6-14（b）所示，刀具沿轨迹 1 从工件中心点进给到切入圆弧的起点，沿切入圆弧 2 铣削到圆弧切入点后，再沿轨迹 3 开始铣削正圆，并回到圆弧切入点，接着从该点沿切出圆弧进给到切出圆弧的终点，再回到工件的中心点。总之，铣削轮廓的表面时，应避免沿加工表面法向切入工件和沿切削表面法向切出，而应沿加工表面切向设置相应的切入量和切出量，这样才能保证加工表面光滑连接。

在对工件加工表面最后一次的切削过程中应保持刀具的进给运动的连续，避免刀具在进给中停顿。进给暂时的停顿，基于同样的理由，会使加工表面在刀具停顿处留下刀痕。

（3）走刀路线应使加工后工件的变形最小。如对截面小的零件或薄板零件应采取分几次走刀加工的方法，或对称去除余量的方法安排走刀路线。

（4）在保证加工精度和表面粗糙度的条件下，应尽量缩短走刀路线，减少空行程，提高生产率。图 6-15 所示为采取三种不同走刀路线加工凹槽，其中图 6-15（a）中的走刀路线称为行切法，图 6-15（b）中的走刀路线称为环切法，图 6-15（c）中的走刀路线是先用行切法切除大部分余量，再用环切法连续进给一刀，精切内轮廓表面。图 6-15（a）所示方案走刀路线较短，但因加工内轮廓表面切削不连续，接刀太多，表面粗糙度值大，是最差的方案；图 6-15（b）所示方案虽能满足加工表面连续切削，可获得较小的表面粗糙度值，但走刀路线长，生产效率低；图 6-15（c）所示方案兼顾图 6-15（a），（b）所示方案中的优点，是最好的方案。

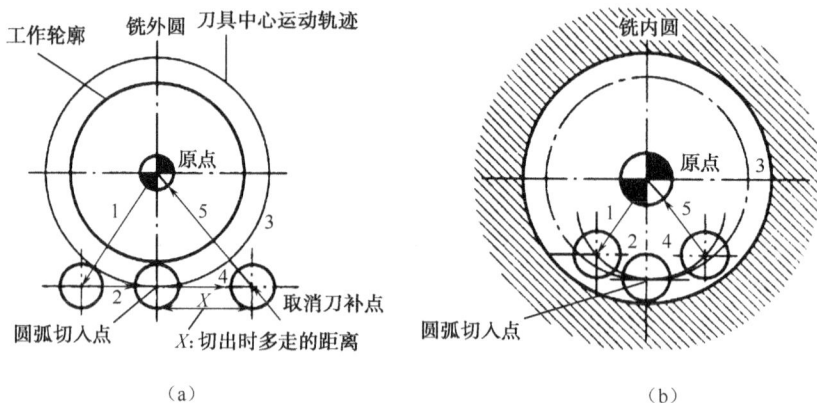

图 6-14　圆弧铣削

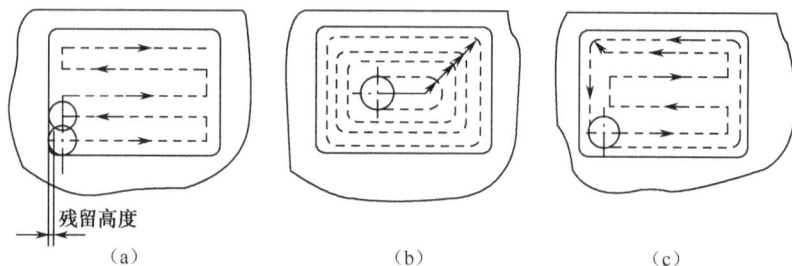

图 6-15　凹槽铣削

（5）走刀路线的选择应有利于简化数值计算，程序段数量少，程序短。

8）确定切削用量

在加工程序中需要给定切削用量，所以在工艺处理中必须正确确定数控加工的切削用量。在选定刀具耐用度的条件下，根据数控机床使用说明书、被加工材料类型、加工要求及其他工艺要求，并结合实际情况来决定切削用量。由于加工中心上频繁换刀影响加工效率，在确定刀具耐用度时应保证刀具至少能加工 2～3 个零件，或工作半个到一个班次。同时，切削用量的选取还应考虑到机床的动态刚度，为了适应数控机床的动态特性，应取较高的切削速度和较小的进给量。

3．数学处理

根据零件的尺寸、加工路线，在规定的坐标系内计算零件轮廓和刀具运动轨迹，诸如组成零件形状几何元素的起点、终点、圆弧的圆心、几何元素的交点或切点等坐标值。如果数控系统没有刀补功能，还需根据刀具的直径，计算刀具中心运动轨迹坐标值，获得刀具位置的数据。通常，对于简单的零件才采用手动编程，由人工完成数据处理；而对于复杂的零件则采用自动编程，由计算机完成数学处理工作。

4．编写零件加工程序

根据走刀路线、工艺参数及刀具位移数据等，按所用数控系统的指令代码和程序段格式，编写零件的加工程序。常用的编程方法有：自动编程和手动编程。

自动编程是指利用计算机专用软件来编制数控加工程序。编程人员只要根据零件图纸的要求，按照某个自动编程系统的规定，将零件的加工信息用较简便的方式送入计算机，即可由计算机自动进行程序的编制，同时，编程系统还能自动打印出程序单和制备控制介质。自动编程减轻了编程人员的劳动强度，缩短了编程时间，提高了编程质量，同时也解决了手工编程无法解决的许多复杂零件的编程难题。常用的自动编程方法有：以自动编程语言为基础的自动编程方法（简称语言式自动编程）和以计算机绘图为基础的自动编程方法（简称图形交互式自动编程）。

手工编程是指由人工完成程序编制的全部工作（包括用通用计算机辅助进行的数值计算）。这要求编程人员不仅要熟悉数控代码和编程规则，而且还必须具备机械加工工艺知识和数值计算能力。虽然对于几何形状较为简单的零件，手工编程具有编程快速、及时的优点，但对于形状复杂的零件（特别是具有非圆曲线、列表曲线或曲面的零件），手工编程就有一定的困难，出错的可能性增大，效率降低，有时甚至无法编出程序。

5．输入加工程序

操作者依据程序单向数控系统输入加工程序，输入程序的装置有：键盘、软盘、程序存储纸带等，也可以利用通信的方式，利用数控系统的 DNC 接口及 RS-232 串行接口，把计算机的数控程序输入到数控系统中，实现数控加工。图 6-16 所示为利用局域网技术、DNC 接口技术和 RS-232 接口技术实现的程序输入。

6．数控加工操作

数控加工操作的一般步骤如下。

（1）回机床参考点（Machine Reference Point）。机床参考点的位置是厂家设定的，在机床说明书中注明。它是用来建立机床坐标系的。机床坐标系描述刀具的运动，数控机床开机后，刀具位置是随机的，数控系统不知道刀具的位置，无法建立机床坐标系，所以开机后首先必须执行"机床返回参考点"操作，使刀具定位在参考点，数控系统得以确认刀具位置，才能建立起机床坐标系。返回参考点可以手动操作，也可以用返回参考点指令将编程轴自动返回到参考点。

（2）找正、安装夹具。夹具在机床上安装完毕，应测量工件原点到机床原点的距离，作为原点偏置量输入到数控系统。

（3）将刀具装入刀库并检查刀号，通过对刀设定刀补值。

（4）输入刀补值、原点偏置等参数。

（5）将程序输入到数控系统。

（6）机床锁定、检查加工程序，检查程序的语法是否有错误。

加工程序空运行，空运行时刀具按快速速率移动而与程序中指令给定的进给速率无关。该功能用来在机床不装工件时检查刀具的运动轨迹。

（7）Z 轴锁定运行程序，检查刀具运行轨迹是否正确。

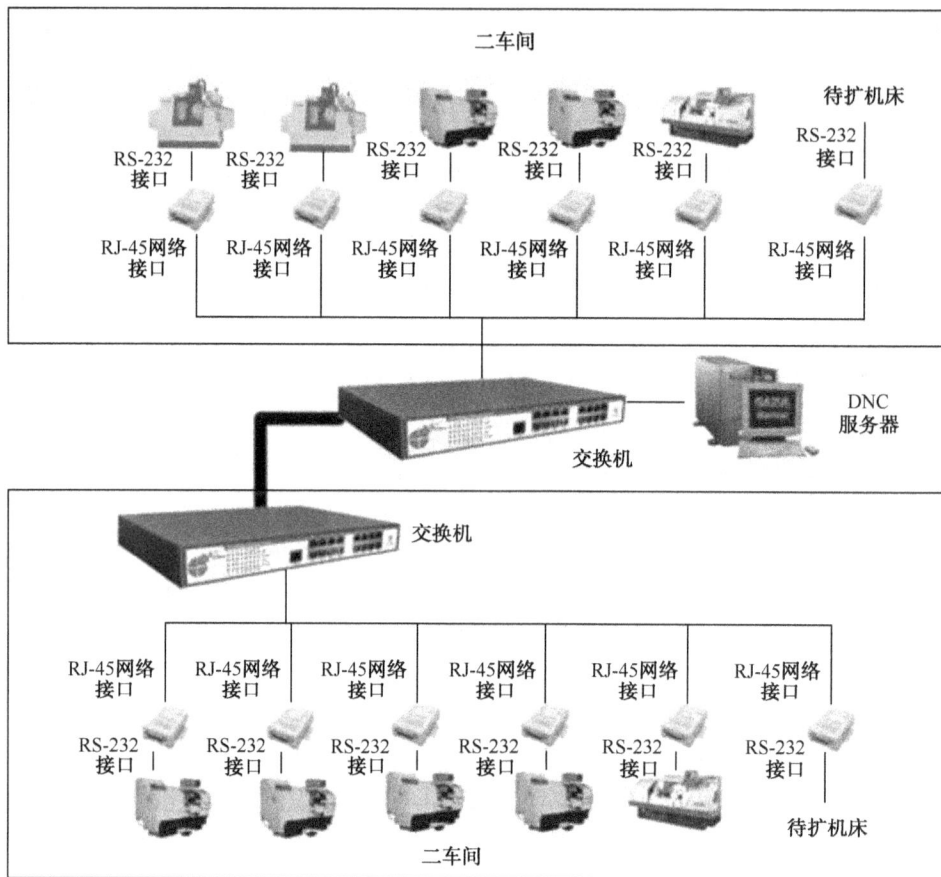

图 6-16 采用通信技术实现的程序输入

（8）试切削。程序空运行无法确定零件加工后的加工精度，而通过试切削，可以检查加工工艺和有关切削参数是否合理，加工精度是否能达到零件的设计要求。对于不能加工出合格产品的程序，通过空运行和试切削找到程序和工艺处理中存在的问题，以便进一步改正，直到加工出合格产品。通过程序空运行和工件的试切削两步进行校验，这是调试加工程序的最后两个环节。

（9）加工生产和复制程序存储介质（Storage Media）。零件的加工程序调试合格后，就可以进行加工生产。对调试合格但又暂时不能用的加工程序，可通过纸带穿孔机或其他存储设备制作程序存储介质，把合格的零件加工程序存储起来，以备以后使用。

7. 数控加工工艺简介

数控加工工艺守则是数控加工操作应遵循的基本规则，数控加工属于金属切削之一，所以数控加工操作者应遵循切削加工工艺守则总则的规定。由于数控加工的工种类型多，所以还应遵循相应工种类别的工艺守则。下面是针对数控加工的特点而制订的工艺守则，数控加工操作者也必须遵循。

1）加工前的准备

（1）操作者必须根据机床使用说明书熟悉机床的性能、加工范围和精度，并要熟练地掌握机床及其数控装置各部分的作用及操作方法。

（2）检查机床各开关、旋钮和手柄是否在正确位置。

（3）启动机床电气部分，按规定进行预热。

（4）开动机床使其空运转，检查各开关、按钮、旋钮和手柄的灵敏度，检查润滑系统是否正常。

（5）熟悉被加工工件的加工程序和工件原点。

2）刀具与工件的装夹

（1）安放刀具时应注意刀具的使用顺序，刀具的安放位置必须与程序要求的顺序和位置一致。

（2）工件的装夹除应牢固可靠外，还应避免工作中刀具与工件或刀具与夹具发生干涉。

3）加工时要求

（1）进行首件加工前，必须经过程序检查、走刀轨迹检查、单程序段试切检查，以及加工完成后的工件尺寸检查、精度检查等步骤。

（2）加工时，必须正确输入加工程序，不得擅自更改程序。

（3）在加工过程中监视者应随时监视显示装置，发现警报信号时，应及时停车，排除故障。

（4）工件加工完后，应将程序纸带或其他存储介质妥善保管，以备再用。

6.6.2　数控车床加工工艺路线

在数控车床上加工零件，应按工序集中的原则划分工序，在一次安装下尽可能完成大部分甚至全部表面的加工。根据零件的结构形状不同，通常选择外圆、端面或内孔、端面装夹，并力求做到设计基准、工艺基准和编程原点的统一。

在数控车削加工过程中，由于加工对象复杂多样，特别是轮廓曲线的形状及位置千变万化，加上材料不同、批量不同等多方面因素的影响，在对具体零件制定加工方案时，应具体分析和区别对待，灵活处理。只有这样才能使所制定的加工方案合理，从而达到质量优、效率高和成本低的目的。

在对零件图进行认真仔细的分析后，制定加工方案的一般原则是先粗后精，先近后远，内外交叉，程序段最少，走刀路线最短。

1．先粗后精

为了提高生产效率并保证零件的精加工质量，在切削加工时，应先安排粗加工工序，在较短的时间内，将精加工前的大部分加工余量去掉，同时尽量满足精加工的余量均匀性要求。

当粗加工工序安排完后，接着安排换刀后进行的半精加工和精加工。其中，安排半精加工的目的是：当粗加工后所留余量的均匀性满足不了精加工要求时，则可安排半精加工作为过渡性工序，以便使精加工余量小而均匀。

在安排可以一刀或多刀进行精加工工序时，其零件的最终加工轮廓应由最后一刀连续加工而成。这时，刀具的进、退位置应考虑妥当，尽量不要在连续的轮廓中安排切入和切出或换刀及停顿，以免因切削力变化而造成弹性变形，致使光滑连续轮廓上产生表面划伤、形状突变或滞留刀痕等瑕疵。

2．先近后远

这里所说的近和远，是按加工部位相对于对刀点的距离大小而言的。在一般情况下，特别是在粗加工时，通常安排离对刀点近的部位先进行加工，离对刀点远的部位后加工，以便缩短刀具移动的距离，减少空行程的时间。此外，对于车削而言，先近后远还有利于保持毛坯件或半成品的刚性，改善其切削条件。

例如，当加工如图 6-17 所示零件时，如果按照 $\phi 38mm$—$\phi 36mm$—$\phi 34mm$ 顺序安排车削，则不仅会增加刀具返回对刀点所需的空行程时间，而且从开始就削弱了工件的刚性，还可能使台阶的直角处产生毛刺（飞边）。

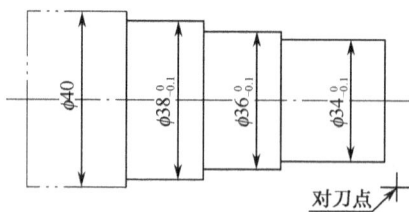

图 6-17　数控车削先近后远原则

3．内外交叉

对既有内表面又有外表面需加工的零件，安排加工顺序时，应先进行内、外表面粗加工，后进行内、外表面精加工。切不能将零件上一部分表面（外表面或内表面）加工完毕后，再加工其他表面（内表面或外表面）。

4．程序段较少

按照每个单独的几何元素分别编制出相应的加工程序，构成加工程序的各条程序即为程序段。在加工程序的编制工作中，总是希望以最少的程序段数即可实现对零件的加工，以使程序简洁，减小出错的概率及提高编程效率。

由于机床数控装置普遍具有直线和圆弧插补运算的功能，除了非圆线外，程序段数可以由构成零件的几何要素及由工艺路线确定的各条程序段得到。

对于非圆曲线轨迹的加工，所需主程序段数要在保证其加工精度的条件下，进行计算后才能得知。这时，一条非圆曲线应按逼近原理划分成若干个主程序段（大多为直线或圆弧），当能满足其精度要求时，所划分的若干个主程序段的段数应为最少。这样，不但可以大大减少计算的工作量，而且能减少输入的时间及计算机内存容量的占有数。

5．走刀路线最短

确定走刀路线工作重点，主要在于确定粗加工及空行程的走刀路线，因精加工切削过程的走刀路线基本上都是沿其零件轮廓顺序进行的。

走刀路线泛指刀具从对刀点开始运动起，直至返回该点并结束加工程序所经过的路径，包括切削加工的路径及刀具引入、引出等非切削空行程。

在保证加工质量的前提下，使加工程序具有最短的走刀路线，不仅可以节省整个加工过程的执行时间，而且还能减少一些不必要的刀具消耗及机床进给机构滑动部件的磨损等。

6.6.3　数控铣床加工工艺路线

数控铣削加工中进给路线对零件的加工精度和表面质量有直接的影响，因此，确定好进给路线是保证铣削加工精度和表面质量的工艺措施之一，确定进给路线也是数控编程的前提。进给路线的确定与工件表面状况、要求的零件表面质量、机床进给机构的间隙、刀具耐用度及零件轮廓形状等有关。下面针对铣削方式和常见的几种轮廓形状来讨论进给路线的确定问题。

1．顺铣和逆铣的选择

铣削有顺铣（Down Milling）和逆铣（Up Milling）两种方式。逆铣是指铣削时铣刀每一刀齿在工件切入处的切削速度 v_c 的方向与工件进给速度 v_f 的方向相反。顺铣是指铣削时铣刀每一刀齿在工件切入处的切削速度 v_c 的方向与工件进给速度 v_f 的方向相同。当工件表面无硬皮，机床进给机构无间隙时，应选用顺铣，按照顺铣安排进给路线。采用顺铣加工后，零件已加工表面质量好，刀齿磨痕小。精铣时，尤其是零件材料为铝镁合金、钛合金或耐热合金时，应尽量采用顺铣。当工件表面有硬皮，机床的进给机构有间隙时，应选用逆铣，按照逆铣安排进给路线。因为逆铣时，刀齿是从已加工表面切入，不会崩刃，机床进给机构的间隙不会引起震动和爬行。

2．铣削外轮廓的进给路线

铣削平面外轮廓时，一般是采用立铣刀侧刃切削。刀具切入零件时，应避免沿零件的外轮廓的法向切入，以免在切入处产生接刀痕，而应沿切削起始点延伸线或轮廓切向方向逐渐切入工件，保证零件曲线的平滑过渡。同样在切离工件时，也应避免在切削终点处直接抬刀，要沿着切削终点延伸线或轮廓切线方向逐渐切离工件。

3．铣削内轮廓的进给路线

铣削封闭的内轮廓的表面时，同铣削外轮廓一样，刀具同样不能沿轮廓线的法向切入和切出。此时刀具可以沿一过渡圆弧切入或切出工件轮廓，如图 6-14（b）所示。

4．铣削内槽的进给路线

所谓内槽是指封闭曲线为边界的平底凹槽。这种凹槽在飞机零件上较为常见，一律用平底立铣刀加工，刀具圆角半径应符合内槽图纸要求。在图 6-15 所示的加工凹槽的三种进给路线中，图 6-15（a），（b）所示分别为用行切法和环切法加工凹槽。两种进给路线的共同点是都能切净凹槽中的全部面积，不留死角，不伤轮廓，同时尽量减少重复进给的搭接量。不同点是行切法的进给路线比环切法短，但行切法将在每两次进给的起点和终点间留下残留面积而达不到所要求的表面粗糙度值；用环切法获得的表面粗糙度值要小于行切法，但环切法需要逐次向外扩展轮廓线，刀位点计算较为复杂。综合行、环切法的优点，采用如图 6-15（c）所示的进给路线，即先用行切法切去中间部分的余量，最后用环切法切一刀，既能使总的进给路线较短，又能获得较小的表面粗糙度值。

5．铣削曲面的进给路线

对于边界敞开的曲面加工，可采用按图 6-18 所示的两种进给路线。对于发动机大叶片，当采用如图 6-18（a）所示的加工方案时，每次沿直线加工，刀位点计算简单，程序短，加工过程符合直纹面的形成，可以保证母线的直线度。当采用如图 6-18（b）所示的加工方案时，符合这类零件数据给出情况，便于加工后检验，叶形的准确度高，但程序较长。当曲面零件的边界是敞开的且没有其他表面限制时，曲面边界可以延伸，球头刀应由边界外开始加工。当边界不敞开或有干涉曲面时，确定进给路线要另行处理。

总之，确定进给路线的原则是在保证零件的加工精度和表面粗糙度的条件下，尽量缩短进给路线，以提高生产效率。

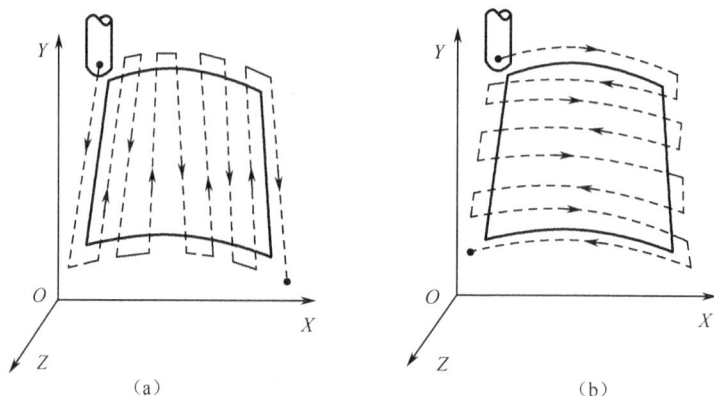

图 6-18　曲面加工的进给路线

6.6.4　数控加工实例

盖板零件是机械加工中常见的零件，加工表面有平面和孔，通常需经铣平面、钻孔、扩孔、镗孔、铰孔及攻螺纹等工序才能完成。下面以图 6-19 所示的盖板零件简图为例，介绍其数控加工工艺。

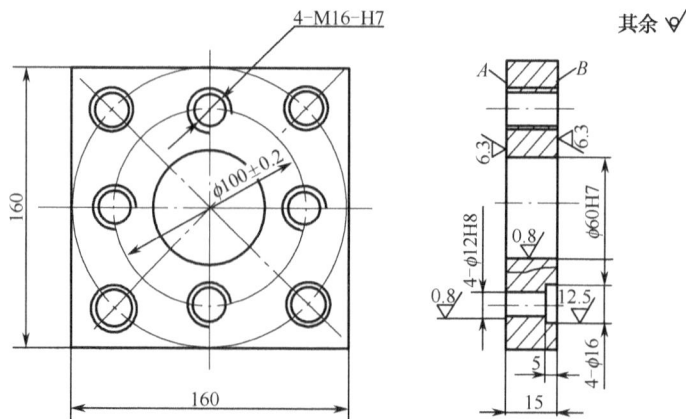

图 6-19　盖板零件简图

1．零件图分析，选择加工内容

该盖板的材料为铸铁，故毛坯为铸件。盖板的四个侧面为不加工表面，全部加工表面都集中在 A、B 面上，其中中心孔的加工精度最高，为 IT7 级。从工序集中和便于定位两方面考虑，选择 B 面及位于 B 面上的全部孔在加工中心上加工，将 A 面作为主要定位基准，并应在前道工序中预先加工好（A 面可在普通铣床上预先加工完成）。

2．工艺设计

（1）选择加工方法。B 面用铣削方法加工，因其表面粗糙度 Ra 值为 6.3μm，故采用粗铣—精铣方案；ϕ60H7 孔已铸出毛坯孔，为达到 IT7 级精度和 Ra 0.8μm 的表面粗糙度值，需经三次镗削，即采用粗镗—半精镗—精镗的方案；对 ϕ12H8 的孔，为防止钻偏和达到 IT8 级精度要求，按钻中心孔—钻孔—扩孔—铰孔方案进行；ϕ16 沉头孔在 ϕ12 基础上镗至尺寸即可；M16 螺纹孔采用先钻底孔后攻螺纹的加工方法，即按钻中心孔—钻底孔—倒角—攻螺纹的方案加工。

（2）确定加工顺序。按照先面后孔、先粗后精的原则确定加工顺序，并根据刀具来安排工步顺序。具体加工顺序为粗、精铣 B 面—粗镗、半精镗、精镗 ϕ60H7 孔—钻各光孔和螺纹孔的中心孔—钻、扩、锪、铰 ϕ12H8 及 ϕ16 的孔—钻 M16 螺纹的底孔、倒角和攻螺纹。具体顺序详见表 6-7。

表 6-7　数控加工工序卡片

工厂名称		产品名称或代号		零件名称		零件图号
				盖　板		
工序号	程序编号	夹具名称		使用设备		车间
		台虎钳		XH714		数控中心
工步号	工步内容	刀具号	刀具规格/mm	主轴转速/ (r/min)	进给速度/ (mm/min)	背吃刀量/mm	备注
1	粗铣 B 平面留余量 0.5mm	T01	ϕ100	300	70	3.5	
2	精铣 B 平面至尺寸	T01	ϕ100	350	50	0.5	
3	粗镗 ϕ60H7 孔至 ϕ58	T02	镗刀	400	60	1.0	
4	半精镗 ϕ60H7 至 ϕ59.95	T03	镗刀	450	50	0.5	
5	精镗 ϕ60H7 至尺寸	T04	精镗刀	500	40	0.02	
6	钻 4×ϕ12H8 及 4×M16 中心孔	T05	ϕ3 中心钻	1 000	50		
7	钻 4×ϕ12H8 至 ϕ10	T06	ϕ10 钻头	600	60		
8	扩 4×ϕ12H8 至 ϕ11.85	T07	ϕ11.85 扩孔钻	300	40		
9	锪 4×ϕ16 至尺寸	T08	ϕ16 锪钻	150	30		
10	铰 4×ϕ12H8 至尺寸	T09	ϕ12H8 铰刀	100	40		
11	钻 4×M16 螺纹底孔至 ϕ14	T10	ϕ14 钻头	450	60		
12	倒 4×M16 底孔端角	T11	ϕ18 钻头	300	40		
13	攻 4×M16 螺纹	T12	M16 机用丝锥	100	200		
编制	×××	审核	×××	批准	×××	××年×月×日	共 1 页　第 1 页

（3）确定装夹方案和选择夹具。该盖板零件形状简单，四个侧面较光整，加工面与不加工面之间的位置精度要求不高，故可选用通用台虎钳，以盖板底面 A 和两个侧面定位，用台虎钳钳口从侧面夹紧。

（4）选择刀具。所需刀具有面铣刀、镗刀、中心钻、麻花钻、铰刀、锪钻及丝锥等，其规格根据加工尺寸选择。B 面粗铣铣刀直径应选小一些，以减小切削力矩，但也不能太小，以免影响加工效率；B 面精铣铣刀直径应选大一些，以减少接刀痕迹，但要考虑到刀库允许装刀直径，也不能太大。具体所选刀具及规格见表 6-7。

（5）确定进给路线。B 面的粗、精铣削加工进给路线根据铣刀直径确定，因所选铣刀直径为 $\phi 100mm$，故安排沿 X 方向两次进给（见图 6-20）。由于孔的位置精度要求不高，所有孔的加工路线均按最短路线确定，由机床的定位精度来确保各孔的位置精度，图 6-21～图 6-25 所示即为各孔加工工步的进给路线。

（6）选择切削用量。查表确定切削速度和进给量，然后计算出机床主轴转速和机床进给速度。具体切削用量详见表 6-7。

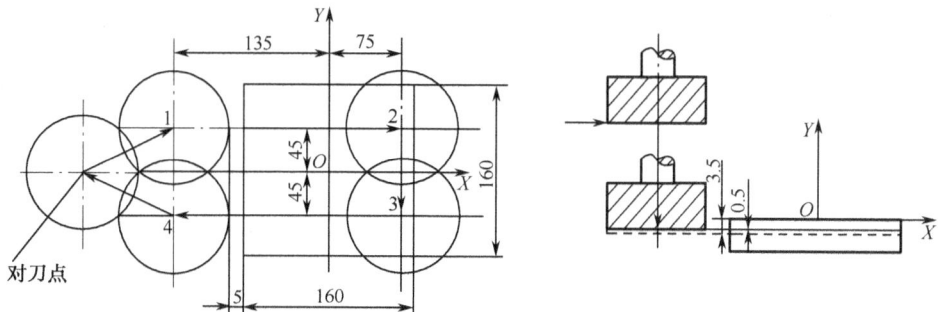

图 6-20　铣 B 平面的进给路线

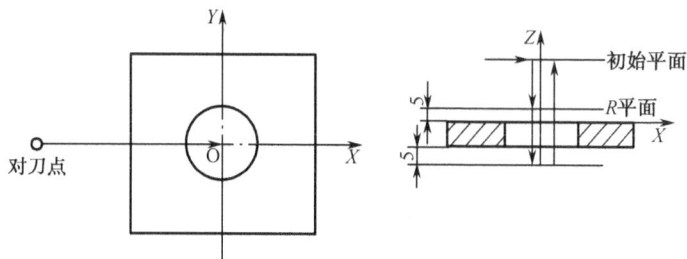

图 6-21　镗 $\phi 60H7$ 的进给路线

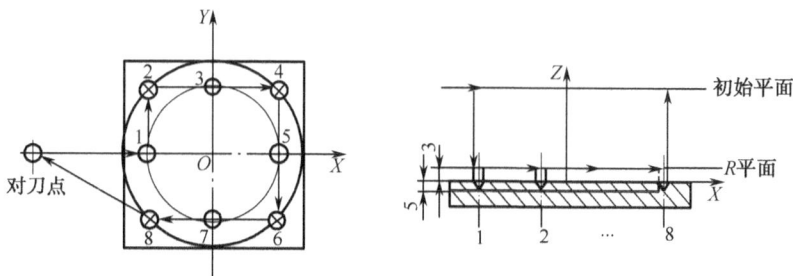

图 6-22　钻中心孔进给路线

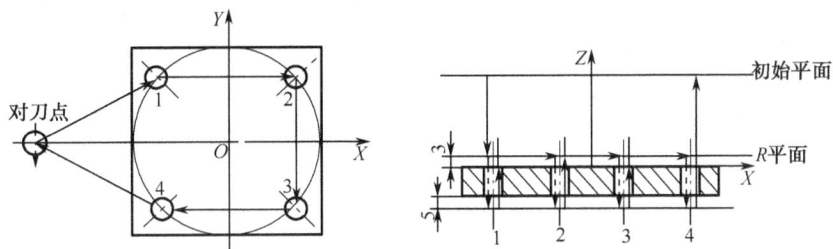

图 6-23　钻、扩、铰 4-ϕ12H8 的进给路线

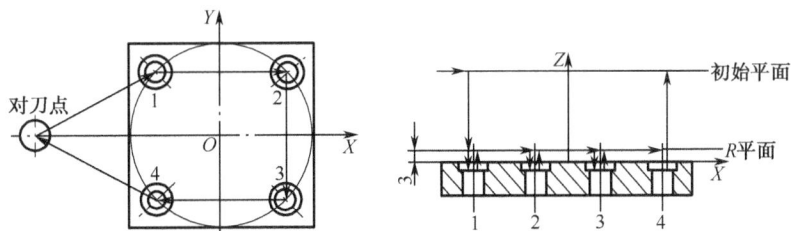

图 6-24　锪 4-ϕ16 的进给路线

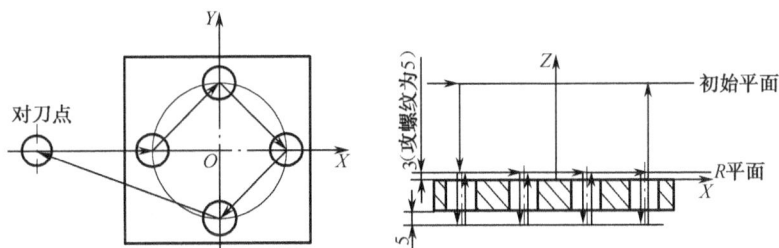

图 6-25　钻螺纹底孔、攻 4×M16 螺纹的进给路线

6.7　思考题

1. 连杆有哪些重要参数？它们对发动机整体性能有何影响？生产中如何保证这些参数？
2. 连杆加工时粗、精基准的选择原则是什么？在加工时是如何体现的？
3. 连杆的机械加工过程分几个阶段？主要工序有哪些？
4. 不合格的活塞装入发动机后，对发动机性能有哪些影响？
5. 活塞加工的粗、精基准是如何选择的？为什么？
6. 曲轴的材料、硬度及热处理方式如何？对机械加工有哪些影响？
7. 曲轴有哪些重要的技术要求？生产中如何保证这些参数？
8. 曲轴的机械加工过程分几个阶段？主要工序有哪些？
9. 变速箱体的功用及结构特点是什么？其材料为什么多采用灰铸铁？
10. 箱体类零件的加工是否都采用"一面二销"的定位方式？为什么？
11. 试分析后桥轴结构及主要技术要求。
12. 试说明中心孔在后桥轴加工工艺中所起的作用。

13. 试分析后桥轴加工工艺过程中加工阶段的划分及热处理工序的安排情况。
14. 在数控加工时，应如何安排工序？
15. 在数控加工工序中，应如何安排工步顺序？
16. 在数控加工工序中，选择走刀路线时应注意哪些因素？
17. 数控车削加工的主要对象有哪些？
18. 数控加工工艺方案的确定应考虑哪些方面？
19. 数控铣床的主要加工对象有哪些？
20. 确定铣刀进给路线时，应考虑哪些因素？
21. 简单说明一下铣削加工中顺铣和逆铣之间的区别。

Chapter **7**

第 7 章

装 配 实 习

　　任何机械产品都是由许多零件和部件组成的，所谓零件（Part）就是指制造中不可再分的基本单元；而部件（Subassembly）则是指由若干零件组成的具有相对独立性的部分，如拖拉机中的发动机等。

　　装配（Assembly）是指将若干个已完成加工的零件结合成部件或将若干个零件和部件结合成机器的过程。通常装配工作分为部件装配（Partial Assembly）和总装配（General Assembly）。凡是将两个以上的零件组合在一起或将零件与几个组件（部件中结构和装配上有一定的独立性，且由若干零件结合组成的部分）结合在一起，成为一个装配单元（Assembly Unit）的工作，均称为部件装配。部件装配是产品进入总装配以前的装配工作。总装配就是指将零件和部件组装成一台完整产品的过程。

　　调整（Adjustment）及试车（Trial Run）也是装配工艺中不可缺少的部分，调整工作是指调节零件或机构的相互位置、配合间隙、结合程度等，目的是使机构或机器工作协调，如轴承间隙、镶条位置、蜗轮轴向位置的调整等；而试车是试验机构或机器运转的灵活性、振动、工作温度、噪声、转速、功率等性能是否符合要求。

7.1 装配组织形式和方法

7.1.1 装配组织形式

在装配过程中为适应零件不同的生产类型，且根据零件的复杂程度，通常装配组织形式可分为以下四种。

1．单件生产的装配（Single-unit-produced Assembly）

单个地制造不同结构的产品，并很少重复，甚至完全不重复，这种生产方式称为单件生产。单件生产的装配工作多在固定的地点，由一个工人或一组工人，从开始到结束进行全部的装配工作。

2．成批生产的装配（Batch-produced Assembly）

在一定的时期内，成批地制造相同的产品，这种生产方式称为成批生产。成批生产时装配工作分为部件装配和总装配，每个部件由一个或一组工人来完成，然后进行总装配。如机床的装配就属于此类。如果是大件的装配，就需要几组操作人员共同进行操作。这种组织形式的装配周期长，占地面积大，需要大量的工具和设备，并要求工人具有全面的技能。

3．大量生产的装配（Mass-produced Assembly）

产品制造数量很庞大，每个工作地点经常重复地完成某一工序，并具有严格的节奏，这种生产方式称为大量生产。大量生产中，把产品装配过程划分为部件、组件装配，使某一工序只由一个或一组工人来完成。同时只有当从事装配工作的全体工人，都按顺序完成了所担负的装配工序以后，才能装配出产品。工作对象（部件或组件）在装配过程中，有顺序地由一个或一组工人转移给另一个或一组工人。这种转移可以是装配对象的转移，也可以是工人的转移。通常把这种装配组织形式叫做流水装配法。为了保证装配工作的连续性，在装配线所有工作位置上，完成某一工序的时间都应相等或互为倍数。在大量生产中，由于广泛采用互换性原则，并使装配工作工序化，因此装配质量好，效率高，生产成本低，是一种先进的装配组织形式。如第一拖拉机股份有限公司第一装配厂的拖拉机装配就属于此类装配。

4．现场装配（Field Assembly）

现场装配共有两种，第一种为在现场进行部分制造、调整和装配。这里，有些零部件是现成的，而有些零件则需要在现场根据具体的现场尺寸要求进行加工，然后才可以进行现场装配。第二种是与其他现场设备有直接关系的零部件必须在工作现场进行装配。例如，减速器的安装就包括减速器与电动机之间的联轴器的现场校准，以及减速器与执行元件之间的联轴器的现场校准，以保证它们之间的轴线在同一条直线上。

除了上面介绍的装配组织形式外，还可根据工作地的组织方式，将装配组织形式分为固定式装配和移动式装配两种。

1）固定式装配

固定式装配是指全部装配工作在一固定地点完成。装配过程中产品位置不变，装配所需零部件都汇集在工作地附近。这种方式多用于单件小批生产中，或用于质量大、体积大而不便移动产品的批量生产中，以及用于因机体刚性差，移动会影响装配精度的场合。

2）移动式装配

移动式装配将零部件用输送带或小车按装配顺序从一个装配地点移动到下一个装配地点，各装配地点分别完成一部分装配工作，用各装配地点工作总和来完成产品的全部装配工作。根据零部件移动方式的不同又可分为连续移动、间歇移动和变节奏移动三种方式。该方式多用于大批大量生产中，以组成装配流水作业线和自动作业线。

7.1.2　装配方法

在装配过程中，除了要选择不同的装配组织形式外，还应选择与装配精度有关的装配方法。一般而言，机器的装配精度要求越高，则对零件的精度要求也越高，但在有些情况下，这是不经济的，有时相关零件制造起来也是很麻烦的，所以对不同的生产条件，在不过高提高零件制造精度的情况下，来保证装配精度，是装配工艺要解决的重要任务。

在长期生产实践中，人们根据不同的机器、不同的生产类型，创造出许多行之有效的装配方法。为达到规定的装配精度常采用的工艺方法有：互换法（Interchangeability Method）、选配法（Selective Assembly Method）、修配法（Repairing Method）和调整法（Adjusting Method）四大类，其中互换法又可以分为完全互换法和不完全互换。表 7-1 列出了常用装配工艺方法的适用范围及实例。

表 7-1　常用装配工艺方法的适用范围及实例

装 配 方 法	适 用 范 围	应 用 举 例
完全互换法	适用于零件数较少，批量很大，零件可用经济精度加工的场合	汽车、拖拉机、缝纫机及小型电动机的部分部件
不完全互换法	适用于零件数较多，批量大，零件加工精度需适当放宽的场合	机床、仪器仪表中某些部件
选配法（分组法）	适用于成批或大量生产中，装配精度很高，零件数很少，又不便采用调整装配的场合	中小型柴油机的活塞与缸套、活塞与活塞销、滚动轴承的内外圈与滚子
修配法	单件小批量生产中，装配精度要求高且零件数较多的场合	车床尾座垫板、滚齿机分度蜗轮与工作台装配后精加工齿形、平面磨床砂轮（架）对工作台台面自磨
调整法	除必须采用分组法选配的精密配件外，调整法可用于各种装配场合	内燃机气门间隙的调整螺钉、滚动轴承调整间隙的间隔套、垫圈、锥齿轮调整间隙的垫片

7.2 装配顺序的确定

零件是通过机械加工的方式被制造出来的,但这些零件要发挥其作用则需通过某种连接技术装配成机器。零件的装配涉及许多装配操作,如零件的准确定位、零件的紧固、固定前的调整和校准等,但最为重要的是这些操作必须以一个合理的顺序进行,这就是装配顺序(Assembly Sequence)。因此,必须事先考虑好装配程序,以便使装配工作能迅速有效地完成。

7.2.1 装配程序

装配的整个过程为:

1. 研究产品装配图和验收技术标准

制定装配工艺时,要仔细地研究产品的装配图及验收技术标准。通过对它们的研究,深入了解产品及部件的具体结构、装配技术要求和检查验收的内容及方法,审查产品的结构工艺性。

2. 确定装配方法

装配方法主要取决于生产纲领和产品的装配工艺性、装配精度等,这在表 7-1 中已进行了说明。

3. 确定装配组织形式

装配的组织形式与产品装配工艺方案的制定有着密切的关系。例如,装配工序划分时的集中或分散程度,产品装配的运输方式,以及工作地的组织等均与装配的组织形式有关。

4. 划分装配单元,确定装配顺序

(1)划分装配单元。将产品划分为若干个装配单元是制定工艺规程中最重要的一个步骤,这对于大批大量生产以及对于结构复杂的产品尤为重要。只有合理地将产品分解为可进行独立装配的单元后才能合理安排装配顺序和划分装配工序,以便组织装配工作的平行、流水作业。

一般来说,在装配过程中,凡能从机器中分解出来,可独立进行装配的部分均被称为装配单元,而装配单元则要根据产品的生产纲领、装配方法、组织形式、现场条件等来划分。任何一个产品都能分解成若干个装配单元,因此,装配单元可以是部件、组件,也可以是合件、套件和零件,从而可以实现分级装配。

(2)选择装配基准件。无论哪一级的装配单元都要选定某一零件作为装配基准件(Assembly Datum Part)。装配基准件可以选一个零件,也可以选比装配对象低一级的装配单元。例如部件装配,其装配基准件可以是一个零件,也可以是一个组件。此外,基准件还应具有较大的体积和质量,有足够的支承面,以满足陆续装入零件或部件时的作业要求和稳定性要求。

(3)确定装配顺序,绘制装配系统图。装配顺序是由产品结构和组织形式决定的。产品的装配总是从基准开始,从零件到部件,由内到外,由下到上,以不影响下道工序为原则,有秩序地进行,并以装配单元系统图(Assembly Unit System Diagram)的形式表示出来。

在绘制装配系统图时，先画一条横线，在横线左端画出代表基准件的长方格，在横线右端画出代表产品的长方格。然后按装配顺序从左向右将代表直接装到产品上的零件或部件的长方格从水平线引出，零件画在横线上面，部件或组件画在横线下面，长方格内要注明零件或组件名称、编号和件数等信息。图 7-1 所示为产品装配系统图。

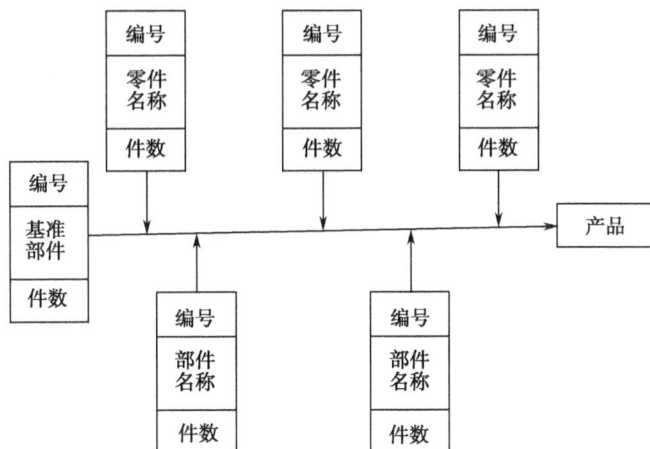

图 7-1 产品装配系统图

装配单元系统图用图解来说明产品及各级装配单元的组成和装配程序，从中可了解整个产品的装配过程，它是产品装配的主要技术文件之一。它有助于拟订装配顺序并分析产品结构的装配工艺性。在设计装配车间时可以根据它组织装配单元的平行装配，并按装配顺序合理布置工作地点。

5．划分装配工序

在装配过程中，通常将由一个工人或一组工人在不更换设备或地点的情况下完成的装配工作，叫做装配工序（Assembly Operation）；而用同一工具，在不改变工作方法的情况下，在固定的位置上连续完成的装配工作，叫做装配工步（Assembly Step）。在装配顺序确定以后，就应将装配工艺过程划分为若干工序，并确定工序内容、设备、工装及时间定额，制定各工序装配操作范围和规范，以及各工序装配质量要求及检测方法、检测项目等。工序划分主要工作有：

（1）确定工序集中与分散的程度；

（2）划分装配工序，确定工序内容；

（3）确定各工序所需的设备和工具，如需专用夹具与设备，则应制定设计任务书；

（4）制定各工序装配操作规范，如过盈配合的压入力、变温装配的装配温度及紧固件的力矩等；

（5）制定各工序装配质量要求及检测方法、检测项目等；

（6）制定各工序时间定额，平衡各工序的工作节拍。

6．制定装配工艺卡或装配工序卡（Assembly Operation Card）

单件小批生产时，通常不制定装配工艺卡，工人按装配图和装配系统图进行装配。

成批生产时，通常制定部件及总装的装配工艺卡。在工艺卡上只写明工序次序、简要工序内容、所需设备、工夹具名称及编号、工人技术等级及时间定额即可。

大批大量生产时，不仅要制定装配工艺卡，还要为每一工序单独制定装配工序卡，详细说明工序的工艺内容，直接指导工人进行装配。成批生产的关键工序也需制定相应的装配工序卡。

7.2.2 装配顺序安排原则

合理的装配顺序在很大程度上取决于：装配产品的结构、零件在整个产品中所起的作用和零件间的相互关系、零件的数量。

安排装配顺序一般应遵循的原则是：首先选择装配基准件，它是最先进入装配的零件，并从保证所选定的原始基面的直线度、平行度和垂直度的调整开始。然后根据装配结构的具体情况和零件之间的连接关系，按先下后上、先内后外、先难后易、先重后轻、先精密后一般的原则去确定其他零件或组件的装配顺序。

例如，拖拉机的柴油发动机由两大机构和四大系统组成，即曲柄连杆机构、配气机构，燃料供给系统、润滑系统、冷却系统和启动系统。柴油机是压燃的，不需要点火系统。其装配可分为各组件的装配和发动机总装配，而其总装的基础件就是汽缸体，并从它的内部向外逐级装配。图 7-2 所示为发动机总装配步骤。

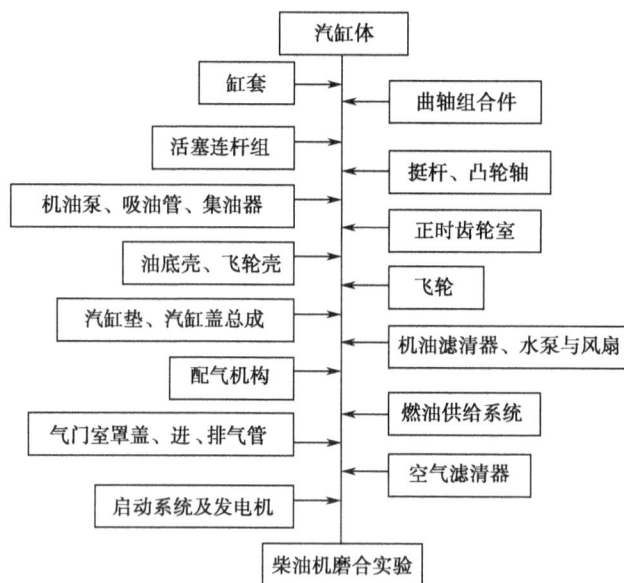

图 7-2　发动机装配步骤

7.2.3 装配实例

现就以某简易锥齿轮轴组件为例，根据前面所介绍的装配工艺方面的知识，确定装配工艺过程，从而使学生能更好地掌握装配工艺。

锥齿轮轴是拖拉机中央传动环节的一个重要组成部分，它能将由发动机传送过来的动力旋转平面的方向转变90°，以适应拖拉机行驶的需要。图 7-3（a）所示为锥齿轮轴组件装配图。图 7-3（b）所示为其装配顺序图。图 7-4 所示则为其装配单元系统图。表 7-2 所示为其装配工艺规程。

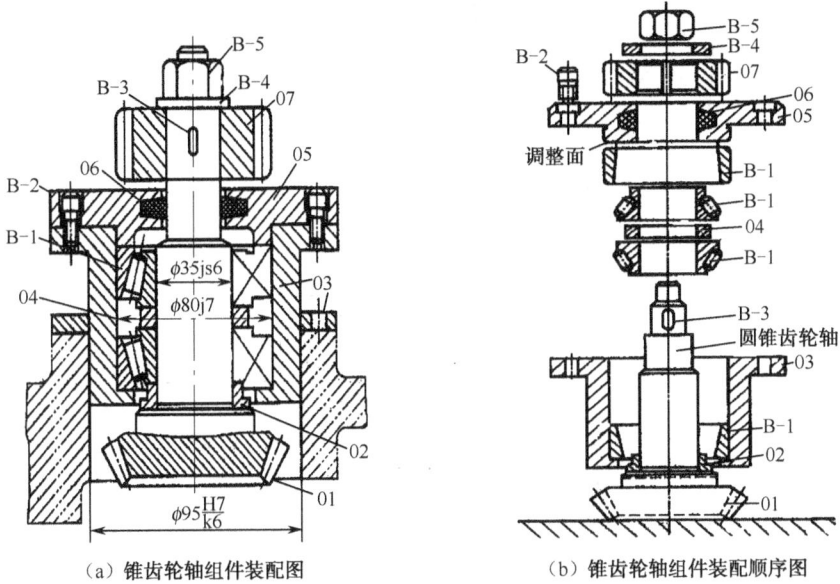

（a）锥齿轮轴组件装配图　　　（b）锥齿轮轴组件装配顺序图

01—锥齿轮轴；02—衬垫；03—轴承套；04—隔圈；05—轴承盖；06—毛毡圈；07—圆柱齿轮；

B-1—轴承；B-2—螺钉；B-3—键；B-4—垫圈；B-5—螺母

图 7-3　锥齿轮轴组件装配顺序

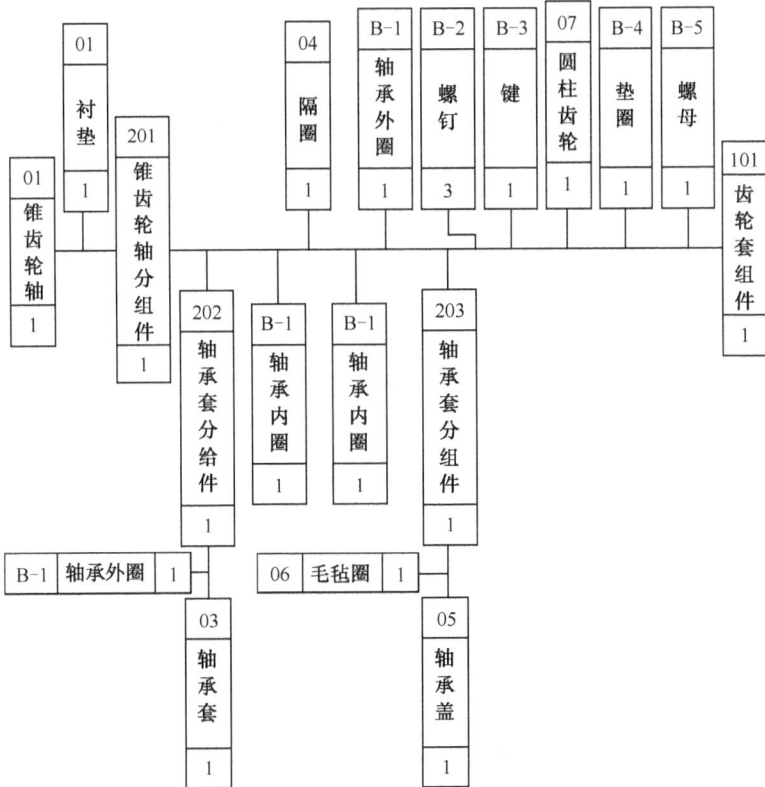

图 7-4　圆锥齿轮轴组件装配单元系统图

表 7-2　圆锥齿轮轴组件装配工艺规程

操作步骤	标准步骤	解　释
1. 工作准备	熟悉任务	图纸和零件清理
		装配任务
	初检	检查文件和零件的完备情况
	选择工、量具	见工、量具列表
	整理工作场地	选择工作场地
		备齐工具和材料
	清洗	用清洁布清洗零件
2. 装配衬垫（02）	定位	将衬垫套装在锥齿轮轴上
3. 装配毛毡圈（06）	定位	将已剪好的毛毡圈塞入轴承盖槽内
4. 装配轴承外圈（B-1）	润滑	在配合面上涂上润滑油
	压入	以轴承套为基准，将轴承外圈压入孔内至底面
5. 装配轴承套（03）	定位	以锥齿轮轴组件为基准，将轴承套分组件套装在轴上
5.1　装配轴承内圈（B-1）	润滑	在配合面上涂上润滑油
	压入	将轴承内圈压装在轴上，并紧贴衬垫（02）
5.2　装配隔圈 （04）	定位	将隔圈（04）装在轴上
5.3　装配轴承内圈（B-1）	润滑	在配合面上涂上润滑油
	压入	将另一轴承内圈压装在轴上，直至与隔圈接触
5.4　装配轴承外圈（B-1）	润滑	在轴承外圈涂上润滑油
	压入	将轴承外圈压至轴承套内
5.5　装配轴承盖（05）	定位	将轴承盖放置在轴承套上
	紧固	用手拧紧 3 个螺钉（B-2）
	调整	调整端面的高度，使轴承间隙符合要求
	固定	用内六角扳手拧紧 3 个螺钉（B-2）
6. 装配圆柱齿轮（07）	压入	将键（B-3）压入锥齿轮轴键槽内
	压入	将圆柱齿轮压至轴肩
	检查	用塞尺检查齿轮与轴肩的接触情况
	定位	套装垫圈（B-4）
	紧固	用手拧紧螺母（B-5）
	固定	用扳手拧紧螺母（B-5）
7. 检查	最后检查	检查锥齿轮转动的灵活性及轴向窜动

注：所用工具与量具包括压力机、塑料锤、开口扳手、内六角扳手、塞尺。

7.3　装配流水线生产

研究生产过程的目的是为了在空间上和时间上合理地组织生产过程，提高劳动生产率，缩短生产周期，加速资金周转，降低产品成本。采用对象专业化的空间组织形式和平行移动的时间组织方式，是达到这一目的的两个重要方法，而流水线生产把高度的对象专业化的生产组织和劳动对象的平行移动方式有机地结合起来，成为一种先进的生产组织形式，特别是在大量生产企业中，流水线生产方式占有十分重要的地位。

现代流水线生产方式起源于福特制。1914—1920 年间，福特创立了汽车工业的流水线，适应了大规模生产的要求，最初福特在他的汽车厂中积极推行泰罗制。但随着工业生产规模的扩大，市场竞争日益激烈，福特发现泰罗制着重于个别工人操作合理化和计件工资的研究，而对如何从整体的观点协调各作业、各个工序，以提高整个工厂的效率，则缺乏注意和研究，达不到"低成本、高利润"的要求，从而在泰罗制的基础上予以改进。

福特制的主要内容是：

（1）在科学组织生产的前提下谋求高效率和低成本，因而实施产品的标准化、零件的标准化、设备的专业化和工厂的专业化。为了追求最低成本，福特认为首先要将生产集中于最佳的产品型号，提出所谓的"单产品原则"。福特汽车公司曾在很长时间内集中生产 T 型汽车，为大量生产创造了重要前提。

（2）创造了流水线作业的生产方法，建立了传送带式的流水线。由于传送带的广泛应用，使得原材料均可在使用机械装置搬运移动中加工成为各种零件，而部件装配和汽车总装配，可以采用移动装配法完成。

流水线开始出现时，采取了单一的流水线形式，以后又出现了多对象的可变流水线和成组流水线。

7.3.1　流水线生产的特征

流水线生产是指劳动对象按一定的工艺路线和统一的生产速度，连续不断地通过各工作地，顺次地进行加工并生产产品（零件）的一种生产组织形式。其特征如下。

（1）工作地专业化程度高，即专业性；

（2）生产具有明显的节奏性，按节拍进行生产，即节奏性；

（3）劳动对象流水般地在工序间移动，生产过程具有高度的连续性，即连续性；

（4）各工序工作地（设备）数量与各工件单件加工时间的比值相一致，即一致性；

（5）工作地按工艺顺序排列成链索形式，劳动对象在工序间单向移动，即顺序性。

7.3.2　流水线生产形式和平面布置情况

1．流水线生产的形式

（1）按生产对象是否移动，分为固定流水线和移动流水线。

固定流水线：加工对象固定，生产工人携带工具移动。

移动流水线：加工对象移动，工人和设备固定。

（2）按生产品种数量的多少，分为单品种流水线和多品种流水线。

单品种流水线：流水线上只固定生产一种制品。要求制品的数量足够大，以保证流水线上的设备有足够的负荷。

多品种流水线：将结构、工艺相似的两种以上制品，统一组织到一条流水线上生产。

（3）按生产的连续性，分为连续流水线和间断流水线。

连续流水线：制品从投入到产出在工序间是连续进行的，没有等待和间断时间。

间断流水线：由于各道工序的劳动量不等或不成整数倍关系，生产对象在工序间会出现等待停歇现象，生产过程是不完全连续的。

（4）按实现节奏的方式，分为强制节拍流水线、自由节拍流水线及粗略节拍流水线。

强制节拍流水线：要求准确地按节拍出产制品。这种流水线具有严格的节拍，并最大限度地节约了在制品占用量。

自由节拍流水线：要求在规定的时间间隔期内，生产率符合节拍要求，但对生产每件产品的节拍并无严格要求。

粗略节拍流水线：只要求流水线每经过一个合理的时间间隔生产等量的制品，而每道工序并不按节拍进行生产。

（5）按对象的轮换方式，分为不变流水线、可变流水线、成组流水线和混合流水线。

不变流水线：在流水线上只固定生产一种制品。要求制品的数量足够大，以保证流水线上的设备有足够的负荷。

可变流水线：集中轮番地生产固定在流水线上的几个对象，当某一制品的批制造任务完成后，相应地调整设备和工艺装备，然后再开始另一种制品的生产。

成组流水线：在一定时间内顺序生产固定在流水线上的几种制品，在变换品种时基本上不需要重新调整设备和工艺装备。

混合流水线：在流水线上同时生产多个品种，各品种均匀混合流送，组织相间性的投产。一般多用于装配阶段生产。

（6）按机械化程度，分为自动、机械化和手工流水线。

2．流水线的平面布置

流水线的平面布置应当有利于工人操作方便，以及制品运动路线最短，流水线上互相衔接流畅和充分利用生产面积。而这些要求同流水线的形状、工作地的排列方式等有密切的关系。

流水线的形状一般有直线形、直角形、U 形、山字形、环形、S 形等，如图 7-5 所示，每种形状的流水线在工作地（设备）的布置上，又有单列流水线与双列流水线。

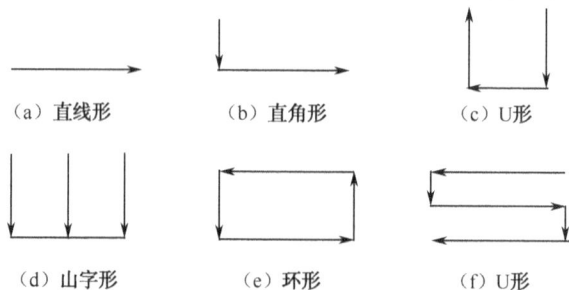

（a）直线形　　　（b）直角形　　　（c）U 形

（d）山字形　　　（e）环形　　　（f）U 形

图 7-5　流水线的类型

3. 现代流水线的设计形式

随着"多品种、小批量生产方式"的出现，其流水线生产的形式也发生了变化，出现了多品种流水线，通常其形式又可分为：可变流水线和混合流水线。前者在整个计划期内（如一季、一月、一天），按一定的重复期（间隔期），成批轮流生产多种产品，但在计划期的各段时间内，流水线上只生产一种产品，这种产品按规定的批量完成以后，才转而生产另一种产品。混合流水线将流水线上生产的多种产品，按一定的数量和顺序编成组，同组的各种产品在一定时间内混合地同时进行生产。

7.4 拖拉机总装线介绍

履带式拖拉机是第一拖拉机股份有限公司第一装配厂的主要产品，其主要结构由发动机、底盘、车身、电气设备四大部分组成，其中底盘一般由传动系统、行走系统、转向系统、制动系统和工作装置组成。发动机 2 产生的动力和运动经离合器 3、联轴器 4 传给变速器 6，经变速器 6 变速、变转矩后，成为拖拉机前进所需的动力和运动，并由后桥 9 中的中央传动锥齿轮 10 及最终传动齿轮 11，使驱动轮 12 产生运动。图 7-6 所示为履带式拖拉机结构图。

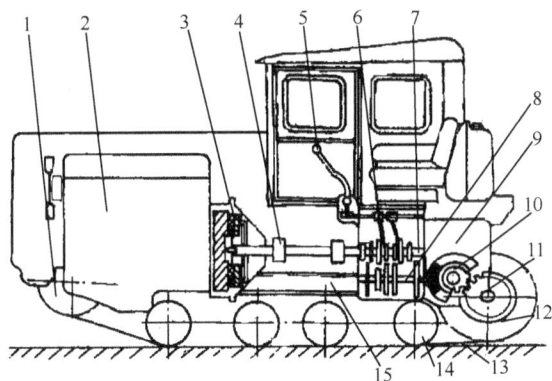

1—导向轮；2—发动机；3—离合器；4—联轴器；5—变速杆；6—变速器；7—第一轴；8—第二轴；
9—后桥；10—中央传动锥齿轮；11—最终传动齿轮；12—驱动轮；13—履带；14—支承轮；15—车架

图 7-6 履带式拖拉机结构图

拖拉机装配工艺的组织形式应属于大批量生产装配，其装配过程可按照一定的节拍进行，以实现高度机械化的多品种混合流水线生产。为保证装配精度，在装配过程中通常采用互换装配法或分组装配法，允许有少量简单的调整。

7.4.1 第一装配厂总体布局

第一装配厂整个厂区车间共分为两大部分：零件生产区和零、部件装配区（进入厂房大门后，右手边为零件生产区，左手边为零、部件装配区）。生产区拥有各类现代化设备近千台，包括加工中心、柔性加工线、气体保护焊、进口重型立式拉床、多轴自动立式车床、微机控制的多功能可控气氛多用炉、光亮淬火、数控感应加热处理，并有壳体类、拨叉类、轴类零件的专用生产线，其所生产的零件都是以流水线的形式从右往左组织生产的，并最终被传送到左边装配区；左边装配区又可分为部件组装区、整车总装区、分装部件调试区等。新建成的总装配线科技含量较高、功能齐全，采用了工业自动计算机监控、在线检测、计算机监测磨合试验台、大屏幕物流管理等多项新技术，可实现多品种混流装配及大马力拖拉机的装配。整个装配区是按直角型流水线布置的，即以从右往左、从前往后的顺序进行布置，从而使拖拉机整机装配过程有条不紊地展开，并可实现多品种混流共线总装。图7-7所示为第一装配分厂的车间布局图。

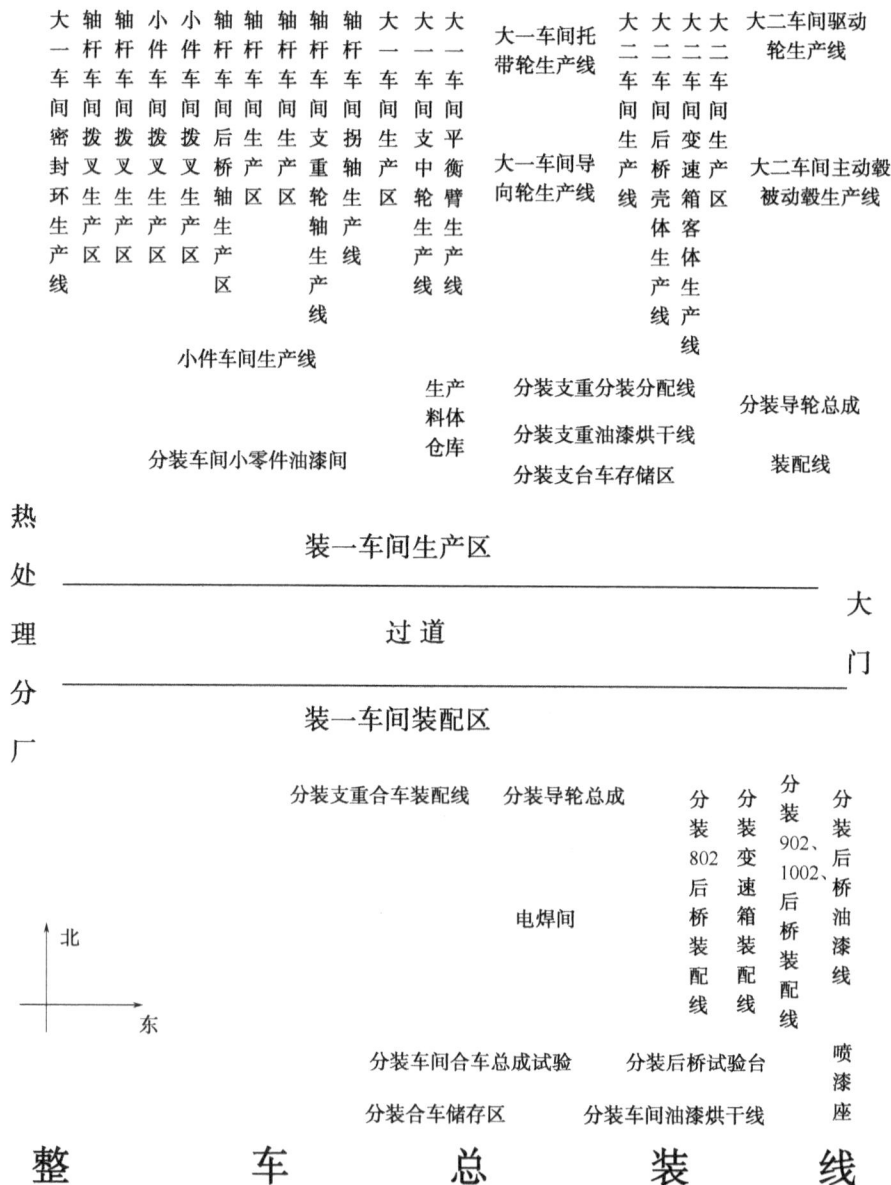

大一车间密封环生产线　轴杆车间拨叉生产区　轴杆车间拨叉生产区　小件车间拨叉生产区　小件车间拨叉生产区　轴杆车间后桥轴生产区　轴杆车间生产区　轴杆车间支重轴生产区　轴杆车间支重轮轴生产线　轴杆车间拐轴生产线　大一车间生产线　大一车间支中轮生产线　大一车间平衡轴生产线

大一车间托带轮生产线

大一车间导向轮生产线

大二车间生产线　大二车间后桥壳体生产线　大二车间变速箱客体生产线

大二车间驱动轮生产线

大二车间主动毂被动毂生产线

小件车间生产线

生产料体仓库

分装支重分装分配线

分装支重油漆烘干线

分装支台车存储区

分装导轮总成装配线

分装车间小零件油漆间

热处理分厂

装一车间生产区

————————————————

过道

大门

————————————————

装一车间装配区

分装支重合车装配线　　分装导轮总成

分装802后桥装配线　分装902、1002后桥装配线　分装变速箱装配线　分装后桥油漆线

北

东

电焊间

喷漆座

分装车间合车总成试验　　分装后桥试验台

分装合车储存区　　分装车间油漆烘干线

整 车 总 装 线

图 7-7　第一装配分厂的车间布局图

7.4.2 拖拉机总装线设计方案

1．总体思路

该总装线采用动态柔性设计思想，能根据市场对产品的需求而变化。该装配线采用了组合配置的方法，能够实现总装线总装节拍调整和多品种混流共线总装的要求，同时，还应用了工业自动化技术，从而解决了全线的自动控制和安全保护等方面的问题。在设计该总线时，设计人员还完成了重载状态下的动力驱动系统的设计；采用了承载主件转移到台架小车的方法，解决了单台位的承重问题；运用了有限元理论，优化设计了输送链链板；设计了托链等结构，解决输送链的回程问题。

2．总装节拍调整和多品种混流共线总装的方案

传统的设计方法一般以生产纲领、年时基数、工时定额等为依据，设计生产系统并计算设备的数量规格和人员配置的多少，很少考虑市场需求的波动性，从而导致制造资源的浪费、劳动生产率的低下及产品成本的增加。为解决这一问题，主要从以下两个方面给予充分的考虑。

（1）考虑市场需求量的波动，采用无级变频调速技术。使总装线的运行速度控制在 0.2～1.2m/min 以内实现恒扭矩无级调速，可依据市场需求量大小，进行生产调度，调整总装节拍，调整岗位人员的配置数量等，对市场波动做出快速反应。

（2）力求使总装线适应多品种的混流共线总装。一拖集团科技分公司大型履带拖拉机产品主要有东方红 802 型、802KT 型、1002 型、1202 型。另外，还有工业推土机和自走式移动电站等。这些产品都要求在新研制开发的总装线上能够进行，实现混流共线总装，具备一定的柔性。为此，除了考虑单台位的承重、线速等因素外，特别注重不同车型、不同品种产品在总装线上支点位置的选择确定。在现有的产品中，对其底盘进行研究并一一做了相应的现场试验分析，筛选优化，终于确定了理想的支点位置，设计制作了多种车型共用的支承部件，满足了要求。另外，考虑到今后发展的需要，在支承部件的结构里还为其他产品支点位置的变更设计制作提供了可能，以适应市场需求多样性波动需要。

3．总装线的方案

该总线为直线布局形式，两侧及上部分别与传动箱总成、底盘总成、驾驶室总成等分装线协调配置，形成了合理的物流和人流。该线由输送链、线架结构、驱动站、张紧站、台架小车、排污系统、电控系统等部分组成，总线长 170m，线宽 1m，33 个台架位，台位间距 5.12m，可达年产 3 万台的生产纲领。主要设备有桥式起重机（行车）、吊装设备、风扳机、扭力扳手等。其装配以车架为基础件，由运输链驱动按照从后向前、从下到上、从里向外、先重后轻的顺序进行装配。拖拉机装配流水线如图 7-8 所示。

该线安装在深 2m 的地坑内，线体与地面平，坑内线体两侧设置有维护通道及维护照明，方便维护人员对全线进行维护保养；地坑有自动排污系统，线体上方设置有自动排烟系统，线体侧边设置有自动加油、加水及电启动装置等。另外，在下线处设置有一条履带装配线，可用来将下线的履带拖拉机直接送入履带装配机处来安装履带。

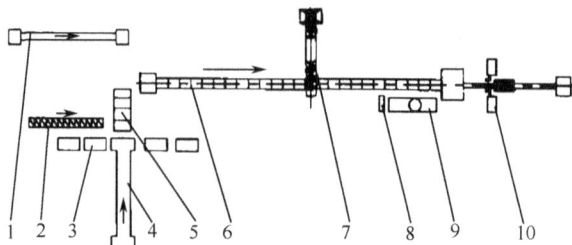

1—发动机步进式输送线；2—车架牵引式输送线；3—传动箱试验台；4—传动箱及后桥装配线；5—四工位装配线；

6—拖拉机装配线；7—拖拉机驾驶室弦链输送线；8—电启动装置；9—排烟装置；10—履带装配装置

图 7-8　拖拉机装配流水线

7.5　思考题

1. 什么是装配、部件装配和总装配？装配的目的是什么？
2. 装配的组织形式大概有哪几种？各有什么特点？
3. 什么是装配工序和装配工步？它们有什么区别？
4. 什么是装配系统图？
5. 合理的装配顺序主要取决于什么？
6. 装配顺序一般遵循什么原则？
7. 什么是生产流水线？它有什么特征？
8. 流水线的形状有哪几种？第一装配厂装配流水线的形状大致属于哪一种？
9. 第一装配厂拖拉机总装线设计思路是什么？有什么优点？
10. 了解变速箱的结构、传动系统及变速操纵过程。
11. 了解变速箱装配的基准零件和主要零部件。
12. 观察变速箱装配工艺全过程，了解装配过程中采用的装配方法、工具及设备。
13. 了解装配过程中检验的内容与方法。
14. 了解变速箱装配生产线的平面布置、工件传递方式及生产节拍。
15. 分析后桥、变速箱合装后的试运转过程及作用。
16. 了解发动机和变速箱的连接方式。

第8章
实习安全工程

8.1 安全系统工程

8.1.1 安全系统工程及内容

安全系统工程（Security System Engineering，SSE）是指在系统思想指导下，运用先进的系统工程的理论和方法，对安全及其影响因素进行分析和评价，建立综合集成的安全防控系统并使之持续有效运行。简言之，就是在系统思想指导下，自觉运用系统工程的原理和方法进行的安全工作的总体。安全系统工程是系统工程的重要分支，它是应用系统工程的原理和方法，从根本上和整体上对生产系统进行分析、评价以预测、辨识、排除和控制生产系统中的不安全因素，实现系统安全的一整套管理程序和方法体系。

安全系统工程是安全技术和安全管理的结合，它的基本内容主要有：

（1）事故成因理论。

（2）系统安全分析，即事故危险的识别技术，主要是为了充分认识系统的危险性而进行的详细分析，包括定性分析和定量分析。

（3）系统安全评价，即事故危险的评价技术，主要是通过分析了解系统中存在的潜在危险性和薄弱环节，对危险情况进行分级。

（4）事故控制技术，即采取相应的安全措施。措施有两类，一是采取预防事故发生的措施；二是控制事故损失扩大的措施。

8.1.2 安全系统工程手段及应用

安全系统通过以下几个手段来保证系统安全。

（1）安全设计。保证安全最好的办法就是通过设计。所以安全工程必须从研发的起始阶段就开始介入，比如，设计应当保证任何一个非主要单元零件的损坏都不应该导致系统整体上的安全隐患。

（2）安全预警。当安全隐患不能够通过设计来排除时，应当提供预警。

（3）安全生产。在生产的过程中，要提高对重要的系统零件的质量要求。例如，在军事上要求 100%检查炮弹的安全阀。

（4）安全训练。最后的手段就是对相关人员提供安全训练。明确如何杜绝安全隐患，以及在安全事故中如何保护自己。因为从工程理论来说，人是不能保证不犯错误的，所以这一个手段往往是最后才考虑的。

安全系统工程应用的范畴主要有以下几个方面。

（1）发现事故隐患；

（2）预测由故障引起的危害；

（3）设计和选用安全措施方案；

（4）组织实施安全措施；

（5）对措施效果做出总体评价；

（6）不断改善安全管理工作。

8.1.3 安全系统发展阶段

安全系统工程的发展过程大致经历了以下四个阶段。

（1）军事装备零部件的可靠性和安全性问题研究。始自 20 世纪 50 年代末期美国的军事工业，后来发展到其他工业生产部门，使可靠性管理与质量管理相对分工。

（2）工业安全管理开始引进系统工程方法，如 20 世纪 60 年代初应用事故树分析法（FTA）和故障类型影响分析法（FMEA）等。

（3）从 20 世纪 60 年代中期开始，引用了系统工程计划的方法，对系统开发的各阶段，如计划编制、开发研究、制造标准、操作程序等进行安全评价。

（4）20 世纪 70 年代以后安全管理和工程广泛使用系统工程方法，形成了安全系统工程学科。

安全系统工程不仅从生产现场的管理方法来预防事故，而且从机器设备的设计、制造和研究操作方法阶段就采取预防措施，并着眼于人—机系统运行的稳定性，保障系统的安全。

要杜绝大学生在生产实习中的安全隐患，就必须要从安全系统工程的角度出发，应用大系统的理念，从硬件（工厂设备）—软件（实习纪律和要求等）层层分析，排除安全故障，确保在企业生产正常进行的同时，也保证实习师生的人身安全，顺利完成实习任务。

8.2 安全标志

安全标志，顾名思义就是和安全有关的图形标志。在国家标准 GB/T 15565—2008《图形符号术语》中对安全标志的定义为：由安全符号与安全色、安全形状等组合形成，传递特定安全信息的图形标志。可见，安全符号、安全色和安全形状是安全标志的三个主要构成特征。在国际上，根据安全标志中安全色与安全形状不同组合所表示的不同功能将安全标志分为五类，并分别用大写英文字母表示：安全条件标志（E）、消防设施标志（F）、指令标志（M）、禁止标志（P）、警告标志（W）。

警告标志的基本特征：图形是三角形，黄色衬底，边框和图形是黑色的。

禁止标志的基本特征：图形为圆形，黑色，白色衬底，红色边框和斜杠。

指令标志的基本特征：圆形，蓝色衬底，图形是白色。

安全色与安全形状的不同组合分别具有完全不同的安全含义并分属不同类别的安全标志，表 8-1 给出了不同类别安全标志的示例。这些安全标志从安全系统工程的角度出发，对进厂实习的师生来说，有必要进行了解，知道哪些区域是可以安全进出的，哪些区域是易发生事故的，要采取哪些防护手段和措施。

表 8-1 安全标志的分类

对 比 项 目	安全标志与安全色				
	E	F	M	P	W
安全标志示例	安全条件标志	消防设施标志	指令标志	禁止标志	警告标志
安全色	绿色	红色	蓝色	红色	黄色
对比色	白色	白色	白色	黑色	黑色

在工厂的大门口、工厂内部、车间门口等都设置有相应的安全标志。

1. 工厂外大门口需要的安全标志

（1）在有车辆出入的大门需要设置限高、限宽的相关标志。

（2）"禁止烟火"标志，如图 8-1 所示。

（3）根据工厂情况设置安全防护标志，如"必须戴安全帽"，如图 8-2 所示，以及"必须戴防护眼镜"、"必须穿防护鞋"等。

图 8-1 "禁止烟火"标志

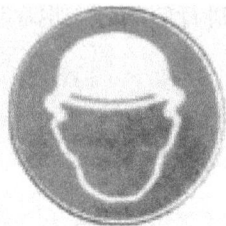

图 8-2 "必须戴安全帽"标志

2. 在工厂内部需要的安全标志

（1）在相关的场所设置警示标志，如图 8-3 所示。

（2）在配电室、开关等场所设置"当心触电"标志。

（3）在易发生机械卷入、轧压、碾压、剪切等伤害的机械作业车间，设置"当心机械伤人"标志。

（4）在易造成手部伤害的机械车间，设置"当心伤手"标志。

（5）在铸造车间及有尖角散料等易造成脚部伤害的车间，设置"当心扎脚"标志。

（a）当心滑跌　　　（b）当心跌落　　　（c）当心触电　　　（d）当心中毒

图 8-3 工厂内部需要的安全标志

3. 在需要采取防护的相关车间门口设置强制采用防范措施的图形标志

（1）在易发生飞溅的车间，如焊接、切割、机加工等车间，设置"必须戴防护眼镜"标志。

（2）在噪声超过 85dB 的车间，设置"必须戴护耳器"标志。

（3）在易伤害手部的作业场所，如易割伤手的机械车间，易发生触电危险的作业点等，设置"必须戴防护手套"标志。

（4）在易造成脚部砸（刺）伤的车间，设置"必须穿防护鞋"标志。

4. 用警示条纹带区分不同的工作场所

（1）重要的或危险的生产加工区可用红黄斑马带圈定，并在显著位置加贴"危险"警示标志，以示说明。

（2）一般的工作区或临时仓储区等，可用黄黑斑马带圈定，加贴"警告"标志。

（3）其他区域，如在安全通道、办公等区域可加贴"注意"、"小心"等标志，以示说明。

5. 逃生路线及应急设备

（1）用圆点和箭头标出逃生路线的方向，以最近的"出口"为准。

（2）用标贴贴于有棱角、坡度、扶手和把手等位置，以显出层次感。

（3）在有台阶、坡度或易滑的位置，可使用防滑贴加以预防。

（4）所有"出口"都应在显著位置加贴"出口"标志（有要求可安装应急灯或采用荧光标志）。

（5）在配电房、空压房等设备室房门上加贴"不准进入"和其他警示标志，以示说明。

（6）在所有应急设备，如"119"、"消火栓"、"洗眼站"等旁加贴说明标志，如图 8-4 所示。

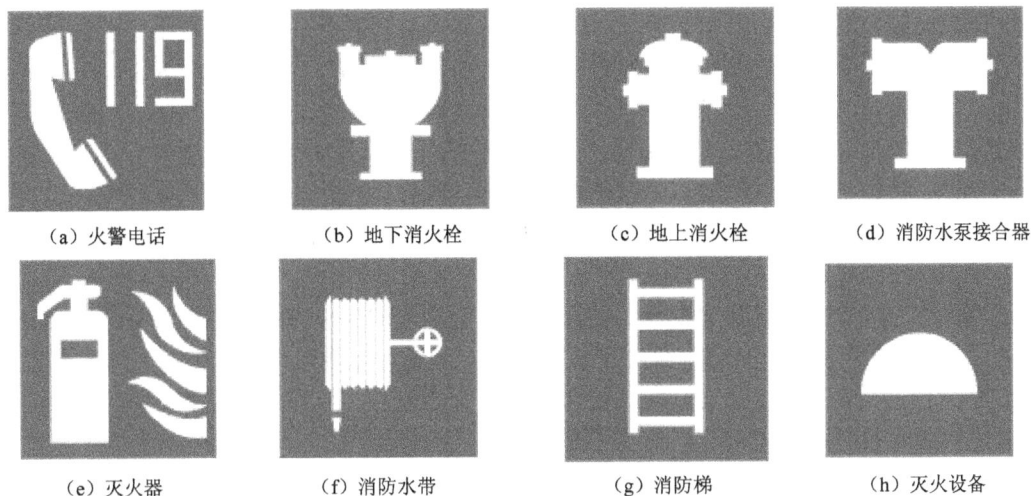

（a）火警电话　　　（b）地下消火栓　　　（c）地上消火栓　　　（d）消防水泵接合器

（e）灭火器　　　（f）消防水带　　　（g）消防梯　　　（h）灭火设备

图 8-4　工厂内部需要的应急标志

6. 管道标志

在各种管道上加贴标签，标明层次、管道中的介质以及流向。

7. 安全标志材料的选择

（1）在表面不平整，或过分粗糙的墙面，应使用聚丙烯板材。

（2）平整表面可采用自粘性不干胶。

8.3　机械生产环境中的伤害因素及防护

8.3.1　冲压生产时伤害因素及防护

1. 冲压生产时伤害因素

冲压作业包括送料、定料、操纵设备、出件、清理废料、工作点的布置等操作动作。这些动作常常互相联系，对制件的质量、作业的效率和人身安全都有直接影响。下面重点分析几个与安全关系较大的工序。

（1）送料，即是将坯料送入模具内的操作。送料操作在滑块即将进入危险区之前进行，所以必须注意操作的安全。一般操作者的送料动作节奏与滑块能够协调一致。操作者不需用手在模区内操作，这时是安全的。但当进行尾件加工时或手持坯件入模进料时，手要进入模区，这时有较大的危险性，要实行重点保护。

（2）定料，即是将坯料限制在某一固定位置上的操作。它是在送料操作完成后进行的，它处在滑块即将下落的时刻，因此比送料更具危险性。由于定料的方便程度直接影响到作业的安全，所以决定定位方式时要考虑其安全程度。定位方式主要有：挡料销定位，定位板、导板定位，导正销定位，定距侧刃几种方式。

（3）出件，即是指从冲模内取出制件的操作。出件是在滑块回程期间完成的。对行程次数少的压力机来说，滑块处于安全区内，不易直接伤手；对行程次数较多的开式压力机，则仍有较大危险。出件方法主要有：下漏出件、弹性卸料出件、打料式出件。

（4）清除废料，即是指清除模区内的冲压废料，废料是分离工序中不可避免的。如果在操作过程中不能及时清理，就会影响作业正常进行，甚至会出现复冲和叠冲。有时也会发生废料、模片飞弹伤人的现象。

（5）操纵，指操纵者控制冲压设备动作的方式。常用的操纵方式有两种，即按钮开关和脚踏开关。当单人操作按钮开关时一般不易发生危险；但多人操作时，会因照顾不周或配合不当，造成伤害事故。因此多人作业时，必须采取相应的安全措施。脚踏开关虽然容易操作，但也容易引起手脚配合失调，发生失误，造成事故。

（6）压力加工机械，如机械压力机、液压机、锻锤、剪冲床等，都是靠巨大的能量来工作的。造成伤害的起因物或致害物大多是由模具、工装、工具引起的，靠设备本身的防护难以奏效。在压力加工过程中造成物体打击伤害的因素主要有以下几种。

① 因使用不当或结构不合理造成应力集中，最后导致模具损坏，模具碎块飞出。
② 模块本身缺陷，如表面裂纹、疲劳裂纹、硬度太大等，造成模具碎块飞出。
③ 模具、工具材料选用不当，造成模具、工具局部破损飞出、弹出。
④ 模具与设备不匹配，模体变形、损坏，碎块飞出。
⑤ 间隙没及时调整，造成模具、工具崩裂，碎块弹出。

2．冲压生产时伤害防护

冲压机械的作业特点是滑块上、下往复直线运动，对置于上、下模具之间的板（带）料实行冲压，来完成加工动作。如果人体某部位（主要是手臂）仍处于上、下模之间未及时离开，就会受到伤害。因此实现冲压作业的安全必须在危险区域装有安全防护装置。目前常用的安全防护装置有：安全启动装置、机械防护装置和自动保护装置。

（1）安全启动装置。其作用是当操作者的肢体进入危险区时，冲压机的离合器不能合上，或者滑块不能下行，只有当操作者的手完全退出危险区后，冲压机才能启动工作。这种装置包括：双手柄结合装置和双按钮结合装置。这种设施的原理是：在操作时，操作者必须用双手同时启动开关，冲压机才能接通电源开始工作，从而保证了安全。

（2）机械防护装置。是指在滑块下行时，设法将危险区与操作者的手隔开，或用强制的方法将操作者的手拉出危险区，以保证安全生产。这类防护装置包括：防护板、推手式保护装置、拉手安全装置。机械防护装置结构简单、制造方便，但对作业干扰影响大。

（3）自动保护装置。是指在冲模危险区周围设置光束、气流、电场等装置，一旦手进入危险区，通过光、电、气控制，使压力机自动停止工作。目前常用的自动保护装置是光电式保护装置。其原理是：在危险区设置发光器和受光器，形成一束或多束光线。当操作者的手误入危险区时，光束受阻，使光信号通过光电管转换成电信号，电信号放大后与启动控制线路闭锁，使冲压机滑块立即停止工作，从而起到保护作用。

为了防止意外事故的发生，当学生进入冲压车间实习时，必须要做好防护措施，甚至对参观的路线、参观的位置都要有明确的规定。

首先，在进入冲压车间生产现场时，大学生不准穿裙子，穿高跟鞋、拖鞋、凉鞋，戴头巾、围巾，不准赤脚、赤膊和穿宽松的衣服。同时，每个人都要戴好安全帽，在生产现场不能取下帽子。

其次，参观生产现场的过程中，必须在实习教师或企业师傅的带领下，按照参观备料区、冲压区、焊接区、油漆区、模具存放区的路线进行。

最后，参观生产现场的过程中，要眼观六路耳听八方，既要注意空中运动的行车，又要注意地上开动的叉车。要主动给行车、叉车让道。特别是在观察压力机的工作过程时，要求学生必须站在安全线之外，不能随便启动压力机的按钮，不能站在压力机的工作台上观察模具的内部结构。

8.3.2　锻造生产时伤害因素及防护

1. 锻造生产时伤害因素

锻造的主要设备有锻锤、压力机、加热炉等。因为生产工人经常处在振动、噪声、高温灼热、烟尘等恶劣工作环境中，常常容易发生烧伤、烫伤、触电及机械损伤，或由机器、工具、工件直接造成的刮伤、碰伤、砸伤、击伤等事故，而且事故一旦发生都是较为严重的。锻造作业易发事故有以下几种情形。

（1）锻造车间的加热设备、炽热的锻坯与锻件的热辐射，容易造成人员灼伤；如果对锻坯的加热温度控制不当，导致坯料过烧，则锻打时会破裂而飞出伤人。

（2）操作者操作不当或锻造过程中模具、工具突然破裂，锻件、料头等飞出，都会造成人员伤害。

（3）工作场所布置混乱，如设备间距离、安放位置，设备附件、锻模、锻件及原材料的堆放，工序间运输方式、车间内各种通道尺寸与畅通情况等选择不当，极易造成砸伤、烫伤、碰伤、摔伤等事故。

（4）锻锤、机械压力机在工作中振动大、噪声大，操作者或实习的大学生在高分贝的噪声中工作，容易引起疲劳和耳聋。

2. 锻造生产时伤害防护

（1）自由锻的安全操作。其过程如下。

① 锻锤启动前应仔细检查各紧固连接部分的螺栓、螺母、销子等有无松动或断裂，砧块、锤头、锤杆、斜楔等结合情况及是否有裂纹，发现问题，及时解决，并检查润滑给油情况是否正常。

② 空气锤的操纵手柄应放在空行位置，并将定位销插入，然后才能开动，并要空运转 3～5min。蒸汽-空气自由锻锤在开动前应排除汽缸内的冷凝水，工作前还要把排气阀全打开，再稍微打开进气阀，让蒸汽通过气管系统使气阀预热后再把进气阀缓慢地打开，并使活塞上下空走几次。

③ 冬季要对锤杆、锤头与砧块进行预热，预热温度为 100～150℃。

④ 锻锤开动后，要集中精力，按照掌钳工的指令，按规定的要求操作，并随时注意观察。如发现不规则噪声或缸盖漏气等不正常现象，应立即停机进行检修。

⑤ 操作中避免偏心锻造、空击或重击温度较低、较薄的坯料，随时清除下砧上的氧化皮，以免溅出伤人或损坏砧面。

⑥ 使用脚踏操纵机构，在测量工件尺寸或更换工具时，操作者应将脚离开脚踏板，以防误踏。

⑦ 工作完毕，应平稳放下锤头，关闭进、排气阀，空气锤拉开电闸，做好交接班工作。

（2）模锻锤的安全操作。其过程如下。

① 工作前检查各部分螺钉、销子等紧固件，发现松动及时拧紧。在拧紧密封压紧盖的各个螺钉时，用力应均匀防止产生偏斜。

② 锻模、锤头及锤杆下部要预热，尤其在冬季时。不允许锻打低于终锻温度的锻件，严禁锻打冷料或空击模具。

③ 工作前要先提起锤头进行溜锤，判明操纵系统是否正常。如操作不灵活或连击，不易控制，应及时维修。

④ 在进行操作时，应注意检查模座的位置，发现偏斜应予以纠正，严禁用手伸入锤头下方取放锻件；也不得用手清除模膛内的氧化皮等物。

⑤ 锻锤开动前，工作完毕或操作者暂时离开操作岗位时，应把锤头降到最低位置，并关闭蒸汽。打开进气阀后，不准操作者离开操作岗位。还要随时注意检查蒸汽或压缩空气的压力。

⑥ 检查设备或锻件时，应先停车，将气门关闭，采用专门的垫块来支承锤头，并锁住启动手柄。

⑦ 装卸模具时不得猛击、振动，上模楔铁靠操作者方向，不得露出锤头燕尾 100mm 以外，以防锻打时折断伤人。

⑧ 工作中要始终保持工作场地整洁。工作结束后，在下模上放入平整垫铁，缓慢落下锤头，使上、下模之间保持一定空间，以便烘烤模具。

⑨ 同一设备操作者必须相互配合一致，听从统一指挥。

（3）锻造加热安全操作。其过程如下。

根据加热使用的能源，现有的锻造加热炉有火焰加热炉和电加热炉两大类。

火焰炉在工作时，不仅是高温热辐射的主要来源，而且排出的烟尘和废气污染环境，故对火焰炉的安全操作有如下要求。

① 新砌或大修后的炉子，在使用前必须经过烘烤加热，使炉壁中的水分缓慢蒸发掉。烘烤时严格控制升温速度，不可太快，以免炉体开裂，影响使用寿命。烟囱和烟道也要一并烘烤。

② 固体燃料炉一般用木材引火，然后逐渐开风升温，及时添煤和清渣，每次停炉应将燃烧室灰渣清除干净。煤气或重油炉点火前必须打开炉门及烟道闸门，用鼓风机吹出残留在炉中的废气，点火时要用长柄点火物，先缓慢开启煤气或重油阀门，然后重新点火。

③ 加热过程中，固体燃料炉要随时观察燃料燃烧情况，切实保证均匀完全燃烧，避免产生烟雾。煤气或重油加热炉使用过程中，随时检查煤气压力、油压与油温，以及鼓风机或抽烟机运转情况，如发现煤气压力、油压过低，空气突然停止供应或发生回火现象，均应迅速关闭气阀及油阀，并认真查明原因。

④ 在煤气设备、煤气或重油管路上检查试漏时，严禁使用明火，可用肥皂水试漏。

⑤ 一般燃油、燃气的锻造加热炉，其油、气燃烧产物多和加热坯料处在同一面积上循环，这样在炉内就会生成氧化气氛，而且喷嘴的火焰温度往往比炉子的温度高很多，为避免火焰与加热坯料相接触，喷嘴的安装高度要比坯料高出 250mm。

⑥ 自动控温仪表应安放在少尘、防震、环境温度在 0～60℃的地方。

（4）水压机的安全操作。其过程如下。

① 当压力计发生故障时，严禁使用水压机。

② 工作前必须将砧面上的油污、水渍擦干，以免工作时飞溅伤人。

③ 开车前对水压机各部位进行认真检查，如各紧固螺栓、螺母的连接是否牢靠；立柱、工作缸柱塞和回程缸柱塞是否有研伤、积瘤存在；安装在立柱上的活动横梁下行限位器位置是否正确，限位面是否在同一水平高度上；上、下砧的固定楔是否紧固；各操纵手柄是否轻便、灵活，定位是否正确等。发现问题，应及时修理或更换。

④ 油箱中的油量应达到油标线以上；凡人工加注润滑油的部位，如立柱、柱塞等处，工作前应均匀喷涂润滑油；对操纵机构中各铰链、轴套、摇杆等也要注意添加润滑油。

⑤ 严禁超出设备允许范围的偏心锻造；切肩、剁料时，禁止在铁砧边上进行，剁刀应垂直放在坯料上，当在剁刀上加方垫时，方垫必须与剁刀背全面接触；禁止使用楔形垫，以免锻压时飞出伤人；冲孔时，开始施压和冲去芯料都要特别小心，禁止用上、下砧压住锻件后使用吊车拔出冲头。

⑥ 利用吊车配合锻造工件时，坯料在砧面上应保持水平；上砧落到锻坯上时不得有冲击。

⑦ 所有阀的研配不得泄漏，安全阀在调整好以后，最好打上铅封。

⑧ 充水罐内的低压水每半年左右应更换一次。

⑨ 水压机长时间停止工作时，应将水缸和所有管路系统的水放出。

⑩ 车间内的温度不应低于 5℃。

⑪ 工作结束后应把分配器的操纵手柄扳到停止位置，清理场地，做好交接班工作。

8.3.3　车削加工伤害因素及防护

1. 车削加工时伤害因素

车床的运动是主轴通过卡具带动工件旋转为主运动；拖板刀架带动刀具做沿工件轴线方向的纵向直线送进或做垂直于工件轴线方向的横向直线送进为进给运动。从车床的运动特点可以看出，车削加工的不安全因素主要来自两个方面：

（1）工件及其夹紧装置（卡盘、花盘、鸡心夹、顶尖及夹具）的旋转。

（2）切削过程中所产生的飞溅的高温切屑。

在车削加工时，发生伤害事故的原因可归纳为如下几个方面。

（1）操作者没有穿戴合适的工作服和护目镜，使过分肥大的衣物卷入旋转部件中。

（2）操作者与旋转的工件或夹具，尤其是与不规则工件的凸出部分相撞击或是在未停车的情况下，用手去清除切屑、测量工件、调整机床造成伤害事故。

（3）被抛出的崩碎切屑或带状切屑打伤、划伤或灼伤。

（4）工件、刀具没有夹紧，开动车床后，工件或刀具飞出伤人。

（5）车床局部照明不足或其灯光放置位置不利于操作者观察操作过程，而产生错误操作导致伤害事故。

（6）车床周围布局不合理，卫生条件不好，工件、半成品堆放不合理，废铁屑未能及时清理，妨碍生产人员的正常活动，造成滑倒致伤或工件（具）掉落伤人。

2．车削加工时伤害防护

保证车削加工的安全，操作者应做到：

（1）穿紧身工作服，袖口不要敞开，长发要戴防护帽，操作时不能戴手套。

（2）在机床主轴上装卸卡盘应在停机后进行，不可用电动机的力量取下卡盘。

（3）夹持工件的卡盘、拨盘、鸡心夹的凸出部分最好使用防护罩，以免绞住衣服及身体的其他部位。如无防护罩，操作时应注意距离，不要靠近。

（4）用顶尖装夹工件时，顶尖与中心孔应完全一致，不能用破损或歪斜的顶尖，使用前应将顶尖和中心孔擦净。后尾座顶尖要顶牢。

（5）车削细长工件时，为保证安全应采用中心架或跟刀架，超出车床部分应有标志。

（6）车削形状不规则的工件时，应装平衡块，并试转平衡后再切削。

（7）刀具装夹要牢靠，刀头伸出部分不要超出刀体高度 1.5 倍，垫片的形状尺寸应与刀体形状尺寸相一致，垫片应尽可能的少而平。

（8）除车床上装有运转中自动测量装置外，均应停车测量工件，并将刀架移动到安全位置。

（9）对切削下来的带状切屑、螺旋状长切屑，应用钩子及时清除，严禁用手拉。

（10）为防崩碎切屑伤人，应在合适的位置上安装透明挡板。

（11）用砂布打磨工件表面时，应把刀具移动到安全位置，不要让衣服和手接触工件表面。加工内孔时，不可用手指执持砂布，应用木棍代替，同时速度不宜太快。

（12）禁止把工具、夹具或工件放在车床床身和主轴变速箱上。

8.3.4 铣削加工伤害因素及防护

1．铣削加工时伤害因素

在铣床工作中，铣刀、切屑、工件和安装工件的夹具都可能使铣工遭受伤害。例如，当夹装工件从机床上卸下时工人的手靠近没有遮挡的铣刀，铣床运转时测量零件或用手和其他物件在铣刀下面清除铁屑，在检验加工表面粗糙度时手指靠近铣刀等，都可能发生事故。

2．铣削加工时伤害防护

为防止运转的铣刀及刀轴可能将操作工人的手或衣服卷入铣刀和工件之间，造成伤害事故，可在旋转的铣刀上安装防护罩。当刀具工作时，这种防护罩在弹簧的作用下向上升起；当工具工作结束时，工作台连同工件向右移动，防护罩的支臂抵住刀轴，防护罩下降，遮住铣刀。这就保证了在不停车情况下安全地装卸零件和进行测量工作。

8.3.5 钻削加工伤害因素及防护

1．钻削加工时伤害因素

钻床工作时，心轴、套筒、钻头和传动装置等回转部分，如没有设置适当的防护装置，可能会卷住人的衣服和头发。工件在钻床工作台上夹装不牢，钻头没有装紧或钻头折断时，都会发生事故。钻韧性金属时，如果没有断屑装置；或钻脆性金属时，清除铁屑没有遵守安全规程，都可能造成铁屑伤人。

2．钻削加工时伤害防护

为了工作时的安全，对钻床的设计、夹具的设计、钻头的刃磨等方面都要采取各种措施。夹装钻头的套筒外不可有突出的边缘。夹紧钻头的装置须保证把钻头夹紧牢固，对准中心和装卸方便。

当零件经钻孔、铰孔、刮光孔底等一系列连接操作，而钻头需要时常装卸或钻不同直径的孔时，宜采用快递装卸式套筒，这种套筒在心轴回转时装卸钻头比较安全，并显著地提高劳动生产率。

8.3.6 镗削加工伤害因素及防护

1．镗削加工时伤害因素

生产作业中常常用不合要求的销钉固定刀具，致销钉露出镗杆。工人经常探头看被加工的孔眼情况，身体靠近镗杆，衣服被卷进去，造成不应有的伤害事故。

2．镗削加工时伤害防护

工程技术人员在设计刀具的同时，要设计紧固刀具的销钉。紧固后销钉端必须埋在镗杆内，不准有突出部分，操作者必须使用符合安全要求的销钉，不允许任意用其他物件代替。此外，镗削加工的操作安全如下。

（1）穿着紧袖口的工作服，戴工作帽，禁止戴手套作业。

（2）镗杆旋转中，严禁将头伸到镗孔内看加工情况或用手摸，更不准隔着镗杆取东西，防止绞住衣袖造成事故。

（3）使用偏心盘镗活时，要经常检查，防止甩出伤人。

（4）加工较高的工件时应搭设安全架，并要保持稳固。

（5）用回转台转动工件时，必须将工件台开到中心位置进行，防止转动中挤人。

（6）加工中查看中心孔的正、斜时要停车，刀具上绞着大量铁屑时必须停车处理。

8.3.7　刨削加工伤害因素及防护

1．刨削加工时伤害因素

在刨床工作中，切屑飞溅的危险程度要比车床切屑的危险程度小。在牛头刨床上，如果操作者脸部凑近切削部位，切屑可能引起伤害事故。切屑飞溅到地面上，也会引起刺伤脚的事故。龙门刨床除了铁屑以外，就是台面的危险性。龙门刨床台面移动时将会使工人（或观看的师生）挤向一边，为了避免这类事故的发生，刨床台面最大行程的终点与墙壁之间的安全距离不应小于 0.7m。

2．刨削加工时伤害防护

（1）在牛头刨工作台的端头设置铁屑收集筒，以便收集铁屑。

（2）在龙门刨床上设置固定式或可调式防护栏杆。栏杆和床身之间禁止行人通过。龙门刨床安装时应保证工作台伸出床身最远点与墙壁之间的安全距离不小于 0.7m。

（3）龙门刨床除在床身上装换向和减速用的行程开关外，还应装行程限位开关。当换向和减速的行程开关失灵时床身超过行程运动，行程开关起作用，会切断控制线路电源，从而使刨床停止运行，防止发生事故。

8.3.8　磨削加工伤害因素及防护

1．磨削加工时伤害因素

磨削加工时，从砂轮上飞溅出大量细的磨屑，从工件上飞溅出大量金属屑。磨屑和金属屑会使磨工眼部受到伤害。尘末吸入肺部对身体有害。由于种种原因，磨削时可能造成砂轮的碎裂，从而导致工人遭受严重的伤害。在靠近转动的砂轮进行某些手工操作时，工人的手可能碰到高速旋转的砂轮而受到伤害。

为了防止磨削伤害事故，应强调技术和防护措施，加强管理，同时也不可忽视执行安全操作规程。

2．磨削加工时伤害防护

为了保证磨床工作安全，不但在选择模具和准备工作时需采取预防措施，而且在设计磨床时需要有适当的防护装置。

磨床除有金属切削机床一般的安全装置外，还应有保证安全的特殊装置。例如，砂轮防护罩、工作防护罩、工作台防护罩、保护眼睛的防护罩，以及吸取磨屑或金属尘末的局部吸尘器。

磁性台面的防护：在平面磨床上，采用电磁工作台的主要危险是因失去磁性而将工件抛开。为了防止因失磁而引起的危险事故，在工作台的两侧安装坚固的防护罩，并且在电路中安置直流检查信号灯，当工作台失磁时发出报警信号。

8.3.9　厂内运输伤害因素及防护

1．厂内运输时伤害因素

由于厂内运输情况较为复杂，运输伤害事故占伤害事故总数的比例往往较大。

事故的种类可分为：车辆事故（包括撞车、翻车、脱轨、轧辗等），运搬、装卸、堆垛中物体砸伤事故。

发生事故的原因可归纳为下列几点。

（1）缺乏安全技术知识的教育，违反操作规程。

（2）运输设备和工具有缺陷。

（3）作业条件不符合安全要求，如通道、照明、场地等不符合要求。

（4）操作者身体不适。

2．厂内运输时伤害防护

在《工业企业厂内运输安全规程》中规定：机动车在保证安全的情况下，在无限速标志的厂内上干道行驶时，速度不得超过 30km/h，其他道路不得超过 20km/h。若需超过规定速度，须经主管部门批准。

恶劣天气能见度在 5m 以内或道路最大纵坡在 6%以上且能见度在 10m 以内时，应停止行驶。

8.4　实习安全用品

大学生实习安全用品是属于劳保用品的一部分，劳保用品是指保护劳动者在生产过程中的人身安全与健康所必备的一种防御性装备，对于减少职业危害起着相当重要的作用。劳动防护用品分类如下。

（1）安全帽类。是用于保护头部，防撞击、挤压伤害的护具，主要有塑料、橡胶、玻璃、胶纸、防寒和竹藤安全帽。

（2）防护手套。用于手部保护，主要有耐酸碱手套、电工绝缘手套、电焊手套、防 X 射线手套、石棉手套等。

（3）防护鞋。用于保护足部免受伤害，目前主要产品有防砸、绝缘、防静电、耐酸碱、耐油、防滑等防护鞋。

（4）防护服。用于保护职工免受劳动环境中的物理、化学因素的伤害。防护服分为特殊防护服和一般作业服两类。

（5）呼吸护具类。是预防尘肺和职业病的重要护品，按用途分为防尘、防毒、供氧三类，按作用原理分为过滤式、隔绝式两类。

呼吸防护系列产品有：活性碳一次性口罩、医用纱口罩、无纺布一次性口罩、3M 口罩、防尘口罩等。

（6）眼防护具。用以保护作业人员的眼睛、面部，防止外来伤害。分为焊接用眼防护具、炉窑用眼护具、防冲击眼护具、微波防护具、激光防护镜以及防 X 射线、防化学、防尘等眼护具。

（7）面罩面屏。用于脸部的保护，有防护屏、防护面屏、ADF 焊接头盔等。

（8）听力护具。长期在 90dB 以上或短时在 115dB 以上环境中工作时应使用听力护具。听力护具有耳塞、耳罩和帽盔三类。

听力保护系列产品有：低压发泡型带线耳塞、宝塔型带线耳塞、圣诞树型耳塞、经济型挂安全帽式耳罩、轻质耳罩、防护耳罩等。

（9）护肤用品。用于外露皮肤的保护，分为护肤膏和洗涤剂。

（10）防坠落具。用于防止坠落事故发生，主要有安全带、安全绳和安全网。

各实习院校的老师应在实习出发前，针对所去的实习企业的生产特点，选择领取所需类别的劳保用品，并及时发到学生手中；对在校领取劳保用品困难的院校，也可以事先与实习企业联系好，借用或租用企业的劳保用品。

因为安全帽是进厂实习学生最常使用的安全用品，所以在此对其作用和使用注意事项做进一步说明。

1．安全帽的防护作用

防止物体打击伤害。在生产中容易发生由于物体、工具等从高处坠落或抛出击中人员头部造成伤害等事故，故佩戴安全帽可以防止物体打击等伤害事故的发生。

防止高处坠落伤害头部。在生产中，进行安装、维修、攀登等作业时可能会发生坠落事故，从而伤及头部导致死亡，使用安全帽保护头部可有效减轻伤害。

防止机械性损伤。可以防止旋转的机床、叶轮、带运输设备将操作人员的头发卷入其中。

防止污染毛发。在油漆、粉尘等作业环境中，存在化学腐蚀性物质，可能污染头发和皮肤，使用安全帽可有效防止这种伤害。

2．安全帽使用注意事项

佩戴安全帽前，应检查各配件有无损坏，装配是否牢固，帽衬调节部分是否卡紧，绳带是否系紧等，确信各部件完好后方可使用。

安全帽使用年限超过规定限值，或者受到较严重的冲击以后，虽然肉眼看不到帽体的裂纹，也应予以更换。一般塑料安全帽的使用期限为 3 年。

热塑性安全帽可用清水冲洗，不得用热水浸泡，不能放在暖气片、火炉上烘烤，以防帽体变形。

作业人员所戴的安全帽，要有下颌带和后帽箍并拴系牢固，以防帽子滑落或碰掉。

8.5 生产实习安全教育

在实习期间，学生必须提高安全防范意识，提高自我保护能力。注意自身的人身和财物安全，防止各种事故的发生；对生产实习中有关安全问题的复杂性，老师和学生要有充分的思想准备。实习单位在实习生未进厂区或实习岗位前，必须进行三级安全教育（厂部、车间、班组）。三级安全教育是指对新招收的职工、新调入职工、来厂实习的学生或其他人员所进行的厂部安全教育、车间安全教育、班组安全教育。

1. 厂部安全教育的主要内容

（1）讲解劳动保护的意义、任务、内容和其重要性，使新入厂的职工或实习的师生树立起"安全第一"和"安全生产人人有责"的思想。

（2）介绍企业的安全概况，包括企业安全工作发展史、企业生产特点、工厂设备分布情况（重点介绍接近要害部位、特殊设备的注意事项）、工厂安全生产的组织机构、工厂的主要安全生产规章制度（如安全生产责任制、安全生产奖惩条例、厂区交通运输安全管理制度、防护用品管理制度及防火制度等）。

（3）介绍国务院颁发的《全国职工守则》和企业职工奖惩条例，以及企业内设置的各种警告标志和信号装置等。

（4）介绍企业典型事故案例和教训，抢险、救灾、救人常识以及工伤事故报告程序等。

2. 车间安全教育的主要内容

（1）介绍车间的概况，如车间生产的产品、工艺流程及其特点，车间人员结构、安全生产组织状况及活动情况，车间危险区域、有毒有害工种情况，车间劳动保护方面的规章制度和对劳动保护用品的穿戴要求和注意事项，车间事故多发部位、原因、特殊规定和安全要求，介绍车间常见事故和对典型事故案例的剖析，介绍车间安全生产中的好人好事，车间文明生产方面的具体做法和要求。

（2）根据车间的特点介绍安全技术基础知识，如机加工车间的特点是金属切削机床多、电气设备多、起重设备多、运输车辆多、各种切削油液种类多、生产人员多和生产场地比较拥挤等。机床旋转速度快、力矩大，要教育工人或实习的师生遵守劳动纪律，穿戴好防护用品；小心衣服、发辫被卷进机器，手被旋转的刀具擦伤。要告诉工人在装夹、检查、拆卸、搬运工件特别是大件时，要防止碰伤、压伤、割伤；调整工夹刀具、测量工件、加油以及调整机床速度均须停车进行；擦车时要切断电源，并悬挂警告牌，清扫铁屑时不能用手拉，要用钩子钩；工作场地应保持整洁，道路畅通；装砂轮要恰当，附件要符合要求规格，砂轮表面和托架之间的空隙不可过大，操作时不要用力过猛，站立的位置应与砂轮保持一定的距离和角度，并戴好防护眼镜；加工超长、超高零件，应有安全防护措施等。

其他车间（如铸造、锻造和热处理）、锅炉房、变配电站、危险品仓库、油库等，均应根据各自的特点，对新工人或实习的师生进行安全技术知识教育。

（3）介绍车间防火知识，包括防火的方针，车间易燃易爆品的情况，防火的要害部位及防火的特殊需要，消防用品放置地点，灭火器的性能、使用方法，车间消防组织情况，遇到火险如何处理等。

（4）组织新工人或实习的师生学习安全生产文件和安全操作规程制度，并应教育他们尊敬师傅，听从指挥，安全生产。

3. 班组安全教育的主要内容

（1）介绍本班组的生产特点、作业环境、危险区域、设备状况、消防设施等。重点介绍高温、高压、易燃易爆、有毒有害、腐蚀、高空作业等方面可能导致发生事故的危险因素，交待本班组容易出事故的部位和典型事故案例的剖析。

（2）讲解本工种的安全操作规程和岗位责任，重点讲思想上应时刻重视安全生产，自觉遵守安全操作规程，不违章作业；爱护和正确使用机器设备和工具；介绍各种安全活动以及作业环境的安全检查和交接班制度；告诉新工人或实习的师生出了事故或发现事故隐患，应及时报告领导，采取措施。

（3）讲解如何正确使用、爱护劳动保护用品和文明生产的要求。要强调机床转动时不准戴手套操作，高速切削要戴保护眼镜，女工或实习的女大学生进入车间应戴好工帽，进入施工现场和登高作业时必须戴好安全帽，系好安全带，工作场地要整洁，道路要畅通，物件堆放要整齐等。

（4）实行安全操作示范。组织重视安全、技术熟练、富有经验的老工人进行安全操作示范，边示范、边讲解，重点讲安全操作要领，说明怎样操作是危险的，怎样操作是安全的，不遵守操作规程将会造成的严重后果。

8.6　思考题

1. 了解生产现场安全标志代表的意义。
2. 参观车削加工中，应注意什么问题？
3. 参观冲压厂应怎样保护自身安全？
4. 参观锻造厂应怎样保护自身安全？
5. 如果实习过程中发生了安全事故，同学们应如何应急处理？

附录 A

生产实习教学大纲

课程类别：实践

适用专业（方向）：机械设计制造及其自动化（"机制"、"机设"、"机电一体化"专业方向）

教学周数：2 周

学　　分：2

编制部门：机械工程系

一、生产实习的性质与任务

生产实习是机械设计及制造专业教学计划中的必修实践课程，是学生理论联系实际的一次机会，是对教学的必要补充，是本专业学生进入专业课程学习阶段必须进行的一个重要的实践性教学环节，其目的是使本专业学生广泛深入接触各种不同的生产实践和设计实践，逐步掌握普遍适用的机械制造工艺及设备的基本理论、基本知识和基本技能，以便学生毕业后在较大范围内满足较多专业工作和不同工作岗位对机械制造工艺及设备人才的需求。

本教学环节主要采用实习基地生产车间现场观摩，工厂技术人员专题讲座，指导教师现场指导，提示答疑，学生撰写实习日记与总结报告，笔试或口试等方式进行。

二、生产实习教学基本要求

（1）着重了解一个企业主要各车间的生产工艺与流程、设备布置与功能，以及它们协同工作的相互关系等实际知识，为进一步学习机械制造工艺设计和机电设备控制打下实践知识的基础。

（2）深入分析 2～3 个典型零件的性能要求、结构特点、工艺流程，各工序所涉及的定位、夹紧、刀具、加工机床以及设备工况特点，从而形成对机械零件加工工艺的制定、加工流程的合理设计的深刻印象。

（3）学习在生产实践中确定制定工艺的方法，通过实际观察和收集资料等作业，初步领会制定机械制造工艺的工作程序。

三、生产实习教学内容

1．入厂教育

由厂方有关负责同志和技术专家做建厂历史、生产规模、发展规模和体制改革的报告，宣讲工厂的规章、制度、安全、保密等有关条例，以及工厂对学生提出实习纪律和人才培养的具体要求。

2．参观实习

学生由技术人员带领分别对各厂进行认识实习，介绍有关厂的生产任务、车间工艺过程、主要设备和机器结构。

3．听课

由各厂机制工艺及设备的技术专家讲课，介绍该厂主要零件的工艺流程和定位夹紧方法，加工设备情况。

4．个人作业

为了保证教学效果和巩固实习收获，每个学生必须独立完成以下作业：①详细记录听课和实习的内容；②按规定的格式和内容填写实习报告。

四、生产实习时间分配

共 2 周，安排在《机械制造技术》等专业课程教学中进行。

五、生产实习作业和实习报告

生产实习报告应有：
（1）实习报告封面；
（2）目录；
（3）正文。
生产实习报告正文内容应包括：零件简图绘制，零件工艺特点分析，零件各主要加工面的粗基准、精基准的选择说明，工艺流程中各工序图的绘制及工装夹具等内容。

六、生产实习组织和成绩评定

生产实习由所在系组织实施，分组进行。按照每 20 名学生配备一名实习指导教师的比例组成，指定一名老师担当实习队长，全面负责实习期间的工作。其他老师协助指导。实习期间，应按照事先与实习基地单位共同协商的实习计划进行实习教学。实习结束，应总结实习表现，批改学生实习日记、实习报告，组织笔试等考核，给出学生实习成绩。向教务处实践科写实习总结报告。结算实习费用等。

实习结束时，指导教师结合学生的实习态度、实习报告、出勤情况，综合评定成绩。学生实习成绩考核方式为：

$$学生实习成绩=学生现场表现+学生笔记+实习报告+口试成绩$$

其中，（1）学生现场表现+学生笔记，占 60%；

（2）实习报告，占 20%；

（3）口试成绩，占 20%。

生产实习成绩以合格和不合格评定，生产实习期间学生因故累计有三分之一时间未参加实习者，不予评定成绩。凡实习未通过者，不取得该学分。

七、有关说明

根据每年实际情况，可选择 3～5 家机械制造企业进行实习，如：

（1）洛阳第一拖拉机股份有限公司；

（2）南车集团戚墅堰机车车辆厂；

（3）常州柴油机股份有限公司；

（4）常州林业机械股份有限公司；

（5）金鼎电动工具有限公司。

附录 B

生产实习计划

实 习 专 业 _____

实 习 类 型 _____

系（部）名 称 _____

实 习 负 责 人 _____

制 定 人 _____

审 核 人 _____

制 定 时 间 _____

年　月　日

生产实习计划

一、实习目的、要求和内容

（详细说明实习要求、目的和实习内容）

二、实习单位和实习形式

（实习单位名称，行业，接纳学生人数及实习地点，集中或分散实习形式）

三、实习方法

（简述，内容如：围绕一定主题或要求的参观、调查、操作等）

四、人员安排

1. 指导教师

本次实习负责人	接 收 单 位	指 导 教 师	带 队 教 师	接收单位负责人	联 系 方 式	指导的学生人数

2. 实习学生

专 业	班 级	人 数	组 号	组 长 姓 名	小组学生姓名	负责人联系方式	指导教师姓名

五、实习时间与地点

（给出起止时间、周数、具体地点）

六、实习经费预算

元／人	项　目	用　途	使用人数	使用人员	使用时间
合　计					

七、实习项目

序　号	项目名称	双方负责人		实习人数/次	实习时间/次	进行方式和要求
		校　方	厂　方			

八、实习日程安排

周　次	日　期	学生分组组号	学生姓名	实习地点	实习项目

九、实习作业或讨论课目

十、考核方法

（详细说明考核形式与内容、实习鉴定方法、成绩评定方法）

附录 C

××大学机械学院

生产实习报告

专业：＿＿＿＿＿＿＿＿

班级：＿＿＿＿＿＿＿＿

姓名：＿＿＿＿＿＿＿＿

学号：＿＿＿＿＿＿＿＿

年　　　月　　　日

实习目的	生产实习主要目的是使学生熟悉机械企业的组织及生产运作模式，了解机械行业产品制造方法、工艺流程、设备维护与管理；了解加工设备和刀具的使用，遵守操作规程和劳动纪律。通过生产实习，开阔学生视野，丰富学生的知识结构，培养良好的专业素质与团队精神，进一步提高学生分析问题和解决问题的能力。		
实习单位介绍	实习单位名称		主要产品	
	实习单位地址		邮编	实习带队老师
	实习企业简介			
实习安排	（简单介绍整个实习过程的总体安排）			

	（篇幅不少于 2 000 字。要求内容翔实、层次清楚；侧重实际动手能力和技能的培养、锻炼和提高，但切忌日记或记账式的简单罗列。）
实 习 内 容 及 过 程	

实习总结及体会	（篇幅不少于1000字。要求条理清楚、逻辑性强；着重写出对实习内容的总结、体会和感受，特别是自己所学的专业理论与实践的差距和今后应努力的方向。）
学校指导教师评语	

参 考 文 献

[1] 郭敬哲，潘文英．生产实习．北京：北京理工大学出版社，1993．

[2] 严伟，王基林，黄洋，等．全国应用型本科教育研究综述．金陵科技学院学报，2006，（3）．

[3] 曹刿，秦毅红，李青刚．生产实习——一项复杂的系统工程．现代大学教育，2003，（5）．

[4] 张明，赵波．机械制造专业生产实习改革的探讨．高教论坛，2006，（3）．

[5] 贾志欣．利用展会资源开展实践教学的研究与探索．机械类课程报告论坛论文集
    （2009）．北京：高等教育出版社，2009．

[6] 殷铖，王明哲．模具钳工技术与实训．北京：机械工业出版社，2005．

[7] 翁其金．冷冲压技术．北京：机械工业出版社，2003．

[8] 王孝培．实用冲压技术手册．北京：机械工业出版社，2001．

[9] 模具设计与制造技术教育丛书编委会．模具钳工工艺．北京：机械工业出版社，2003．

[10] 许发樾．模具标准应用手册．北京：机械工业出版社，1994．

[11] 锻模设计手册编写组．锻模设计手册．北京：机械工业出版社，1991．

[12] 黄鹤汀．机械制造装备．北京：机械工业出版社，2009．

[13] 王启义．机械制造装备设计．北京：冶金工业出版社，2002．

[14] 冯辛安．机械制造装备设计．北京：机械工业出版社，2007．

[15] 田春霞，朱鹏超．数控加工工艺．北京：机械工业出版社，2006．

[16] 朱晓春，吴祥，任皓．数控技术．北京：机械工业出版社，2006．

[17] 杨有君．数控技术．北京：机械工业出版社，2005．

[18] 姜继海，李志杰，尹九思．汽车厂实习教程．哈尔滨：哈尔滨工业大学出版社，1998．

[19] 郑修本．机械制造工艺学．北京：机械工业出版社，1999．

[20] 王信义，计志孝，王润田，等．机械制造工艺学．北京：北京理工大学出版社，1989．

[21] 吉卫喜．机械制造技术．北京：机械工业出版社，2008．

[22] 徐兵．机械装配技术．北京：中国轻工业出版社，2005．

[23] 白文庆，吴孜越，刘月在，等．大型履带拖拉机总装线的研制与开发．组合机床与自
    动化加工技术，2004，（11）．

[24] 刘建．机械制造企业新工人三级安全教育读本．北京：中国劳动社会保障出版社，2009．

[25] 崔政斌，王明明．机械安全技术（第二版）．北京：化学工业出版社，2009．

[26] 王玉元，王金波，肖爱民．安全工程师手册．成都：四川人民出版社，1995．

[27] http://www.yituo.com.cn/.

[28] http://www.citichmc.com/.

[29] http://www.lycopper.cn/.

[30] http://www.qscn.com/.

[31] http://www.changchai.com.cn/.

[32] http://170005.ji-z.com/Article_14486.html.

《机械生产实习教程与范例》读者意见反馈表

尊敬的读者：

感谢您惠购本书。为了能为您提供更优秀的教材，请您抽出宝贵的时间，将您的意见以下表的方式（可从 http://www.hxedu.com.cn 下载本调查表）及时告知我们，以改进我们的服务。对采用您的意见进行修订的教材，我们将在该书的前言中进行说明并赠送您样书。

姓名：_____ 电话：_____

职业：_____ E-mail：_____

邮编：_____ 通信地址：_____

1．您对本书的总体看法是：

  □很满意　　□比较满意　　□尚可　　□不太满意　　□不满意

2．您对本书的结构（章节）：□满意 □不满意　改进意见_____
_____
_____

3．您对本书的例题：　□满意　□不满意　改进意见_____
_____
_____

4．您对本书的习题：　□满意　□不满意　改进意见_____
_____
_____

5．您对本书的实训：　□满意　□不满意　改进意见_____
_____
_____

6．您对本书其他的改进意见：
_____
_____
_____

7．您感兴趣或希望增加的教材选题是：
_____
_____

请寄：100036　北京万寿路 173 信箱工业技术出版分社　李洁　收

电话：010–88254501　　E-mail：lijie@phei.com.cn

反侵权盗版声明

电子工业出版社依法对本作品享有专有出版权。任何未经权利人书面许可,复制、销售或通过信息网络传播本作品的行为,歪曲、篡改、剽窃本作品的行为,均违反《中华人民共和国著作权法》,其行为人应承担相应的民事责任和行政责任,构成犯罪的,将被依法追究刑事责任。

为了维护市场秩序,保护权利人的合法权益,我社将依法查处和打击侵权盗版的单位和个人。欢迎社会各界人士积极举报侵权盗版行为,本社将奖励举报有功人员,并保证举报人的信息不被泄露。

举报电话:(010)88254396;(010)88258888

传　　真:(010)88254397

E-mail:　 dbqq@phei.com.cn

通信地址:北京市万寿路 173 信箱

　　　　 电子工业出版社总编办公室

邮　　编:100036